国家新闻出版改革发展项目库入库项目
北京市信息技术创新实践基地建设项目资助
普通高等教育"十三五"规划教材

数据结构

周延森　编著

U0245215

北京邮电大学出版社
www.buptpress.com

内 容 简 介

本书把数据结构的原理、算法分析和实现有机地结合在一起,系统地介绍了各种数据结构及相关算法和应用。全书使用标准 C 语言作为算法描述语言,通过 C 语言实现了各种经典算法,能更好地让学生理解各种数据结构算法的原理和应用;分别从逻辑结构、物理结构和算法描述与实现等多个角度系统地介绍了线性表、栈与队列、字符串、数组、矩阵和广义表等线性结构以及二叉树和图等各种非线性结构;从算法应用的角度讨论了各种经典的查找和排序算法。

本书适合作为高等院校计算机科学、电子信息科学专业高年级本科生、研究生的教材,同时可供对数据结构比较熟悉并且对软件设计有所了解的开发人员、广大科技工作者和研究人员参考。

圖书在版编目(CIP)数据

数据结构 / 周延森编著. -- 北京:北京邮电大学出版社,2019.1
ISBN 978-7-5635-5545-1

Ⅰ. ①数… Ⅱ. ①周… Ⅲ. ①数据结构 Ⅳ. ①TP311.12

中国版本图书馆 CIP 数据核字（2018）第 169008 号

书　　名:	数据结构
责任编辑:	满志文
出版发行:	北京邮电大学出版社
社　　址:	北京市海淀区西土城路 10 号(100876)
发 行 部:	电话:010-62282185　传真:010-62283578
E-mail:	publish@bupt.edu.cn
经　　销:	各地新华书店
印　　刷:	保定市中画美凯印刷有限公司
开　　本:	787 mm×1 092 mm　1/16
印　　张:	19.25
字　　数:	497 千字
版　　次:	2019 年 1 月第 1 版　2019 年 1 月第 1 次印刷

ISBN 978-7-5635-5545-1　　　　　　　　　　　　　　　　定价:49.00 元

　　"数据结构"课程是计算机、电子信息类及相关专业的专业基础。它在整个课程体系中处于承上启下的核心地位：一方面扩展和深化在离散数学、程序设计语言等课程中学到的基本知识和方法；另一方面为进一步学习操作系统、编译原理、数据库等专业知识奠定坚实的理论与实践基础。本书在传授数据结构基础知识与算法设计的同时，着力培养学生的抽象思维能力、逻辑推理能力和形式化思维方法，增强分析问题、解决问题和总结问题的能力，更重要的是培养专业兴趣，树立创新意识。本书在内容选取上符合人才培养目标的要求及教学规律和认知规律，在组织编排上体现"先理论、后应用、理论与应用相结合"的原则，并兼顾学科的广度和深度，力求适用面广泛。

　　全书共分9章。第1章综述数据、数据结构和抽象数据类型等基本概念及算法描述与分析方法；第2～7章主要从抽象数据类型的角度分别讨论线性表、栈和队列、字符串、数组和广义表、树与二叉树、图等基本类型的数据结构及其应用；第8章和第9章讨论查找和排序的各种方法，着重从时间性能、应用场合及使用范围方面进行分析和对比。本书对数据结构众多知识点的来龙去脉做了详细解释和说明（一些算法以扫描二维码的方式体现）；每章后面配有难度适当的算法设计题。全书采用C语言描述数据结构和操作算法。

　　从课程性质上讲，"数据结构"是高等院校计算机科学、电子信息科学等专业考试计划中的一门专业基础课；其教学要求是学会分析研究计算机加工的数据结构的特性，以便为应用涉及的数据选择适当的逻辑结构、存储结构及相应的算法，并初步掌握算法的时空分析技术。从课程学习上讲，"数据结构"的学习是复杂程序设计的训练过程；其教学目的是着眼于原理与应用的结合，在深化理解和灵活掌握教学内容的基础上，学会把知识用于解决实际问题，写出符合软件工程规范的文件，编写出结构清晰、正确易读的程序代码。可以说，"数据结构"比"高级程序设计语言"等课程有着更高的要求，它更注重培养分析抽象数据的能力。

　　由于时间和作者水平有限，书中难免存在疏漏和不足之处，恳请广大读者批评指正。

作　者

目　录

第 1 章　绪　论

　　算法设计就是使用计算机解决现实世界中的实际问题的思路。对于给定的一个实际问题,在进行算法设计时,第一,要把实际问题中用到的信息抽象为能够用计算机表示的数据;第二要把抽象出来的这些数据建立一个数据模型,这个数据模型也称为逻辑结构,即建立数据的逻辑结构;第三要把逻辑结构中的数据及数据之间的关系存放到计算机内存之中,即建立数据的存储结构;最后在所建立的存储结构上实现对数据元素的各种操作,即算法的实现。在实际算法中,设计什么样的存储结构,通常是由数据运算决定的。例如,如果需要对数据进行频繁修改,通常采用链式存储结构;如果需要快速查询数据,可采用顺序存储结构。

　　数据结构是一门研究数据表示和数据处理的科学。数据是计算机化的信息,它是计算机可以直接处理的最基本和最重要的对象。无论是进行科学计算或数据处理、过程控制、对文件的存储和检索以及数据库技术等,都是对数据进行加工处理的过程。因此,要设计出一个结构好、效率高的程序,必须研究数据的特性及数据间的相互关系及其对应的存储表示,并利用这些特性和关系设计出相应的算法和程序。

　　本章研究的主要内容为:数据表现形式、数据元素、逻辑结构、存储结构和算法的有关概念;数据的逻辑结构和物理结构,根据不同算法的要求能够选择合适的数据逻辑结构和存储结构;算法的基本特征和算法定量评价的两个指标,即时间复杂度和空间复杂度。

1.1　引　　言

　　目前,计算机技术的发展日新月异,其应用已不再局限于科学计算,而是更多地用于控制、管理及事务处理等非数值计算问题的处理。与此相应,计算机操作的对象由纯粹的数值数据发展到字符、表格、图像、声音等各种具有一定结构的数据,数据结构就是研究这些数据的组织、存储和运算的一般方法的学科。

　　1968 年,美国唐·欧·克努特(Donald E. Knuth)开创了数据结构的最初体系。现今,数据结构是一门介于数学、计算机硬件和计算机软件三者之间的核心课程,如图 1.1 所示。在计算机科学中,数据结构不仅是一般非数值计算程序设计的基础,还是设计和实现汇编语言、编译程序、操作系统、数据库系统,以及其他系统程序和大型应用程序的重要基础。扎实地打好数据结构这门课程的基础,将会对程序设计有进一步的认识,使编程能力上一个台阶,从而使自己学习和开发应用软件的能力有一个明显的提高。可以这么说,学会高级编程语言只是会如何编写程序,而学习数据结构能够提高程序编程的质量。

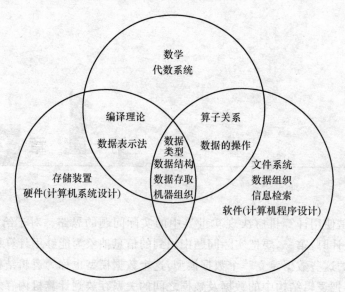

图 1.1　数据结构所处的地位

下面讨论一下数据结构研究的内容。通常用户用计算机解决一个具体问题时,大致需要经过以下几个步骤。

（1）从具体问题抽象出适当的数学模型;

（2）设计求解数学模型的算法;

（3）编制、运行并调试程序,直到解决实际问题。

寻求数学模型的实质是分析问题,从中提取操作的对象,并找出这些操作对象之间的关系,然后用数学语言加以描述。描述非数值计算问题的数学模型不再是数学方程,而是诸如表、树、图之类的数据结构。

为了使读者对数据结构有一个感性和具体的认识,下面给出几个数据结构的示例,读者可以通过这些示例去理解数据结构的概念。

【例 1.1】　学生信息检索系统。

当用户需要查找某个学生的有关情况的时候;或者想查询某个专业或年级的学生的有关情况的时候,只要建立了相关的数据结构,按照某种算法编写了相关程序,就可以实现计算机自动检索。由此,可以在学生信息检索系统中建立一张按学号顺序排列的学生信息表和分别按姓名、专业、年级顺序排列的索引表,如表 1.1 所示。由这四张表构成的文件便是学生信息检索的数学模型,计算机的主要操作便是按照某个特定要求(如给定姓名)对学生信息文件进行查询。

诸如此类的还有电话自动查号系统、考试查分系统等。在这类文档管理的数学模型中,计算机处理的对象之间通常存在着的是一种简单的线性关系,这类数学模型可称为线性的数据结构。

表 1.1 学生信息查询系统中的数据结构

(a) 学生基本信息表

学 号	姓 名	性 别	专 业	年 级
2011010001	崔志永	男	计算机科学与技术	2011 级
2011030005	李淑芳	女	软件工程	2011 级
2012040010	陆丽	女	数学与应用数学	2012 级
2012030012	张志强	男	软件工程	2012 级
2012010012	李淑芳	女	计算机科学与技术	2012 级
2013040001	王宝国	男	数学与应用数学	2013 级
2013010001	石国利	男	计算机科学与技术	2013 级
2013030001	刘文茜	女	软件工程	2013 级

(b) 姓名索引表

姓 名	索 引 号	姓 名	索 引 号	姓 名	索 引 号
崔志永	1	张志强	4	石国利	7
李淑芳	2,5	王宝国	6	刘文茜	8
陆丽	3				

(c) 专业索引表

专 业	索 引 号
计算机科学与技术	1,5,7
软件工程	2,4,8
数学与应用数学	3,6

(d) 年级检索表

年 级	索 引 号	年 级	索 引 号
2011 级	1,2	2013 级	6,7,8
2012 级	3,4,5		

【**例 1.2**】 计算机系统组成结构,如图 1.2 所示。

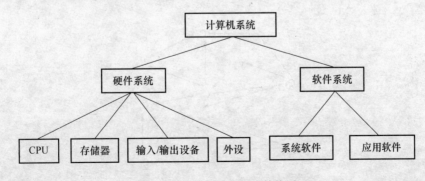

图 1.2 计算机系统组成结构图

计算机系统由硬件系统和软件系统组成,硬件系统由 CPU、存储器、输入/输出设备和外设组成,软件系统由系统软件和应用软件组成。如果把它们视为数据元素,则这些元素之间呈现的是一种层次关系,从上到下按层进行展开,可形成一棵倒立的"树",最上层是"树根",由高层向低层生出孩子结点。

同样是树结构的还有某个单位的组织机构规划、书籍目录等。在这类问题中,计算机处理的对象是树结构,元素之间是一对多的层次关系,这类数学模型被称为树的数据结构。

【例 1.3】 教学计划编排问题。

一个教学计划包含许多课程,在教学计划包含的许多课程之间,有些必须按规定的先后次序进行,有些则没有次序要求。即有些课程之间有先修和后续的关系,有些课程可以任意安排次序。这种各个课程之间的次序关系可用一个称为图的数据结构来表示,下面以软件专业为例,列出一个课程先后关系的课程表,如表 1.2 所示。在 12 门课程中有基础课和专业课。排课时怎样排才能合理呢?当然排一门课程必须等到其先行课全部排完后。这是一种特殊的排序问题,也就是后面要学到的拓扑排序。

表 1.2 课程关系表

课程编号	课程名称	先 行 课
C_1	程序设计基础	
C_2	离散数学	C_1
C_3	数据结构	C_1,C_2
C_4	汇编语言	C_1
C_5	语言设计和分析	C_3,C_4
C_6	计算机原理	C_{11}
C_7	编译原理	C_3,C_5
C_8	操作系统	C_3,C_6
C_9	高等数学	
C_{10}	线性代数	C_9
C_{11}	普通物理	C_9
C_{12}	数值分析	C_1,C_9,C_{10}

图 1.3 中所描述的数据模型是表 1.2 所列出的课程关系的图示,是一种被称为"图"的数据结构。

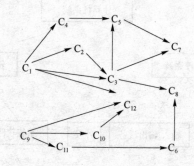

图 1.3 课程关系图

由以上三个例子可见,描述这类非数值计算问题的数学模型不再是数学方程,而是诸如线性表、树、图之类的数据结构。因此,可以说数据结构课程主要是研究数值与非数值计算的程序设计问题中所出现的计算机操作对象以及它们之间的关系和操作的学科。

此外,数据结构在软件工程和计算机学科的其他领域也发挥着非常重要甚至是极为关键的作用。例如,对大型数据库的管理,为互联网提供索引服务,云计算和云存储等都需要广泛使用数据结构。在软件工程领域,数据结构被单独提取出来,作为软件设计与实现过程的一个阶段。

在系统地学习数据结构知识之前,先对一些基本概念和术语赋予确切的含义。

1.2 基本概念与术语

在本小节中,将对一些常用的数据结构概念和术语进行介绍,为今后的数据结构学习打下基础。

1. 数据

数据是描述客观事物的符号,是计算机中可以操作的对象,是能被计算机识别,并输入给计算机处理的符号集合。数据不仅仅包括整型、实型等数值类型,还包括字符及声音、图像、视频等非数值类型。

比如现在常用的搜索引擎,一般会有网页、音频、图片和视频等分类。MP3 就是音频数据,图片是图像数据,视频就不用说了,而网页其实指的就是全部数据的搜索,包括最重要的数字和字符等文字数据。也就是说,这里说的数据,其实就是符号,而且这些符号必须具备两个前提。

(1) 可以输入到计算机中;

(2) 能被计算机程序处理。

对于整型、实型等数值类型,可以进行数值计算。

对于字符数据类型,就需要进行非数值的处理。而声音、图像、视频等其实是可以通过编码的手段变成字符数据来处理的。

2. 数据元素

数据元素是组成数据的、有一定完整意义的基本单位,在计算机中通常作为整体处理。在不同的应用领域中,数据元素有不同的名称,如结点、顶点,在数据库中称为记录等。例如,学生信息检索系统中学生信息表中的一个记录、教学计划编排问题中的一个顶点等,都被称为一个数据元素。

一般来说,一个数据元素由若干个数据项(Data Item)组成。例如,学籍管理系统中学生信息表的每一个数据元素就是一个学生记录。它包括学生的学号、姓名、性别、籍贯、出生年月、成绩等数据项。这些数据项可以分为两种:一种称为初等项,如学生的性别、籍贯等,这些数据项是在数据处理时不能再分割的最小单位;另一种称为组合项,也就是结构体,如学生的成绩,它可以再划分为数学、物理、化学等更小的项。通常,在解决实际应用问题时是把每个学生记录当作一个基本单位进行访问和处理的。

3. 数据项(Data Item)

数据项是具有独立含义的最小标识单位,是数据不可分割的最小单位。与数据元素关系上看,一个数据元素可以由若干个数据项(也可称为字段、域、属性)组成。

从数据、数据元素和数据项关系来看,数据项组成数据元素,而多个数据元素组成数据。

4. 数据对象

数据对象是性质相同的数据元素的集合,是数据的子集。性质相同是指数据元素具有相同数量和类型的数据项。例如,{2,4,6,8,10}是整数的一个数据对象。在这个数据对象中每一个数据元素都是性质相同的整数,是有限个整数数据元素的集合,是整数的一个子集。

数据对象是数据的子集,在实际应用中,处理的数据元素通常具有相同性质,在不产生混淆的情况下,本书都将数据对象简称为数据。所以从本质上来说,数据对象与数据时一样的。

5. 数据结构(Data Structure)

结构,简单的理解就是关系,比如分子结构,就是说组成分子的原子之间的排列方式。在现实世界中,不同数据元素之间不是独立的,而是存在特定的关系,一般将这些关系称为结构。

数据结构是相互之间存在一种或多种特定关系的数据元素的集合及其之上的各种操作。例如表 1.1 学生基本信息中数据元素集合是学生记录集,而数据元素集合上的关系就是它们在学生基本信息表中的前驱和后继的关系,这种数据之间的关系是一对一的,是线性的。数据元素相互之间的关系称为结构(Structure)。

数据结构的形式定义为

$$\text{Data\_Structure} = (D, S)$$

其中,D 是数据元素的有限集;S 是 D 上关系的有限集。

数据结构一般包括以下三方面内容。

(1) 数据的逻辑结构:数据元素之间的逻辑关系。

例如,某个班学生成绩表,包括:学号、姓名和各科成绩,每一个学生的信息都是一个数据元素。数据元素之间有这样的逻辑关系:在一个数据元素的前面最多有一个与其相邻的数据元素(称为直接前驱),在一个数据元素的后面也最多有一个与其相邻的数据元素(称为直接后继)。数据元素之间的这种关系构成了学生成绩表的逻辑结构。

数据(逻辑)结构的形式定义:数据结构是一个二元组(D,R),其中 D 是数据元素的有限集,R 是 D 上关系的有限集。

(2) 数据的存储结构:数据元素及数据元素之间的关系在计算机内部存储器内的表示。

(3) 数据的运算:即对数据施加的各种操作。数据的运算定义在数据的逻辑结构上,数据的运算实现建立在物理结构之上,只有确定了存储结构,才能具体实现这些运算。

数据结构就是研究数据的逻辑结构和存储结构,以及它们之间的相互关系和所定义的算法如何在计算机上实现,它包括数据的逻辑结构、存储结构和数据的运算三个方面。

1.3 数据的逻辑结构与存储结构

数据的逻辑结构与物理结构是数据结构的重要组成部分,逻辑结构决定了数据元素之间的关系,而同样的逻辑结构可以采用不同的物理结构。具体采用什么样的物理结构通常要受到数据结构运算的影响。目前主要的存储结构有顺序存储和链式存储结构。任何一种逻辑结构都可以采用两种物理结构来实现逻辑结构在内存中的表示。

1. 数据的逻辑结构

数据的逻辑结构是指数据对象中数据元素之间的相互关系，根据数据元素排列顺序的不同，可分为两类。

（1）线性结构：有且仅有一个开始结点和一个终端结点，且所有结点都最多只有一个直接前驱和一个直接后继。例如线性表、堆栈与队列、字符串和数组以及广义表都属于线性结构。

（2）非线性结构：一个结点可能有多个直接前驱和多个直接后继。例如二叉树和图都属于非线性结构。

2. 逻辑结构类型

（1）集合结构：集合结构中的数据元素除了同属于一个集合外，它们之间没有其他关系。各个数据元素是"平等"的，它们的共同属性是"同属于一个集合"。此类结构在数据结构中基本不作具体研究。

（2）线性结构：数据元素的有序集合。数据元素之间形成一对一（1∶1）的关系。除了第一个和最后一个元素之外，其他任何元素都有一个直接前驱和直接后继结点。第一个结点只有一个直接后继结点，最后一个结点只有一个直接前驱结点。

（3）树形结构：树是层次数据结构，树中数据元素之间存在一对多（$1:n$）的关系。除了根结点和叶子结点之外，树中任意一个结点只有一个直接前驱结点和多个直接后继结点。

（4）图状结构：图中数据元素之间存在多对多（$n:m$）的关系。图中任意一个结点都可能有多个直接前驱和多个直接后继结点。

其中，（3）和（4）属于非线性结构，而集合结构不在数据结构讨论范围之内。

如果用小圆圈表示数据元素，用连线表示结点之间的逻辑（邻接）关系，四种基本逻辑结构，如图 1.4 所示。

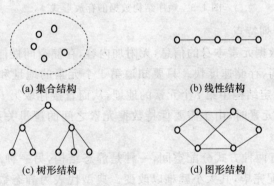

(a) 集合结构   (b) 线性结构

(c) 树形结构   (d) 图形结构

图 1.4 四类基本结构的示意

3. 物理存储结构

物理存储结构是指数据的逻辑结构在计算机中内存的存储形式。在实现数据结构功能时，实现的细节受到物理结构的影响。不同的物理结构在实现相同功能时实现细节可能不一样，时间复杂度和空间复杂度也会相差很大。

数据是数据元素的集合，那么根据物理结构的定义，实际上就是如何把数据元素存储到计算机的存储器中。存储器主要是针对内存而言的，像硬盘、软盘、光盘等外部存储器的数据组织通常用文件结构来描述。

数据的存储结构应正确反映数据元素之间的逻辑关系，这才是最为关键的，如何存储数据元素之间的逻辑关系，是实现物理结构的重点和难点。不管采用什么样的物理结构，最低要求是能够恢复数据的逻辑结构关系。

数据元素的存储结构形式主要有两种:顺序存储和链式存储。在为了加快查找速度,又引入索引(分块)查找和散列(哈希)查找。因此,从形式上看有四种物理存储方式,但是算法实现是主要采用顺序存储和链式存储。

存储结构有以下四种存储方式。

(1)顺序存储结构

把逻辑上相邻的结点存储在物理位置上相邻的存储单元里,结点之间的逻辑关系由存储单元的邻接关系来体现。由此得到的存储表示称为顺序存储结构,这种物理结构从存储空间角度上看性能是最好的。顺序存储结构通常是借助于程序语言的数组来描述的,这属于静态顺序存储结构,也可以采用动态数组来表示,就是数组名采用指针变量表示。

比如在本章例1.1的题目中给出了学生基本信息的逻辑结构,这个结构是线性的,各个学生记录前后是物理相邻的。利用顺序存储结构存储学生基本数据时,可以这样来进行:为学生基本信息表分配一块连续的内存单元。设内存地址单元从1200开始,表中的第1个数据元素就可从1200单元开始存放,若一个学生记录需占用20个单元,则第1个元素就占用了1200～1219这连续的20个单元,从1220开始存放第2个元素,从1240开始存放第3个元素,依次类推,直至将表中的元素存放完,如图1.5所示。

1200	00121101	张强	男	…	沈阳昆泰142#12号
1220	00121102	王菲	女	…	上海徐家汇12号
1240	00122101	侯莹	女	…	沈阳全园小区4号
1260	00103104	李昊	男	…	沈阳滑翔小区8号
	⋮				

图1.5 顺序结构数据的存放形式

顺序存储结构有下列特点。

① 结点中只存放数据元素本身的信息,无附加内容,存储空间性能是最好的。

② 能实现随机访问,存储速度快。只要知道第1个元素的地址和每个元素空间的大小,就可以通过计算直接确定结构中第i个元素的地址,从而直接存取第i个数据元素。

③ 插入、删除数据元素时,由于需要保持数据元素之间的逻辑关系,必须移动大量元素,因此时间性能较差。

④ 顺序存储结构有两种方式分配空间,一种是静态结构,另一种动态结构。当用静态结构时,存储空间一旦分配完毕,其大小就难以改变。典型代表为静态数组。因此,当表中元素个数难以估计时,分配的空间大小也就难以确定。预分配的空间太大会造成浪费,空间太小,又可能发生存放不下的溢出现象。而动态顺序存储结构能够根据数据元素实际空间大小做到按需分配,在实际使用中需要调用malloc、relloc和free等函数实现内存的按需分配和回收。

总之,顺序存储结构能够实现随机访问元素,适用查找、排序等运算,而如果频繁插入或删除元素,尽量采用链式存储结构。

(2)链式存储结构

在链式存储结构中,逻辑上相邻的数据元素,其结点的物理位置不一定相邻,因此结点之间是否邻接并不能反映数据元素的逻辑顺序。在这种存储结构中,存储结构要反映数据元素在逻辑结构中的关系,只有在结点中增加信息来指明与其他结点之间的这种关系,这个增加的信息就是指针。

因此,此类存储结构的元素至少需要两个域,分别为数据域和指针域,数据域用于存储元素本身的值,指针域用于存储相邻结点的内存地址。前一个结点的指针域指向后一个结点,多个结点的指针一起形成一个链,因此称这种存储结构为链式存储结构。链式存储结构既可用于实现线性数据结构,也可用于实现非线性数据结构。对于非线性数据结构来说,每个数据元素在逻辑上可能与多个数据元素相邻,而计算机内存的一维地址结构限制了每一个结点只能与前、后各一个结点相邻,结点的相邻反映不出一个元素与多个元素的相邻关系,所以非线性逻辑结构采用链式存储结构更容易实现实现。当然,非线性逻辑结构也可以采用顺序存储结构,但是空间性能不太好。树、图等就是这种非线性数据结构。在链式存储结构的每个结点中,数据域可分为两类:一类用于存放数据元素本身的信息,称为数据域;另一类用于存放指针,称为指针域,如图1.6所示。

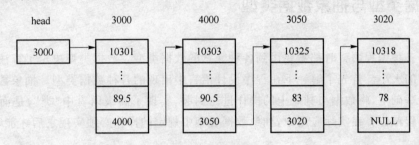

图1.6 链式存储

图1.6中的箭头表示结点中的指针域,指针域的值是所指结点的首地址,通过画箭头来表示。如果一个结点的指针域指向另一结点,表示这两个结点的数据元素在逻辑结构中是相邻的。

链式存储结构的特点主要有以下几方面。

① 结点中除存放数据元素本身的信息外,还需存放附加的指针。相对于顺序存储结构来说,空间性能较差。

② 不能随机访问,存取速度较慢。不能直接确定第 i 个结点的存储位置。要存取第 i 个结点的信息,必须从第1个结点开始查找,沿指针顺序取出第 $i-1$ 个结点的指针域,再取出第 i 个结点的信息,存取速度较慢。

③ 插入、删除等操作时间性能较好。链式存储结构的一个主要优点是插入、删除元素时不必移动其他元素,速度较快。因此当数据元素个数变动较大、插入删除操作频繁时可用链式存储结构来实现。

④ 实现内存按需分配。链式存储是一种动态存储结构,当元素数量增加时可随时申请所需的空间,删除时无用的空间可归还给系统,故空间利用率较高,也不存在预分配空间的问题。

(3) 索引存储结构

除元素信息需要采用顺序存储或者链式存储结构之外,还要建立附加的索引表来标识元素的地址。此种存储结构不是独立的物理结构,只是为了在查找运算之中,能够减少查找元素的时间,提高数据查找性能而单独设计的物理结构。一般不作为独立的物理结构。

(4) 散列(哈希)存储结构

根据结点的关键值直接计算出该结点在内存的存储地址。此种物理结构只用于快速查询,查询数据元素的时间与待查元素规模没有关系。在理想情况下,在 n 个数据元素中查找时间性能为常量。

在上述四种物理存储结构中,前两种是基本的物理结构,大部分数据结构都采用这两种物理结构实现各种运算,而索引物理结构不是独立的物理结构,主要用在快速查找当中。而散列物理结构主要用在快速查找运算当中。

一般来说,一种数据结构既可用顺序存储结构实现,也可用链式存储结构实现。究竟用哪种存储结构,应根据具体情况来选择。选择时的主要依据有两个:一个是考虑数据结构上要执行的主要操作速度,另一个是对数据元素数目的估计。若执行的主要操作是插入或删除,则最好用链式存储结构,否则应该用顺序存储结构;若预先可以估计出元素的个数,则可以采用顺序存储结构,否则宜用链式存储结构。

1.4 数据类型与抽象数据类型

在学习各种编程语言时都需要用到各种元素的数据类型。数据类型决定了算法处理变量时所需空间的大小。首先了解一下在程序设计语言中出现的各种数据类型。抽象数据类型在数据类型的基础上,将数据与其之上的操作进行封装,实现了高级语言中"类",是面向对象编程的重要编程单位。在实际应用中,抽象数据类型中规定的操作必须实现之后才能调用。

1.4.1 数据类型

数据类型是和数据结构密切相关的一个概念。它最早出现在高级程序设计语言中,用以表示程序中操作对象的特性。在用高级语言编写的程序中,每个变量、常量或表达式都有一个它所属的确定的数据类型。类型显式地或隐含地规定了在程序执行期间变量或表达式所有可能的取值范围,以及在这些值上允许进行的操作和所占的内存空间大小。因此,数据类型是一个值的集合和定义在这个值集上的一组操作的总称。

在高级程序设计语言中,数据类型可分为两类:一类是基本类型,另一类则是结构类型。基本类型的值是不可分解的。如 C 语言中整型、字符型、实型等基本类型,分别用保留字 int、char、float 和 double 标识。而结构类型的值是由若干成分按某种结构组成的,因此是可分解的,并且它的成分可以是非结构的,也可以是结构的。例如,数组的值由若干分量组成,每个分量可以是整数,也可以是数组等。在某种意义上,数据结构可以看成是"一组具有相同结构的值",而数据类型则可被看成是由一种数据结构和定义在其上的一组操作所组成的。

1.4.2 抽象数据类型

抽象数据类型(Abstract Data Type,ADT),是指一个数学模型以及定义在此数学模型上的一组操作。抽象数据类型需要通过固有数据类型(高级编程语言中已实现的数据类型)来实现。

抽象数据类型是与表示无关的数据类型,是一个数据模型及定义在该模型上的一组运算。对一个抽象数据类型进行定义时,必须给出它的名字及各运算的运算符名,即函数名,并且规定这些函数的参数性质。一旦定义了一个抽象数据类型及其具体实现,程序设计中就可以像使用基本数据类型那样,十分方便地使用抽象数据类型。

抽象数据类型的描述包括三个要素,分别为抽象数据类型的名称、数据的集合、数据之间的关系和操作的集合等方面的描述。抽象数据类型的设计者根据这些描述给出操作的具体实现,抽象数据类型的使用者依据这些描述使用抽象数据类型。

抽象数据类型的形式化定义的格式如下。

ADT = (D,S,P)

D = {数据对象}

S = {D 上的关系集}

P = {对 D 的基本操作集}

定义形式:

ADT 抽象数据类型名称 {

数据对象:

…

数据关系:

…

基本操作:

操作名 1:

…

操作名 n:

}ADT 抽象数据类型名称

抽象数据类型的示例如下。

ADT Triplet{

数据对象:D = {e1,e2,e3 | e1,e2,e3 属于 ElemSet}

数据关系:R = {<e1,e2>,<e2,e3>}

基本操作:InitTriplet(&T,v1,v2,v3)

DestroyTriplet(&T)

Get(T,i,&e)

Put(&T,i,e)

…

}ADT Triplet

1.5　算法和算法分析

算法与数据结构的关系紧密,在算法设计时先要确定相应的数据结构,而在讨论某一种数据结构时也必然会涉及相应的算法。下面就从算法定义、算法特性、算法描述、算法性能分析与评价五个方面对算法进行介绍。

1.5.1　算法定义与特性

1. 算法定义

什么是算法呢？算法是描述解决问题的思路与方法，也就是问题的解题步骤。可以用流程图、伪代码或者高级编程语言来阐述算法。如果流程图画得比较标准，功能就相当于代码实现。

算法（Algorithm）这个单词最早出现在波斯数学家阿勒·花剌子密在公元 825 年（相当于我们中国的唐朝时期）所写的《印度数字算术》中。如今普遍认可的对算法的定义是：算法是解决特定问题求解步骤的描述，在计算机中表现为指令的有限序列，并且每条指令表示一个或多个操作。一个算法是一系列将输入转换为输出的计算步骤。

2. 算法的重要特性

（1）有穷性

有穷性指算法在执行有限的步骤之后，自动结束而不会出现无限循环，并且每一个步骤在可接受的时间内完成。如果代码出现死循环，这就是不满足有穷性。例如：while（true）｛　｝，如果循环体中没有 break 语句，就是无穷性的。这在一般的程序是不允许的，但是如果出现在网络服务器代码中也是允许存在的，因为服务器通常需要处于连续工作当中。所以有穷性是个相对的概念。

（2）确定性

算法的每一步必须有确切的定义，无二义性。算法的执行对应着的相同的输入仅有唯一的一条路径。相同的输入只能有唯一的输出结果。算法的每个步骤被精确定义而无歧义。

（3）可行性

算法的每一步都必须是可行的，也就是说，每一步都能够通过执行有限次数完成。可行性意味着算法可以转换为程序上机运行，并得到正确的结果。尽管在目前计算机界也存在那种没有实现的极为复杂的算法，不是说理论上不能实现，而是因为过于复杂，当前的编程方法、工具和大脑限制了这个工作，不过这都是理论研究领域的问题。

（4）输入

一个算法具有零个或多个输入，这些输入取自特定的数据对象集合。

（5）输出

一个算法具有零个或多个输出，这些输出同输入之间存在某种特定的关系。

3. 算法与程序的异同

算法的含义与程序十分相似，但又有区别。一个程序不一定满足有穷性。例如，操作系统，只要整个系统不遭破坏，它将永远不会停止，即使没有作业需要处理，它仍处于动态等待中。因此，操作系统不是一个算法。另一方面，程序中的指令必须是机器可执行的，而算法中的指令则无此限制。算法代表了对问题的解决思路，而程序则是算法在计算机上的特定的实现。一个算法若用程序设计语言来描述，则它就是一个程序，即实现的算法就是一个程序。

算法与数据结构是相辅相成的。解决某一特定类型问题的算法可以选定不同的数据结构，而且选择恰当与否直接影响算法的效率。反之，一种数据结构的优劣由各种算法的执行来体现。

1.5.2 算法描述

算法描述方法,主要有以下4种。

1. 框图算法描述

使用流程图或 N-S 图来描述算法。这是一种主流的算法描述方式,只要流程图按照标准格式书写,那么算法的代码的实现就很容易。所以从事算法研究的人员需要养成良好的习惯,即在实现算法之前需要画出流程图。许多程序员反映编程不容易,这是错误的。编写不出代码是因为对算法需要解决的问题没有明确的解题思路,只要有明确的解题思路,就可以画出标准的流程图,代码自然就可以实现了。

2. 非形式算法描述

使用自然语言(中文或英文)和程序设计语言中的语句来描述算法。这类描述方法自然、简洁,但缺乏严谨性和结构性。这种方式描述算法与算法的最后实现有一定的距离。

3. 类高级语言算法描述

使用类 C 或 C++的所谓伪语言来描述算法。这种算法不能直接在计算机上运行,但专业设计人员经常使用它来描述算法,它具有容易编写、阅读和格式统一的特点;一般在平时研究算法和学术论文中为了减少篇幅,经常采用伪代码来阐述算法实现的原理。

4. 高级语言算法描述

使用标准高级语言来描述算法。这种描述应该严格按照程序设计语言语法对算法进行描述,这是可以在计算机上运行并获得结果的算法描述。

本书考虑到 C 语言的通用性,将采用 C 语言进行算法描述。

下面举一个例子,分别从不同的角度来阐述算法的实现步骤。

【例 1.4】 输入一个整数,将它倒序输出。

(1)自然语言

使用日常的自然语言(可以是中文、英文,或中英文结合)来描述算法,特点是简单易懂,便于人们对算法的阅读和理解,但不能直接在计算机上执行。

用自然语言描述该算法:

第一步,输入一个整数送给 x;

第二步,求 x 除以 10 的余数,结果送给 d,并输出 d;

第三步,求 x 除以 10 的整数商,结果送给 x;

第四步,重复第二步和第三步,直到 x 变为 0 时终止。

(2)流程图

使用程序流程图、N-S 图等描述算法,特点是描述过程简明直观,但不能直接在计算机上执行。目前,在一些高级语言程序设计中仍然采用这种方法来描述算法,但必须通过编程语言将它转换成高级语言源程序才可以被计算机执行。使用流程图描述例 1.4,如图 1.7 所示。

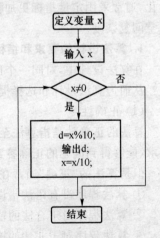

图 1.7 流程图

(3)高级程序设计语言

使用程序设计语言(如 C 或 C++)描述算法,可以直接在计算机上执行,但设计算法的过程不太容易且不直观,需要借助于注释才能看明白。

```
void funtion( )
{    int x;
     scanf("%d",&x);
     while (x!= 0)
     {    d = x % 10;
          printf("%d",d);
          x = x/10;
     }
     printf("\n")
}
```

（4）类语言

为解决理解与执行的矛盾，常使用一种称为伪代码（即类语言）的语言来描述算法。类语言介于高级程序设计语言和自然语言之间，它忽略高级程序设计语言中一些严格的语法规则与描述细节，因此它比高级程序设计语言更容易描述和被人理解，而且比自然语言更接近高级程序设计语言。它虽然不能直接执行，但很容易被转换成高级语言。使用类C语言描述例1.4如下。

```
输入一个整数送 x;
while (x≠0) do
{    d = x % 10;
     输出 d;
     x = x/10;
}
```

1.5.3 算法定量分析与评价

如何评价一个算法的好坏，可以采用定性和定量指标，定性指标没有统一的标准而且无法量化，通常采用定量指标更加科学。当前评价算法优劣的定量指标主要有算法的时间复杂度与空间复杂度。

1. 算法设计的要求和指标

在算法设计中，对同一个问题可以设计出求解它的不同的算法，如何评价这些算法的优劣？从而为算法设计和选择提供可靠的依据。通常从以下五个方面评价算法的质量。

（1）正确性

算法的正确性是指算法至少应该具有输入/输出和加工处理无歧义性、能正确反映问题的需求、能够得到问题的正确答案。

但是算法的"正确"通常在用法上有很大的差别，大体分为以下四个层次。

① 算法程序没有语法错误；

② 算法程序对于合法的输入数据能够产生满足要求的输出结果；

③ 算法程序对于非法的输入数据能够得出满足规格说明的结果；

④ 算法程序对于精心选择的，甚至刁难的测试数据都有满足要求的输出结果。

对于这四层含义，层次1要求最低，但是仅仅没有语法错误实在谈不上是好算法。而层次4是最困难的，用户几乎不可能逐一验证所有的输入都得到正确的结果。

因此算法的正确性在大部分情况下都不可能用程序自身来证明,而是用数学方法证明的。证明一个复杂算法在所有层次上都是正确的,代价非常昂贵。所以一般情况下,把层次 3 作为一个算法是否正确的标准。

(2) 可读性

算法主要是为了便于人们交流,其次是为了便于实现机器运行,因此算法易懂有益于加强对算法的理解,不易看懂的算法容易隐藏较多错误从而难以调试和修改。所以在算法实现时尽量有更多的注释,这样有助于算法的理解。

(3) 稳健性

当输入数据时,算法也能适当地反应或进行处理,而不会出现错误的结果。当算法输入一些异常数据时能够正常运行。即使出现错误操作后,算法也可以给出错误信息并终止程序运行。

(4) 时间高效性

时间效率指的是算法的执行时间,对于同一个问题,如果有多个算法能够解决,执行时间短的算法效率高,执行时间长的效率低。

(5) 低存储量

实现解决同一问题的占用额外的临时存储空间越少,算法的空间效率就越高。

在上述 5 个评价中,(1)、(2)和(3)是定性指标,而(4)和(5)是两个定量指标,分别为时间复杂度和空间复杂度。

2. 影响算法实际运行时间的因素

(1) 计算机硬件;

(2) 实现算法的语言;

(3) 编译生成的目标代码的质量;

(4) 问题的规模。

在各种因素都不能确定的情况下,很难比较出算法的执行时间,即使用执行算法的绝对时间来衡量算法的效率是不合适的。

为此,可以将与计算机软硬件相关的因素确定下来,这样,一个特定算法的运行工作量就只依赖于问题的规模,即算法的运行时间是问题规模 n 的函数 $T(n)$。

3. 算法的时间效率分析

一个算法所耗费的时间,应该是该算法中每条语句的执行时间之和,而每条语句的执行时间是该语句的执行次数(也称为频度)与该语句执行一次所需时间的乘积。但当算法转换为程序之后,每条语句执行一次所需的时间取决于机器的指令性能、速度以及编译所产生的代码质量,这是很难确定的。假设每条语句执行一次所需的时间均是单位时间,这样,一个算法的时间耗费,就是该算法中所有语句的频度之和。于是,用户就可以独立于机器的软、硬件系统来分析算法的时间耗费。

4. 算法的时间复杂度

(1) 定义

设问题的规模为 n,把一个算法的时间耗费 $T(n)$ 称为该算法的时间复杂度,它是问题规模为 n 的函数。由于算法运行的环境不同,所以一般不用绝对时间来衡量时间复杂度,而是用算法中语句执行最多次数来代表时间复杂度。

在进行算法分析时,语句总的执行次数 $T(n)$ 是关于问题规模 n 的函数,进而分析 $T(n)$

随 n 的变化情况并确定 $T(n)$ 的数量级。算法的时间复杂度,也就是算法的时间量度,记作:$T(n) = O(f(n))$。它表示随问题规模 n 的增大。算法执行时间的增长率和 $f(n)$ 的增长率相同,称为算法的渐近时间复杂度,简称为时间复杂度。其中 $f(n)$ 是问题规模 n 的某个函数。

(2) 算法的渐进时间复杂度

设 $T(n)$ 为一个算法的时间复杂度,如果当 n 趋向无穷大时 $T(n)$ 与函数 $f(n)$ 的比值的极限是一个非零常数 M,即 $\lim\limits_{n \to \infty} \dfrac{T(n)}{f(n)} = M$,记作 $T(n) = O(f(n))$,则称 $O(f(n))$ 为算法的渐进时间复杂度,简称时间复杂度,也称 $T(n)$ 与 $f(n)$ 的数量级相同,通常,$f(n)$ 应该是算法中频度最大的语句的频度。

(3) 常用的算法的时间复杂度的顺序

$$O(1) < O(\log n) < O(n) < O(n\log n) < O(n^2) < O(n^3) < O(2^n) < \cdots < O(n!)$$

公式里的 n 是指待处理数据元素的数量。不同数量级对应的时间复杂度曲线如图 1.8 所示。一般情况下,随着 n 增大,$T(n)$ 增长较慢的算法为最优的算法。显然,时间复杂度为指数阶 $O(2^n)$ 的算法效率极低,当 n 值稍大时,程序将无法应用。

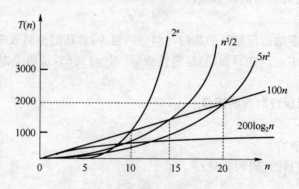

图 1.8 常见数量级的渐近增长趋势

在一般情况下,随着 n 的增大,$T(n)$ 增长较慢的算法为最优的算法。例如,在下列三段程序段中,给出原操作(原操作是指从算法中选取一种对研究问题是基本运算的操作,以此作为时间量度) $x = x + 1$ 的时间复杂度分析。

① x=x+1;   //其时间复杂度为 $O(1)$,一般把它称为常量阶。
② for(i=1;i<=n; i++)
   x=x+1;   //其时间复杂度为 $O(n)$,一般把它称为线性阶。
③ for(i=1;i<=n; i++)
for(j=1; j<=n; j++)
   x=x+1;   //其时间复杂度为 $O(n^2)$,一般把它称为平方阶。

在一般情况下,具有指数级的时间的复杂度算法只有当 n 足够小才是可使用的算法。具有常量阶、线性阶、对数阶、平方阶和立方阶的时间复杂度算法是常用的算法。

(4) 算法的时间复杂度不仅仅依赖于问题的规模,还与输入实例的初始状态有关。

例如,在数组 $A[0 \cdots n-1]$ 中查找给定值 k 的算法如下。

① i=n-1;
② while(i>=0&&(A[i]!=k));
③ i-- ;

④ return i;

此算法中的语句(3)的频度不仅与问题规模 n 有关,还与输入实例中 A 的各元素取值及 k 的取值有关:

若 A 中没有与 k 相等的元素,则语句(3)的频度 $f(n)=n$;

若 A 的最后一个元素等于 k,则语句(3)的频度 $f(n)$ 是常数 0。

(5) 最坏时间复杂度和平均时间复杂度

最坏情况下的时间复杂度称最坏时间复杂度。一般不特别说明,讨论的时间复杂度均是最坏情况下的时间复杂度。

这样做的原因是:最坏情况下的时间复杂度是算法在任何输入实例上运行时间的上界,这就保证了算法的运行时间不会比任何情况下更长。

平均时间复杂度是指所有可能的输入实例均以等概率出现的情况下,算法的期望运行时间。

【例 1.5】 分析以下程序段的时间复杂度。

```
for(i = 0;i< = n;i + +)
{
    y = y + 1;
    for(j = 0; j< = 2 * n;j + +)
        x + +;
}
```

该算法的规模为 n,基本操作是语句"x++;",它在内层循环中的执行次数为 $2n+1$ 次,外层循环的执行次数为 $n+1$ 次。基本操作的频度为 $f(n)=(n+1)(2n+1)$。时间复杂度为 $T(n)=O(f(n))=O(n^2)$。

【例 1.6】 分析以下程序段的时间复杂度。

```
i = s = 0;
while(s<n)
{
    i + +;
    s + = i;
}
```

该算法的规模为 n,基本操作是语句"s+=i;",它在循环中的执行次数为 $f(n)$,即有关系式 $s=1+2+3+\cdots+f(n)=(1+f(n))f(n)/2<n$,即 $f(n)<\sqrt{2n}$。

时间复杂度为 $T(n)=O(f(n))=O(\sqrt{n})$。

【例 1.7】 分析以下程序段的时间复杂度。

```
i = 1;
while(i< = m)
    i = i * 3;
```

该算法的规模为 m,基本操作是语句"i=i*3;",它在循环中的执行次数为 $f(m)$ 次,即有关系式 $i=3^{f(m)}\leqslant m$,即 $f(m)\leqslant\log_3 m$。时间复杂度为 $T(m)=O(f(m))=O(\log_3 m)$。

【例 1.8】 求两个 n 阶方阵的乘积 $C=A\times B$,其算法如下,计算该算法的时间耗费。

程序段如下。

```
for(i = 0; i<n; i++)
    for(j = 0; j<n; j++)
        {   c[i][j] = 0;
            for(k = 0; k<n; k++)
                c[i][j] + = a[i][k] * b[k][j]; }
```

解：只计算执行频度最高的行。

显然，在该程序段中，执行频度最高的行为 c[i][j]+ = a[i][k] * b[k][j]；在表达式 $i<n$、$j<n$ 和 $k<n$ 均非零时执行，而表达式 $i<n$、$j<n$ 和 $k<n$ 均有 n 次非零，所以，该行共执行 n^3 次。因此，该算法的时间耗费 $T(n)$ 是矩阵阶数 n 的函数，$T(n)=O(n^3)$。

【例 1.9】 求下列算法的时间复杂度。

① x=1;
② for(i=1;i<=n;i++)
③   for(j=1;j<=i;j++)
④   for(k=1;k<=j;k++)
⑤   x++;

分析：该程序段中频度最大的语句是⑤，内循环语句④和③虽然与 n 无关，但外循环②与 n 有关。所以，可以从内层循环向外层分析语句⑤的执行次数。

解：循环结构④的循环体⑤执行了 j 次，循环结构③的循环体执行了 i 次，②的循环体执行了 n 次，即语句⑤的执行次数为

$$\sum_{i=1}^{n}\sum_{j=1}^{i} j = \sum_{i=1}^{n} i(i+1)/2 = n(n+1)(n+2)/6$$

因此，该算法的时间复杂度 $T(n)=O(n^3)$。

5. 空间复杂度

一个程序的**空间复杂度**（space complexity）是指程序运行过程中额外用到的临时内存空间，数据元素本身所占的空间不属于空间复杂度的计算范畴。

算法的空间复杂度比较容易计算，它主要包括局部变量所占用的存储空间和系统为实现递归所使用的堆栈占用的存储空间。

程序的一次运行是针对所求解的问题的某一特定实例而言的。例如，求解排序问题的排序算法的每次执行是对一组特定个数的元素进行排序，对该组元素的排序是排序问题的一个实例。元素个数可视为该实例的特征。

程序运行所需的存储空间包括以下两部分。

（1）固定部分。这部分空间与所处理数据的大小和个数无关，或者称与问题的实例的特征无关。主要包括程序代码、常量、简单变量、定长成分的结构变量所占的空间。

（2）可变部分。这部分空间大小与算法在某次执行中处理的特定数据的大小和规模有关。例如 100 个数据元素的排序算法与 1 000 个数据元素的排序算法所需的存储空间显然是不同的。

总之，算法空间复杂度指的是在算法实现过程中临时开辟的内存空间大小，元素本身的大小不在空间复杂度考虑范围之内。

6. 时间复杂度与空间复杂度关系

时间和空间犹如鱼和熊掌，在实际算法中一般不可兼得。可以通过牺牲空间来换取时间

性能的提高，这要根据算法设计者实际的需求确定。通常来说，对于同一个算法来说，如果在空间复杂度保持不变情况下能够提高时间性能，该算法性能就得等到了改进。随着内存价格的降低，大多数情况下都是采用牺牲空间换取时间性能的提高比较常见。

1.6 习 题

1. 求下列算法时间复杂度。

(1) int i;
   for (i=1; i<=n; i=2*i)
       ++x;

(2) sum=0;
   for(i=1;i<=n;i++)
       for(j=n;j>=1;j--)
           sum++;

第 2 章 线性表

线性表是最简单、最基本，也是最常用的一种线性结构。它有两种存储方法：顺序存储和链式存储，它的主要基本操作是插入、删除和查找等。线性结构的特点是结构中的数据元素之间存在一对一（1∶1）的线性关系。这种一对一的关系指的是数据元素之间的位置关系，即：(1)除第一个位置的数据元素外，其他数据元素位置的前面都只有一个数据元素；(2)除最后一个位置的数据元素外，其他数据元素位置的后面都只有一个元素。也就是说，数据元素是一个接一个的排列。因此，可以把线性表想象为一种数据元素序列的数据结构。

2.1 线性表的逻辑结构

2.1.1 线性表的定义与特征

线性表是一种线性结构。线性结构的特点是数据元素之间是一种线性关系，数据元素"一个接一个的排列"。在一个线性表中数据元素的类型是相同的，或者说线性表是由同一数据类型的数据元素构成的线性结构。

在现实世界中，线性表的例子不胜枚举。例如，英文字母表(A,B,…,Z)是一个线性表，表中的每个字母是一个数据元素；一副扑克牌的点数(2,3,…，Q,K,A)也是一个线性表，这里的数据元素是每张牌的点数。在较为复杂的线性表中，数据元素可以由若干个数据组成，如：学生成绩表由学号、姓名、各科成绩组成，该成绩表是一个线性表，每个学生的信息是一个数据元素(记录)。其中用以区别各个记录的数据项(学号)称为关键字(key)。

综上所述，线性表定义如下。

线性表是具有相同数据数据类型的 $n(n>=0)$ 个数据元素的有限序列，通常记为

$$(a_1,a_2,\cdots,a_{i-1},a_i,a_{i+1},\cdots,a_n)$$

式中，n 为表长，$n=0$ 时称为空表。

表中相邻元素之间存在着顺序关系。将 a_{i-1} 称为 a_i 的直接前驱，a_{i+1} 称为 a_i 的直接后继。就是说：对于 a_i，当 $i=2,\cdots,n$ 时，有且仅有一个直接前驱 a_{i-1}，当 $i=1,2,\cdots,n-1$ 时，有且仅有一个直接后继 a_{i+1}，而 a_1 是表中第一个元素，它没有前驱，a_n 是最后一个元素无后继。

需要说明的是：a_i 为序号为 i 的数据元素($i=1,2,\cdots,n$)，通常将它的数据类型抽象为 ElemType,ElemType 根据具体问题而定,如在学生情况信息表中,它是用户自定义的学生类型;在字符串中,它是字符型。

线性表的特性如下。

(1) 数据元素在线性表中是连续的,表的长度(即数据元素的个数)可根据需要增加和减少,但调整后的线性表中,数据元素仍然必须是连续的,即线性表是一种线性结构。

(2) 线性表有确定的最大长度,即线性表的容量,表内元素的个数是线性表的当前长度。根据表内元素量,线性表可以分为空表、满表或有若干个元素的表。

(3) 数据元素在线性表中的位置仅取决于它们自己在表中的序号,并由该元素的数据项中的关键字 key 加以标识。

(4) 线性表中所有数据元素的同一数据项,其属性相同,它们的数据类型也是一致的。

2.1.2 线性表的基本操作

数据结构的运算是定义在逻辑结构层次上的,而运算的具体实现是建立在存储结构上的。因此下面定义的线性表的基本运算作为逻辑结构的一部分,每一个操作的具体实现只有在确定了线性表的存储结构之后才能完成。

线性表上的基本操作有以下几点。

(1) Initiate(L):初始化操作,生成一个空的线性表 L。

(2) Length (L):求表长度的操作。函数的返回值为线性表 L 中数据元素的个数。

(3) GetElem(L, i):取表中位置 i 处的元素。当 $1 \leqslant i \leqslant$ Length (L) 时,函数值为线性表 L 中位置 i 处的数据元素,否则返回一个空值。

(4) Locate(L, x):定位操作。给定值 x,在线性表 L 中若存在和 x 相等的数据元素,则函数返回该数据元素的位置值,否则返回 0。若线性表中存在一个以上和 x 相等的数据元素,则函数返回第一个和 x 相等的数据元素的位置值。

(5) Insert (L, I, b):插入操作。在给定的线性表 L 中的位置 $i(1 \leqslant i \leqslant$ Length $(L)+1)$ 处插入数据元素 b。

(6) Delete(L, i):删除操作。在线性表 L 中删除位置 $i(1 \leqslant i \leqslant$ Length $(L))$ 处的数据元素。

(7) IsEmpty(L):判断线性表 L 是否为空。若 L 为空,则函数返回 1,否则函数返回 0。

(8) Clear(L):置空操作。将线性表 L 置成空表。

除了以上 8 个基本操作外,对于线性表还可以做一些较为复杂的运算,如将两个线性表合并成一个线性表的操作等,这些运算都可以利用上述的基本操作来实现。

2.2 线性表的顺序存储结构

2.2.1 顺序表定义与存储结构

1. 定义

线性表的顺序存储是指在内存中用地址连续的一块存储空间顺序存放线性表的各元素,

用这种存储形式存储的线性表称其为顺序表。因为内存中的地址空间是线性的,因此,用物理上的相邻实现数据元素之间的逻辑相邻关系是既简单,又自然,如图 2.1 所示。

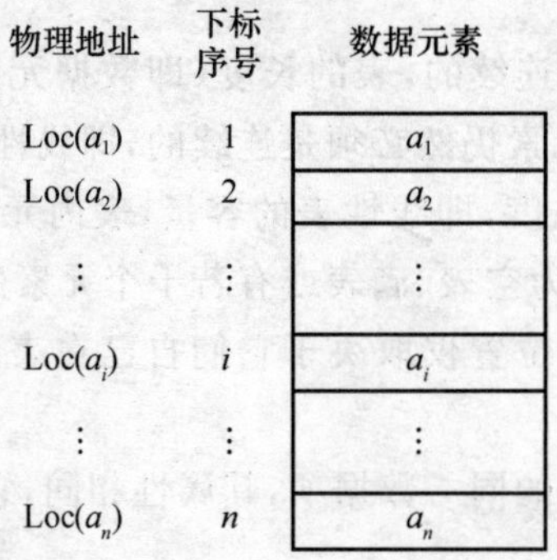

图 2.1　线性表的顺序存储示意图

线性表顺序存储(简称顺序表)的特点:逻辑上相邻的数据元素物理存储上必须相邻。

2. 数据元素存储地址

假设每个数据元素在存储器中占用 d 个字节的存储单元,如果第一个元素 a_1 的存储地址(也称为基地址)设为 $\text{Loc}(a_1)$,则第 i 个元素 a_i 的存储地址 $\text{Loc}(a_i)$ 可表示为

$$\text{Loc}(a_i)=\text{Loc}(a_1)+(i-1)\times d \quad (1\leqslant i\leqslant n)$$

式中,$i-1$ 为第 i 个元素与第 1 个元素的间隔元素个数。由此,只要知道基地址和每个数据元素的存储长度,就可以求出任一数据元素的存储地址,也就可以随机地访问顺序表的每一个元素。因此,顺序表是一种随机存取结构。

3. 存储结构

在程序设计语言中,一维数组在内存中占用的存储空间就是一组连续的存储区域,因此,用一维数组来表示顺序表的数据存储区域是最合适的。考虑到线性表的运算有插入、删除等运算,即表长是可变的,因此,数组的容量需设计的足够大,设用:List[MAXSIZE]来表示,其中 MAXSIZE 是一个根据实际问题定义的足够大的整数,线性表中的数据从 List[0] 开始依次顺序存放。

(1) 静态顺序表

```
#defineMAXSIZE 100        /* 线性表的最大长度 */
typedef int ElemType;
typedef struct
{
  ElemType data[MAXSIZE]; /* data 数组的数据类型为 Elemtype */
  intlen;                 /* len 为线性表长 */
} SeqList;
```

说明:

① MAXSIZE 是静态顺序表空间的最大值,即顺序表的容量,单位为元素个数,其值的大小应足够大,这里定义顺序表的容量为 100。

② ElemType 是定义的一个新的类型标识符,用来表示顺序表中各结点的类型,这里假设结点的类型为 int 类型。

③ 顺序表的结点 a_1, a_2, $\cdots$, a_n,从 data[0]开始依次顺序存放,由于元素个数可能未达到

MAXSIZE 个,所以需要使用变量 len 来记录当前顺序表实际元素的个数,即当前顺序表的表长,一旦顺序表的每个结点及表长确定了,那么这个顺序表也就被确定了。

使用上述方法来描述顺序表,顺序表的长度定义之后在使用中无法更改,只有在源代码中才能修改。设置的空间过大造成内存浪费,顺序表大小无法动态更改。因此,通常使用下面的动态顺序表来描述。

(2) 动态顺序表

从结构性上考虑,通常将 elem、len 和 listsize 封装成一个结构作为顺序表的类型:

```
♯define LIST_INIT_SIZE
♯define LISTINCREMENT 10
typedef intElemType;              /* 假定 ElemType 代表的类型为 int 型 */
typedef struct{
    ElemType * elem;              /* 存放数据元素的一维动态数组 */
    intlen;                       /* len 线性表的有效元素个数 */
    int listSize;                 /* listSize 为线性表所开辟空间的长度 */
} SqList;
```

本章案例处理的顺序表一般都采用动态顺序表,在使用之前必须初始化结构体中的指针变量成员,就是给它分配一段连续的内存空间。

说明:

① 该方法是在前述方法的基础上,将静态数组改为用指针变量做数组名的动态数组。

② SqList 是新定义的结构体类型标识符,用来定义顺序表,可使用语句 SqList L,定义一个顺序表 L,这样,顺序表的结点和表长都可用 L 来表示,顺序表中的各个结点依次可表示为 L. elem [0], L. elem[1], …, L. elem[L. len−1];表长可表示为 L. len;由于 SqList 中的成员变量 elem 是指针类型,所以在使用之前必须初始化:

L. elem＝(ElemType *) malloc(LIST_INIT_SIZE * sizeof(ElemType));

③ 也可使用语句 SeqList * L,定义一个指向顺序表的指针 L,为叙述方便就把 L 称为顺序表,这样,顺序表的结点和表长都可用 L 表示为 L−>elem [0], L−>elem[1], …, L−>elem[L−>len−1]和 L−> len。建议使用结构体表示顺序表,并通过此方法来定义顺序表,但要注意这样定义的顺序表 L 在使用前必须要为 L 分配内存空间。

L 是一个指针变量,线性表的存储空间通过 L＝(SqList *)malloc(sizeof(SqList)) 操作来获得。

2.2.2 顺序表上基本运算的实现

1. 顺序表的初始化

顺序表的初始化即构造一个空表,这对表是一个加工型的运算,因此,将 L 设为指针参数,首先为 L 的指针成员变量动态分配存储空间,然后,将表中 len 指针置为 0,表示表中没有数据元素。算法如下:

算法 2.1 顺序表的初始化

```
int InitList(SeqList &L, int n)              /* 初始化一个长度为 n 的线性表 */
{
L. elem = (Elemtype * )malloc( LIST_INIT_SIZE * sizeof(Elemtype) );
```

```
    if(! L.elem)    return 0                        /* 分配失败返回 0 */
    L.len = 0;                                      /* 元素个数为零 */
    L.listSize = LIST_INIT_SIZE;                    /* L.listsize 存储开辟的空间数 */
    return true;
}
```

设调用函数为主函数,主函数对初始化函数的调用如下。

```
main( )
{
    SqList L;
    InitList(L, 100)
    ...
}
```

2. 求顺序表的长度

```
int LengthList(SqList L)                            /* 求线性表 L 的长度 */
{
    returnL.len;                                    /* 返回线性表的长度 */
}
```

3. 取表元素

```
int GetElem(SqList L, int i, Elemtype &e)
{/* 求线性表 L 第 i 个元素,通过 e 返回,函数返回值用 0 和 1 区别是否正确取出 e */
if (i>L.len) || (i<1) return ERROR;                 /* 如果位置越界出错的处理 */
e = L.elem[i]
return TRUE;                                        /* 返回真值 */
}
```

4. 插入运算

线性表的插入是指在表的第 i 个位置上插入一个值为 e 的新元素,插入后使原表长为 n 的表:

$$(a_1, a_2, \cdots, a_{i-1}, a_i, a_{i+1}, \cdots, a_n)$$

成为表长为 $n+1$ 的表:

$$(a_1, a_2, \cdots, a_{i-1}, x, a_i, a_{i+1}, \cdots, a_n)$$

i 的取值范围为 $1 \leqslant i \leqslant n+1$。

顺序表上完成这一运算则通过以下步骤进行。

(1) 将 $a_i \sim a_n$ 顺序向下移动,为新元素让出位置;

(2) 将 e 置入空出的第 i 个位置;

(3) 修改 len 值(相当于修改表长),使之仍指向最后一个元素的下标。

算法如下:

算法 2.2　顺序表插入元素

int InsertList(SqList &L, int i, Elemtype e)/* 在线性表第 i 个元素前插入 e */
{

顺序表插入

```
if ( (i>L.len+1) || (i<1) )
return false                    /* 如果位置越界或空间不够的出错处理 */
if(L.len> = L. listSize)
L. len = ( ElemType * )relloc((L. listSize + LISTINCREMENT) * sizeof(ElemType));
for(j=L.len; j>= i; j- -)
L.elem[j+1] = L.elem[j];        /* 将从第 i 个位置开始的元素向后移动一个位置 */

L.elem[i] = e;                  /* 将元素 b 存放在第 i 个位置 */
L. len = L. len + 1;            /* 插入完成后表长加 1 */
return TRUE;
}
```

本算法中注意以下问题。

(1) 顺序表中数据区域有 listSize 个存储单元,所以在向顺序表中做插入时先检查表空间是否满了,在顺序表满的情况下需要重新分配内存,否则在插入会产生溢出错误;

(2) 要检验插入位置的有效性,这里 i 的有效范围是 $1 \leqslant i \leqslant n+1$,其中 n 为原表长;

(3) 注意数据的移动方向,如图 2.2 所示。

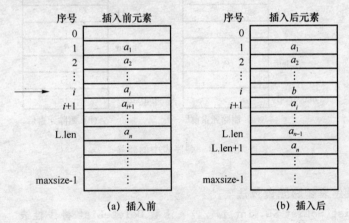

图 2.2 顺序表中的插入

插入算法的时间性能分析如下。

从上面的插入算法可以看出,当在顺序表中进行插入操作时,其时间主要耗费在移动数据元素上。移动元素的次数不仅和表长有关,还与插入位置 i 有关,这里假设表长为 n,执行插入操作元素后移的次数是 $n-i+1$。当 $i=1$ 时,元素后移的次数为 n 次,当 $i=n+1$ 时,元素后移的次数是 0 次,则该算法在最好情况下的时间复杂度为 $O(1)$,最坏情况下的时间复杂度为 $O(n)$。下面进一步分析算法的平均时间复杂度:设 P_i 为在顺序表中第 i 个位置插入一个元素的概率,假设在表中任意位置插入数据元素的机会是均等的,则

$$P_i = \frac{1}{n+1}$$

设 E_{avg} 为移动元素的平均次数,在表中位置 i 处插入一个数据元素需要移动元素的次数为 $n-i+1$,因此

$$E_{avg} = \frac{1}{n+1} \sum_{i=1}^{n+1} (n-i+1) = \frac{n}{2}$$

也就是说在顺序表上做插入操作,平均要移动一半的元素。就数量级而言,它是线性阶的,算法的平均时间复杂度为 $O(n)$。

5. 删除运算 DeleteList(L,i)

线性表的删除运算是指将表中第 i 个元素从线性表中去掉,删除后使原表长为 n 的线性表:

$$(a_1, a_2, \cdots, a_{i-1}, a_i, a_{i+1}, \cdots, a_n)$$

成为表长为 $n-1$ 的线性表:

$$(a_1, a_2, \cdots, a_{i-1}, a_{i+1}, \cdots, a_n)。$$

i 的取值范围为 $1 \leqslant i \leqslant n$。

顺序表上完成这一运算的步骤如下。

(1) 将 $a_{i+1} \sim a_n$ 顺序向上移动;

(2) 修改 len 指针(相当于修改表长)使之仍指向最后一个元素,如图 2.3 所示。

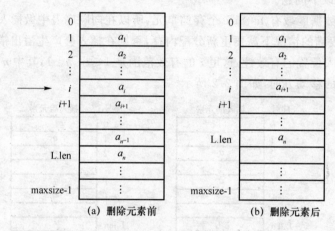

图 2.3 顺序表中的删除

算法如下:

顺序表删除

算法 2.3 顺序表删除元素算法

```
int DeleteList(SqList &L, int i)    /* 函数 DeleteList 将线性表
第 i 个元素删除 */
    {
    if (i>L.len) || (i<1) || (L.len = = 0)
    return false;                   /* 如果位置越界或线性表中无空间,则出错处理 */
    for(j = i; j> = L.len-1; j--)
    L.elem[j] = L.elem[j+1];        /* 将从第 i+1 个位置开始的元素向前移动一个
                                       单位 */
    L.len--;                        /* 表长减 1 */
    return TRUE;
}
```

本算法注意以下问题。

(1) 删除第 i 个元素,i 的取值为 $1 \leqslant i \leqslant n$,否则第 i 个元素不存在,因此,要检查删除位置的有效性;

(2) 当表空时不能做删除,因表空时 L.len 的值为 0,条件($i<1$ || $i>$L.len+1)也包括

了对表空的检查；

（3）删除 a_i 之后，该数据已不存在，如果需要，先取出 a_i，再做删除。

删除算法的时间性能分析如下。

与插入运算相同，其时间主要消耗在了移动表中元素上，删除第 i 个元素时，其后面的元素 $a_{i+1} \sim a_n$ 都要向上移动一个位置，共移动了 $n-i$ 个元素，所以平均移动数据元素的次数：

$$E_{avg} = \sum_{i=1}^{n} p_i (n-i)$$

在等概率情况下，$p_i = 1/n$，则

$$E_{avg} = \sum_{i=1}^{n} p_i (n-i) = \frac{1}{n} \sum_{i=1}^{n} (n-i) = \frac{n}{2}$$

这说明顺序表上作删除运算时大约需要移动表中一半的元素，显然该算法的时间复杂度为 $O(n)$。

6. 按值查找

查找值为 e 的元素在线性表 L 中的位置，结果是：若在表 L 中找到与 e 相等的元素，则返回该元素在线性表中的位置；若找不到，则返回零。

查找时可采用顺序查找法实现，即从第一个（或最后一个）元素开始，依次将表中元素与 e 相比较，若相等，则查找成功，返回该元素在数组中的下标序号；若 e 与表中的所有元素都不相等，则查找失败，返回 0。

算法如下：

算法 2.4 顺序查找法

顺序表查找

```
int Locate(SqList L, elemtype e)
{
    /* 从 L 表第一个元素开始查找值为 e 的元素,查找成功返回元素的位置,否则返回零 */
    i = 1;                        /* i 为扫描计数器,初值为 0 */
    while((i<=L.len) && (L.elem[i]!=e))
        i++;                      /* 顺序查找线性表,直到找到值为 e 的元素或到
                                     表尾而没找到 */
    if(L.elem[i] == e) return(i); /* 若找到值为 e 的元素,则返回序号 */
    else
        return false;             /* 若没找到,则返回 False = 0 */
}
```

如果线性表中存在 e 元素，while 循环中的条件只用到 L.elem[i]! =e；找到线性表中值等于 e 的元素从而结束循环；但是如果表中不存在 e 元素，while 循环中的条件为必须有 i<=L.len，来控制线性表中元素下标出界。

如果改变思路，从最后一个元素开始查找，利用顺序表中下标为 0 的单元存储要查找的元素。while 循环条件为 L.elem[i]! =e，查找时如果存在 e 元素，可以结束循环；如果不存在 e 元素，同样可以通过与下标为 0 的单元的比较相等而结束循环。这时，如果查找成功，i 是查找到元素的下标；如果查找不成功，i 值是 0。

算法如下：

算法 2.5   查找元素的下标

```
int Locate(SqList L, elemtype e)      /* 表 L 中存放元素,e 是要查找的元素的值 */
{
    i = L.len;                        /* i 为扫描计数器,初值为线性表的长度 n */
    L.elem[0] = e;                    /* 零下标暂存要查找的数据元素值,称为哨兵 */
    while(L.elem[i]!= e)) i - - ;     /* 顺序查找线性表,直到找到值为 e 的元素 */
    return i;                         /* i 的值为零或非零,分别为查找不成功和成功 */
}
```

2.2.3   顺序表应用

【例 2.1】   将顺序表$(a_1, a_2, \cdots, a_n)$重新排列为以 a_1 为界的两部分:a_1 前面的值均比 a_1 小,a_1 后面的值都比 a_1 大(这里假设数据元素的类型为整型),操作前后如图 2.4 所示。这一操作称为划分,a_1 也称为基准。

划分的方法有多种,下面介绍的划分算法其思路简单,性能较差。

基本思路如下。

从第二个元素开始到最后一个元素,逐一向后扫描。

(1) 当前数据元素 a_i 比 a_1 大时,表明它已经在 a_1 的后面,不必改变它与 a_1 之间的位置,继续比较下一个。

(2) 当前结点若比 a_1 小,说明它应该在 a_1 的前面,此时将它前面的元素都依次向下移动一个位置,然后将它置入最前方,如图 2.4 所示。

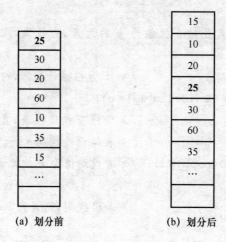

图 2.4   顺序表的划分

算法如下:

算法 2.6   顺序表的划分

```
typedef  ElemType  int;
void part(SqList  &L)
  { int i, j;
    ElemType x,y;
    x = L.elem[0];                    /* 将基准置入 x 中 */
```

```
for(i = 1;i< = L.len;i ++ )
    if(L.elem[i]<x)              /* 当前元素小于基准 */
        {  y = L.elem[i];
           for(j = i − 1;j> = 0;j − − )   /* 向后移动 */
               L.elem[j + 1] = L.elem[j];
           L.elem[0] = y;
        }
}
```

在本算法中,有两重循环,外循环执行 $n-1$ 次,内循环中移动元素的次数与当前数据的大小有关,当第 i 个元素小于 a_1 时,要移动它上面的 $i-1$ 个元素,再加上当前结点的保存及置入,所以移动 $i-1+2$ 次,在最坏情况下,a_1 后面的结点都小于 a_1,故总的移动次数为

$$\sum_{i=2}^{n}(i-1+2) = \sum_{i=2}^{n}(i+1) = \frac{n*(n+3)}{2}$$

即最坏情况下移动数据时间性能为 $O(n^2)$。

这个算法简单但效率低,在第 9 章的快速排序中时,将介绍另一种划分算法,它的性能为 $O(n)$。

【例 2.2】 有顺序表 A 和 B,其元素均按从小到大的升序排列,编写一个算法将它们合并成一个顺序表 C,要求 C 的元素也是从小到大的升序排列。

算法思路:依次扫描通过 A 和 B 的元素,比较当前的元素的值,将较小值的元素赋给 C,如此直到一个线性表扫描完毕,然后将未完的那个顺序表中余下部分赋给 C 即可。C 的容量要能够容纳 A、B 两个线性表相加的长度。

算法如下:

算法 2.7 合并顺序表,按升序排列

```
void merge(SqList A, SqList  B,  SqList &C)
{  int  i,j,k;
   i = 0, j = 0, k = 0;
  while ( i< = A.len && j< = B.len )
    if (A.date[i]<B.date[j])
        C.elem[k ++ ] = A.elem[i ++ ];
    else
        C.elem[k ++ ] = B.elem[j ++ ];
  while (i< = A.len )
    C.elem[k ++ ] = A.elem[i ++ ];
  while (j< = B.len )
    C.elem[k ++ ] = B.elem[j ++ ];
  C.len = k − 1;
}
```

算法的时间性能是 $O(m+n)$,其中 m 是 A 的表长,n 是 B 的表长。

2.3 线性表的链式存储

上一节研究了线性表的顺序存储结构,它的特点是逻辑上相邻的两个元素在物理位置上也是相邻的,因此,对给定任一元素位置即可得到所有其他元素的物理位置。由此也导致这种存储结构的不足:在插入与删除时,需要大量移动元素;在长度变化较大的线性表中,必须按最大长度安排,从而导致大量空间的浪费。

为了克服顺序表的缺点,可以用链接方式来存储线性表。通常人们将采用链式存储结构的线性表称为链表。本节将从两个角度来讨论链表,从实现角度看,链表可分为动态链表和静态链表;从链接方式的角度看,链表可分为单链表、循环链表和双链表。链接存储是最常用的存储方法之一,它不仅可以用来表示线性表,而且可以用来表示各种非线性的数据结构。

2.3.1 单链表

链表是通过一组任意的存储单元来存储线性表中的数据元素的,那么怎样表示出数据元素之间的线性关系呢? 为建立起数据元素之间的线性关系,对每个数据元素 a_i,除了存放数据元素的自身的信息 a_i 之外,还需要和 a_i 一起存放其后继 a_{i+1} 所在的存储单元的地址,这两部分信息组成一个"结点",结点的结构,如图 2.5 所示,每个元素都如此。

1. 结点组成

结点由两部分组成:存放数据元素信息的称为数据域,存放其后继结点地址的称为指针域。因此 n 个元素的线性表通过每个结点的指针域拉成了一个"链子",称之为链表。因为每个结点中只有一个指向后继的指针,所以称之为单链表。单链表结点结构如图 2.5 所示,其中 data 为数据域,next 为指针域。

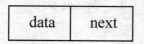

图 2.5 单链表结点结构

2. 首元结点、头结点、头指针和尾结点

在链表中存储第一个数据元素(a_1)的结点称为首元结点;存储最后一个数据元素(a_n)的结点称为尾结点,由于尾结点没有直接后继,所以尾结点指针域的值为 NULL(0),NULL 在表示链表的示意图中经常用'∧'来代替;在带头结点的单链表中的第一个结点称为头结点;指向链表中第一个结点(头结点或无头结点时的首元结点)的指针称为头指针。通常用"头指针"来标识一个单链表,如单链表 L、单链表 H 等,是指某链表的第一个结点的地址放在了指针变量 L、H 中,头指针为"NULL"则表示一个空表。

3. 单链表结点的存储结构

```
typedefint ElemType;            //定义结点的数据域类型
typedef struct node{            //结点类型定义
  ElemType data;                //结点的数据域
  struct node * next;           //结点的指针域
}ListNode;                      //结构体类型标识符
```

```
typedef ListNode *LinkList;
LinkList  head;
```

注意：

（1）LinkList 和 ListNode * 是不同名字的同一个指针类型，各有专门的用途以示区别；

（2）LinkList 类型的指针变量 head 表示它是单链表的头指针；

（3）ListNode * 类型的指针变量 p 表示它是指向某一结点的指针。

上面定义的 LNode 是结点的类型，LinkList 是指向 Lnode 类型结点的指针类型。为了增强程序的可读性，通常将标识一个链表的头指针说明为 LinkList 类型的变量，如 LinkList L；当 L 有定义时，值要么为 NULL，则表示一个空表；要么为第一个结点的地址，即链表的头指针。

例如，线性表(A，B，C，D，E，F，G，H)存储在单链表中，每个元素的存储单元如图 2.6 所示。

存储地址	数据域	指针域
1	H	NULL
2	B	41
17	G	1
15	A	2
41	C	51
51	D	4
4	E	7
7	F	17

头指针
15 →

图 2.6 单链表存储结构

头指针为 15，是第一个数据元素存储单元的首地址，线性表中的数据元素通过指针域连在一起。

4. 结点空间的生成与释放

当需要建立新的结点时，可以使用 C 语言为用户提供的动态存储分配函数 malloc，向系统申请一个指定大小和类型的存储空间来生成一个新结点，新结点必须要用指向结点的指针来指向。例如：

$$p=(LinkList)malloc(sizeof(ListNode))$$

p 所指的结点为 *p，*p 的类型为 ListNode 型，所以该结点的数据域为（*p）.data 或 p->data，指针域为（*p）.next 或 p->next，但最好的表现形式为 p->next，后续代码都采用此种形式。

当由用户申请的某个存储空间（比如 p 指向的空间）不需要时，可使用 free(p)；释放 p 所指向的结点内存空间，以便其他应用程序使用，不至于造成空间的浪费，而 p 指针变量本身还占据内存空间，一般为 4 个字节。

5. 单链表存储图（图 2.7）

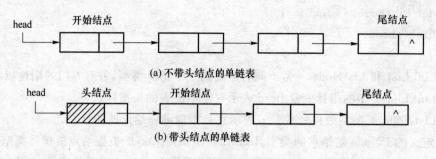

(a) 不带头结点的单链表

(b) 带头结点的单链表

图 2.7 单链表示意图

2.3.2 单链表上基本运算的实现

1. 单链表的创建

假设线性表中结点的数据类型是整型,逐个输入这些整型的结点,并以整数 0 为输入条件结束标志符。动态地建立单链表的常用方法有如下两种。

(1) 头插法建表

1) 算法思路

从一个空表开始,重复读入数据,生成新结点,将读入数据存放在新结点的数据域中,然后将新结点插入到当前链表的表头上,直到读入结束标志为止。算法步骤如下。

第一步:将头指针置为 NULL,如图 2.8(a)所示。

第二步:生成一个新结点 p(即由 p 指向),p=(LinkList)malloc(sizeof(ListNode));如图 2.8(b)所示。

第三步:将结点的值写入数据域,p—>data=num;如图 2.8(c)所示。

第四步:将 head 的值写入结点的指针域,p—>next=head;如图 2.8(d)所示。

第五步:将新结点的地址 p 赋给 head,head=p;如图 2.8(e)所示。

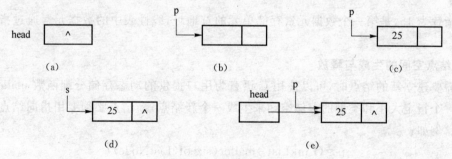

图 2.8 头插法建表

重复进行第二步到第五步,便可建立一个含有多个结点的不带头结点的单链表,如图 2.9所示。

说明:头插法建立的单链表结点的次序与数据输入的次序相反,即最先输入的是链表的尾结点,最后输入的是链表的开始结点;头插法建表需要使用两个指针,一个头指针,另一个指向新建结点的指针。

2) 头插法建单链表算法的实现

算法 2.8 头插法单链表的建立

头插法建单链表

```
LinkList CreatListHead(   )
```

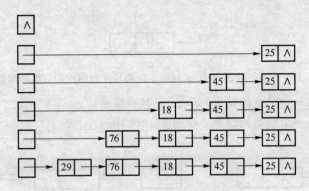

图 2.9　在头部插入建立单链表

```
{//返回单链表的头指针
    ElemType num;
    LinkList head;                //头指针
    ListNode * p;                 //工作指针
    head = NULL;                  //链表开始为空
    printf("请输入链表各结点的数据(字符型):\n");
    scanf("%d",&num);
    while((num!= 0)
    {
        p = (ListNode * )malloc(sizeof(ListNode ));
        p ->data = num;
        p ->next = head;
        head = p;
      scanf("%d",&num);
    }
    return head;
}
```

（2）尾插法建表

1）算法思路

从一个空表开始，重复读入数据，生成新结点，将读入数据存放在新结点的数据域中，然后将新结点插入到当前链表的表尾上，直到读入结束标志为止。算法步骤如下。

第一步，将头指针和指向尾结点的指针置为 NULL，如图 2.10 所示。

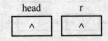

图 2.10　将头指针和指向尾结点的指针置为 NULL

第二步，生成一个新结点 p（即由 p 指向），并向结点的数据域写数据，如图 2.11 所示。

第三步，将新结点插入表尾。如果新插入的结点是第一个结点，就将新结点的地址 p 赋给 head；如果新插入的结点不是第一个结点，就将新结点的地址 p 写入尾结点的指针域 r -> next。

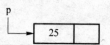

图 2.11　生成一个新结点 p(即由 p 指向)，并向结点的数据域写数据

新插入结点为第一个结点的情况，如图 2.12(a)所示。

新插入结点非第一个结点的情况，如图 2.12(b)所示。

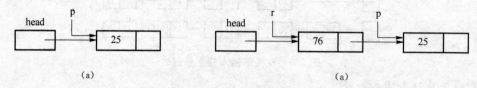

图 2.12　插入结点

第四步，使尾指针指向新表尾，即将新结点的地址 p 赋给尾指针 r，如图 2.13 所示。

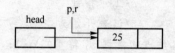

图 2.13　使尾指针指向新表尾

重复以上第二步到第四步，建立含有多个结点的链表，但此时尾结点的指针域还没有写数据。

最后一步，将尾结点的指针域写入 NULL。如果表为空，即 r＝＝NULL，没有尾结点，所以，不用做此操作。

这样，便可建立一个含有多个结点的不带头结点的单链表，如图 2.14 所示。

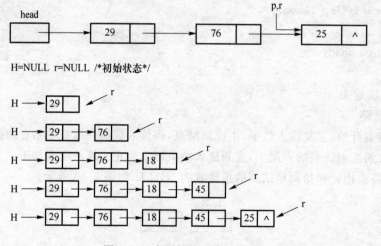

图 2.14　在尾部插入建立单链表

2）尾插法建单卡连表算法的实现

算法 2.9　尾插法建立单链表

LinkList CreatListR(void)

{//返回单链表的头指针

尾插法建单链表

```
Elem Type num;
    LinkList head;                              //头指针
    ListNode * p, * r;                          //工作指针
    head = NULL;                                //链表开始为空
    r = NULL;                                   //尾指针初值为空
    scanf("% d",&num);
    while((num != 0)
    {
        p = (ListNode * )malloc(sizeof(ListNode));
        p - >data = ch;
         if(head == NULL) head = p;             //新结点插入空表
        else   r - >next = p;                   //将新结点插到链表尾
        r = p;                                  //尾指针指向新表尾
        scanf("% d",&num);
     }
    if(r != NULL)   r - >next = NULL;
    return head;
}
```

3) 说明

① 采用尾插法建表,生成的链表中结点的次序和输入顺序一致。

② 必须增加一个尾指针 r,使其始终指向当前链表的尾结点,因此尾插法建表需要使用三个指针,即一个头指针,一个指向新建结点的指针,一个始终指向尾结点的尾指针。

③ 开始结点插入的特殊处理:由于开始结点的位置是存放在头指针(指针变量)中,而其余结点的位置是在其前驱结点的指针域中,插入开始结点时要将头指针指向开始结点。

④ 空表和非空表的不同处理:若读入的第一个字符就是结束标志,则链表 head 是空表,尾指针 r 也为空,尾结点 * r 不存在;否则链表 head 非空,尾指针 r 也为非空,最后一个尾结点 * r 是终端结点,应将其指针域置空。

尾插法建表的算法需要考虑:第一,开始结点与其他结点处理的方法不同;第二,空表和非空表处理的方法不同,使得算法比较复杂。因此,需要寻求能够解决上述两个问题的方法。

(3) 尾插法建带头结点的单链表

1) 头结点及作用

头结点是在链表的首元结点之前附加一个结点。相对于不带头结点的单链表来说,它具有两个优点。

① 由于开始结点的位置被存放在头结点的指针域中,所以在链表的第一个位置上的操作就和在表的其他位置上操作一致,无须进行特殊处理。

② 无论链表是否为空,其头指针都是指向头结点的非空指针(空表中头结点的指针域空),因此空表和非空表的处理也就统一了。

2) 算法思路

先建立一个头结点,使头指针指向头结点,产生一个带头结点的空表。从这一空表开始,重复读入数据,生成新结点,将读入数据存放在新结点的数据域中,然后将新结点插入到当前链表的表尾上,直到读入结束标志为止。

3）尾插法建立带头结点的单链表算法的实现

算法 2.10　尾插法建立带头结点的单链表

```
LinkList CreatHeadList ( )
{//用尾插法建立带头结点的单链表
    ElemType num;
    LinkList head;
    ListNode *p,*r;                        //工作指针
    head = (ListNode *)malloc(sizeof(ListNode));
    r = head;                              //尾指针初值也指向头结点
    printf("请输入链表各结点的数据(整型):\n");
        scanf("%d",&num);
        while((num!=0){
            p = (ListNode *)malloc(sizeof(ListNode));
            p->data = num;
            r->next = p;                   //将新结点插到链表尾
            r = p;                         //尾指针指向新表尾
            scanf("%d",&num);
        }
    r->next = NULL;
    return head;
}
```

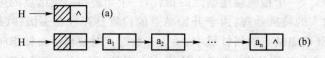

图 2.15　带头结点的单链表

2. 单链表长度

（1）求带头结点的单链表的表长

1）算法思路

设置一个计数器 len 并置初值为 0 和一个移动指针 p 并把 head 赋给 p，使 p 指向头结点。如果 p 指向结点的下一个结点存在，即 p->next! =NULL，就把 p->next 赋给 p(使 p 指向下一个结点)，同时计数器 len 加 1，直到 p==NULL 为止，计数器 len 的值就是表长。

2）具体算法实现

算法 2.11　带头结点单链表长度

```
int LengthListH(LinkList head)
{//求带头结点的单链表的表长
    ListNode *p = head;                    //p指向头结点
    intlen = 0;
    p = p->next;
    while(p!=NULL){
```

```
                len ++ ;
                p = p - >next;                      //使 p 指向下一个结点
                        }
        return len;
}
```

（2）求不带头结点的单链表的表长

1）算法思路

当表不空时与带头结点的单链表基本相同，只是开始 p 指向的是开始结点，所以 len 的初值应设置为 1；当表空时直接返回 0。

2）具体算法实现

算法 2.12　不带头结点单链表长度

```
int LenList (LinkList head)
{//求不带头结点的单链表的表长
    LinkList p = head;                          //p 指向开始结点
    intlen = 0;
    while(p){
        len ++ ;
        p = p - >next;                          //使 p 指向下一个结点
        }
    return len ;
}
```

3. 链表的查找

在链表中，即使知道被访问结点的序号 i，也不能像顺序表中那样直接按序号 i 访问结点，而只能从链表的头指针出发，顺着指针域 next 逐个结点往下搜索，直至搜索到第 i 结点为止。因此，链表不是随机存取结构。

（1）按序号在带头结点的单链表中查找

1）算法思路

设置一个计数器 count，并置初值为 0，从指针 p 指向链表的头结点开始顺着链扫描。当 p 扫描下一个结点时，计数器 count 相应地加 1。当 count = = i 时，指针 p 所指的结点就是要找的第 i 个结点；而当指针 p 的值为 NULL 且 j≠i 时，则表示找不到第 i 个结点。

2）具体算法实现

```
ListNode * GetNode(LinkList head, int i)
{//在带头结点的单链表 head 中查找第 i 个结点，若找到(0≤i≤n)，则返回该结点的存
储地址，否则返回 NULL。
    int count = 0;
    ListNode * p = head;                        //从头结点开始扫描
    while(p - >next!= NULL&&count<i){
        p = p - >next;
        count ++ ; }
    if( i = = count)
```

```
        return p;                    //找到了第 i 个结点
    else return NULL;
}
```

（2）按值在带头结点的单链表中查找

1）算法思路

从首元结点出发，顺着链表逐个将结点的数据域的值和给定值 key 作比较，若有结点的值与 key 相等，则返回首次找到的其值为 key 的结点的存储地址；否则返回 NULL。

2）具体算法实现

```
ListNode * LocateNode (LinkList head,ElemType key)
{//在带头结点的单链表 head 中查找其值为 key 的结点
    ListNode * p = head ->next;
    while(p&&p ->data!= key) //p 等价于 p!= NULL
        p = p ->next;
    return p; //p 不空找到,否则找不到
}
```

4. 单链表插入操作

（1）后插结点

设 p 指向单链表中某结点，s 指向待插入的值为 x 的新结点，将 * s 插入到 * p 的后面，插入示意图，如图 2.16 所示。

操作如下：

① s->next=p->next；

② p->next=s；

注意：上述两个指针的操作顺序不能交换。

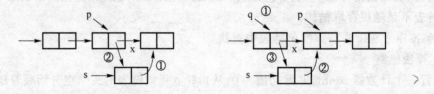

图 2.16　在 p 之后插入 s　　　　图 2.17　在 p 之前插入 s

（2）前插结点

设 p 指向链表中某结点，s 指向待插入的值为 x 的新结点，将 s 插入到 p 的前面，插入示意图，如图 2.17 所示，与后插不同的是：首先要找到 p 的前驱 q，然后再完成在 q 之后插入 s，设单链表头指针为 L，操作如下：

```
q = L;
while (q ->next!= p)
    q = q ->next;                          /* 找 * p 的直接前驱 */
s ->next = q ->next;
q ->next = s;
```

后插操作的时间复杂性为 $O(1)$，前插操作因为要找 p 的前驱，时间性能为 $O(n)$；其实用

户关心的更是数据元素之间的逻辑关系,所以仍然可以将 s 插入到 p 的后面,然后将 p—>data 与 s—>data 交换即可,这样即满足了逻辑关系,也能使得时间复杂性为 $O(1)$。

(3) 插入运算完整算法 Insert_LinkList(L,i,x)

将值为 x 的新结点 * s 插入到带头结点的单链表 head 的第 i 个结点 a_i 之前的位置上。

单链表结点的插入

1) 算法思路

① 从头结点出发,顺着链查找第 $i-1$ 个结点,使指针变量 p 指向第 $i-1$ 个结点,即实现以下操作。

p=GetNode(head, i-1); 如图 2.18 所示。

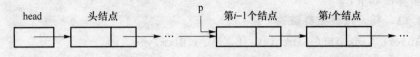

图 2.18 找到第 i 个结点

```
LinkList GetNode(LinkList head, int i)
{   p = head, j = 0;
    while(j<i&&p->next!= NULL)
{
    j++;
    p = p->next;
}
    return p;
}
```

② 生成一个数据域为 x 的新结点 * s,即实现以下操作。

s=(ListNode *)malloc(sizeof(ListNode));   s—>data=x;如图 2.19 所示。

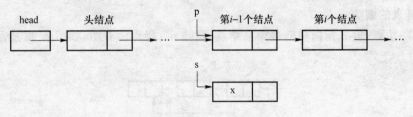

图 2.19 新建结点

③ 使新结点的指针域指向结点 a_i,即实现以下操作。

s—>next=p—>next;如图 2.20 所示。

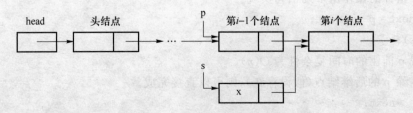

图 2.20 将 s 指向第 i 个结点

④ 使结点 p 的指针域指向新结点,即实现以下操作。

p—>next＝s; 如图 2.21 所示。

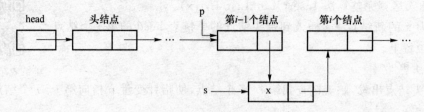

图 2.21　完成插入

2) 完整算法如下:

算法 2.13　插入运算完整算法

```
int   Insert_LinkList( LinkList  L, int i,ElemType  x)
    /* 在单链表 L 的第 i 个位置上插入值为 x 的元素 */
{   LinkList  p, s;
    p = Get_LinkList(L,i-1);                    /* 查找第 i-1 个结点 */
    if (p = = NULL)
        { printf("参数 i 错");   return 0; }/* 第 i-1 个不存在不能插入 */
    else {
        s = malloc(sizeof(LNode));              /* 申请、填装结点 */
        s->data = x;
        s->next = p->next;                      /* 新结点插入在第 i-1 个结点的后面 */
        p->next = s
        return 1;
    }
}
```

时间性能:算法 2.13 的时间复杂度为 $O(n)$。

5. 单链表的删除

(1) 删除结点:设 p 指向单链表中某结点,删除 p。操作示意图,如图 2.22 所示。

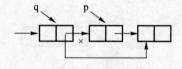

图 2.22　删除 * p

通过示意图可见,要实现对结点 p 的删除,首先要找到 p 的前驱结点 q,然后完成指针的操作即可。指针的操作由下列语句实现:

q->next = p->next;

free(p);

显然找 p 前驱的时间复杂性为 $O(n)$。

若要删除 p 的后继结点(假设存在),则可以直接完成。

s = p->next;

p->next = s->next;

free(s);

该操作的时间复杂性为 $O(1)$ 。

（2）删除运算:DelLinkList(L,i)

删除带头结点的单链表 head 上的第 i 个结点。

1）算法思路

① 从开始结点出发，顺着链查找第 $i-1$ 个结点，使指针变量 p 指向第 $i-1$ 个结点，即实现以下操作。

p＝GetNode(head,i-1);如图 2.23 所示。

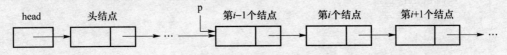

图 2.23 找到第 $i-1$ 个结点

② 使 r 指向第 i 个结点（被删除的结点），即实现以下操作。

r=p->next;如图 2.24 所示。

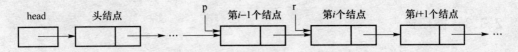

图 2.24 r 指向第 i 个结点

③ 使 p 的指针域指向被删除结点的直接后继，即实现以下操作。

p->next＝r->next;如图 2.25 所示。

图 2.25 p 指向 r 的直接后继

④ 释放被删除结点的空间即实现以下操作。

free(r);如图 2.26 所示。

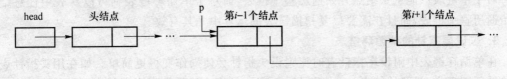

图 2.26 释放空间

2）算法代码

算法 2.14 删除运算算法

```
int  DelLinkList(LinkList  L,int i)
   /*删除单链表 L 上的第 i 个数据结点*/
{ LinkList  p,s;
   p = GetNode(head,i-1);                    /*查找第 i-1 个结点*/
```

单链表结点的删除

```
    if (p = = NULL)
       { printf("第 i-1 个结点不存在");return - 1; }
    else {   if (p - >next == NULL)
             { printf("第 i 个结点不存在");return 0; }
       else
       {    s = p - >next;                    /* s 指向第 i 个结点 */
            p - >next = s - >next;            /* 从链表中删除 */
            free(s);                          /* 释放 * s */
            return 1; }
       }
    }
}
```

算法 2.14 的时间复杂度为 $O(n)$。

通过上面的基本操作可知:

(1) 在单链表上插入、删除一个结点,必须知道其前驱结点所在位置;

(2) 单链表不具有按序号随机访问的特点,只能从头指针开始一个个顺序进行。

2.3.3 循环链表

单链表最大的缺点是元素无法做到循环访问,每次访问都需要从首元结点开始往后访问。针对单链表此缺点设计出循环单链表。

1. 定义

循环链表(Circular Linker List)是单链表的另一种形式,它是一个首尾相接的链表。它的特点是表中最后一个结点的指针域由 NULL 改为指向头结点或线性表中的首元结点,整个链表形成一个环,就得到了单链形式的循环链表。由此,在循环单链表中,从表中任意结点出发均可找到表中其他结点,如图 2.27 所示。为了使某些操作实现起来方便,在循环单链表中也可设置一个头结点。那么空循环链表仅由一个自成循环的头结点表示。

循环链表的操作和线性表基本一致,差别仅在于算法中的循环结束条件不是 p 或 p->next 是否为空,而是它们是否等于头指针。

2. 单循环链表的优点

对于单链表只能从头结点开始遍历整个链表,而对于单循环链表则可以从表中任意结点开始遍历整个链表,而且在需要反复扫描链表的运算中尤其有效。

3. 仅设尾指针的单循环链表

在单循环链表中附设尾指针有时比附设头指针会使操作变得更简单。如在用头指针表示的单循环链表中,找开始结点 a_1 的时间复杂度是 $O(1)$,而要找到终端结点 a_n,则需要从开始结点遍历整个链表,其时间复杂度是 $O(n)$。如果用尾指针 rear 来表示单循环链表,则查找开始结点和终端结点都很方便,它们的存储位置分别是 rear->next->next 和 rear,显然,查找时间复杂度都是 $O(1)$。因此,采用尾指针表示单循环链表在某些操作方面能够在时间复杂度方面得到有效的提高。

例如将两个线性表合并成一个表时,仅需将一个表的表尾和另一个表的表头相接。当线性表以如图 2.27 所示的循环链表存储时,这个操作仅需改变两个指针即可,运算时间为 $O(1)$。合并后的表如图 2.28 所示。

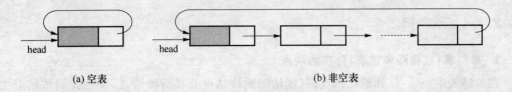

(a) 空表   (b) 非空表

图 2.27 单循环链表

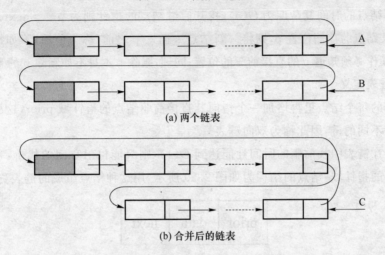

(a) 两个链表

(b) 合并后的链表

图 2.28 仅设尾指针的循环链表

【例 2.3】 有两个带头结点的循环单链表 La、Lb，编写一个算法，将两个循环单链表合并为一个循环单链表，其头指针为 La。

算法分析：先找到两个链表的尾，并分别由指针 p、q 指向它们，然后将第一个链表的尾与第二个链表的第一个结点链接起来，并修改指针 q，使它的链域指向第一个表的头结点。

算法如下：

```
LinkList Merge_c(LinkList La, LinkList Lb)   /* 将两个链表的首尾连接起来 */
{
  p = La;
  q = Lb;
  while (p->next!=La) p = p->next;          /* 找到表 La 的表尾，用 p 指向它 */
  while (q->next!=Lb) q = q->next;          /* 找到表 Lb 的表尾，用 q 指向它 */
  q->next = La;                             /* 修改表 Lb 的尾指针，使之指向表 La
                                               的头结点 */

  p->next = Lb->next;                       /* 修改表 La 的尾指针，使之指向表 Lb
                                               中的第一个结点 */

  free (Lb);
  return La;
}
```

采用上面的方法，需要遍历链表，找到表尾，其执行时间是 $O(n)$。若在尾指针表示的单循环链表上实现，则只需要修改指针，无须遍历，其执行时间是 $O(1)$。算法请读者自己来完成。

2.3.4 双向链表

1. 单链表(或循环单链表)存在的缺点

在单链表中,从一已知结点出发,只能访问到该结点及其后续结点,无法找到该结点之前的其他结点。而在单循环链表中,虽然从任一结点出发都可访问到表中所有结点,但访问该结点的直接前驱结点的时间复杂度为 $O(n)$,找其后继结点的指针则为 p—>next;另外,在单链表中,若已知某结点的存储位置 p,则将一新结点 s 插入 p 之前(称为前插)不如插入 p 之后方便,因为前插操作必须知道 p 的直接前驱的位置;同理,删除 p 本身不如删除 p 的直接后继方便。

2. 双向链表定义

在单链表的每个结点里再增加一个指向其直接前驱结点的指针域 prior,这样形成的链表中有两条方向不同的链,因此称为双向链表。

如果希望在链表中找前驱的时间性能达到 $O(1)$,则只能付出空间的代价:每个结点再加一个指向前驱的指针域,结点的结构为如图 2.29 所示,用这种结点组成的链表称为双向链表。

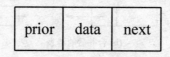

图 2.29 结点的结构

3. 双向链表存储结构

```
typedef charElemType;                    //定义结点的数据域类型
typedef structListNode{                  //结点类型定义
    ElemType data;                       //结点的数据域
    structListNode * prior, * next;      //结点的指针域
    }DListNode;                          //结构体类型标识符
typedef DListNode * DLinkList;           //定义新指针类型
DListNode * p, * s;                      //定义工作指针
DLinkList head;                          //定义头指针
```

4. 带头结点的双向链表

在双向链表中增加一个头结点,得到带头结点的双向链表。带头结点的双向链表能使某些运算变得方便。

5. 双向循环链表

将双向链表的头结点和尾结点链接起来构成的循环链表,称为双向循环链表。

6. 双向循环链表的对称性

如果 p 是当前结点 *p 的地址,那么 p—>prior 是结点 *p 的前驱结点的地址,p—>next 是结点 *p 的后继结点的地址。因此 p—>prior—>next==p== p—>next—>prior,即结点 *p 的地址存放在它的前驱结点 *(p—>prior)的(直接后继结点的)next 指针域中,也存放在它的后继结点 *(p—>next)的(直接前驱结点的)prior 指针域中。

7. 双向(循环)链表示意图(图 2.30)

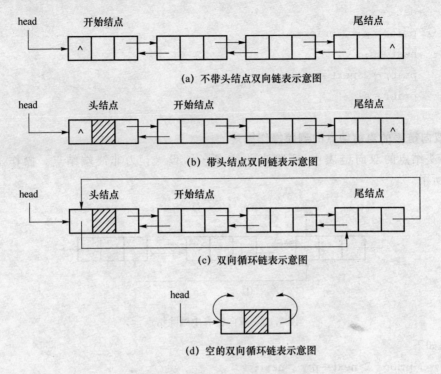

(a) 不带头结点双向链表示意图

(b) 带头结点双向链表示意图

(c) 双向循环链表示意图

(d) 空的双向循环链表示意图

图 2.30 双向(循环)链表示意图

8. 双向链表的前插操作算法

双向链表中结点的插入:设 p 指向双向链表中某结点,s 指向待插入的值为 x 的新结点,将 * s 插入到 * p 的前面,插入示意图,如图 2.31 所示。

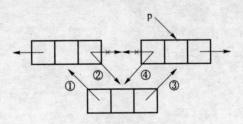

图 2.31 双向链表中的结点插入

操作如下:

① s->prior=p->prior;

② p->prior->next=s;

③ s->next=p;

④ p->prior=s;

插入结点的四条语句顺序不能随意变换,其中第四条语句必须放在最后赋值,因为 p->prior 是插入的一个参考位置。

算法如下:

```
void DInsertBefore(DListNode * p,ElemType x)
{
```

```
DListNode * s = ( DLinkList ) malloc(sizeof(DListNode));
s - >data = x;
s - >prior = p - >prior;
s - >next = p;
p - >prior - >next = s;
p - >prior = s;
}
```

9. 双向链表的当前结点的删除操作算法

在带头结点的双向链表中,删除当前结点 * p,设 * p 为非终端结点。操作示意图如图 2.32 所示。

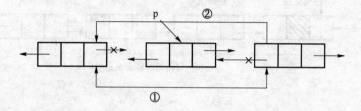

图 2.32 双向链表中删除结点

操作如下:

① p->prior->next=p->next;

② p->next->prior=p->prior;

free(p);

算法如下:

```
void DDeleteNode(DListNode * p)
{
  p - >prior - >next = p - >next;
  p - >next - >prior = p - >prior;
  free(p);
}
```

2.3.5 静态链表

C 语言具有的指针能力,它可以非常容易地操作内存中的地址和数据,这比其他高级语言更加灵活方便。面向对象编程语言,如 java,C♯ 等,虽不使用指针,但因为启用了对象引用机制,从某种角度也间接实现了指针的某些作用。但对于一些语言,如 Basic 等早期的高级编程语言,由于没有指针,链表结构按照前面的讲法,它就没法实现了。另外,后续算法也需要采用静态链表,例如基数排序算法也采用静态链表的物理结构。

有人就想出来用数组来代替指针,来描述单链表。首先让数组的元素都是由两个数据域组成,data 和 cur。也就是说,数组的每个下标都对应一个 data 和一个 cur。数据域 data,用来存放数据元素,也就是通常要处理的数据;而游标 cur 相当于单链表中的 next 指针,存放该元素的后继在数组中的下标。

用数组描述的链表称为静态链表,这种描述方法还有起名称为游标实现法。

为了用户方便插入数据,通常会把数组建立得大一些,以便有一些空闲空间可以便于插入时不至于溢出。

静态链表结点结构类型说明如下:

```
#define MAXSIZE 100                 /* 所需的最大空间量 */
typedef struct
{
Elemtype data;                      /* 数据域 */
int cur;                            /* 指针域 */
} cunit, SqLinkList[MAXSIZE];
```

假设 s 为一静态链表,为 SqLinkList 类型变量。av 为指向占用链表的头结点的指针;s[0]为空闲链表的头结点。s[av].cur 指示第一个结点在数组中的位置。图 2.33(a)中 av=1、S[1].cur=2,那么占用链表的数据元素序列为 a_2,a_3,a_5,a_6,a_8,a_9,最后一个结点的指针为 0。

S[0].cur=4,则空闲链表的指针分别为 4、7。在图 2.33(a)中删除 a_2、a_5 后,数据元素为 a_3,a_6,a_8,a_9,其中 a_2、a_5 所占存储单元被回收到空闲链表中,这时空闲链表结点的顺序为 5,2,4,7,数据元素占用结点为 3,6,8,9。其中 0,1 结点分别作为两个链表的哨兵结点,如图 2.33(b)所示。在如图 2.34(b)所示的状态下,如果在 a_3 的前边插入 b 元素,静态单链表的变化,如图 2.33(c)所示。

	data	cur		data	cur		data	cur
0		4	0		5	0		2
1		2	1		3	1		5
2	a_2	3	2		4	2		4
3	a_3	5	3	a_3	6	3	a_3	6
4		7	4		7	4		7
5	a_5	6	5		2	5	b	3
6	a_6	8	6	a_6	8	6	a_6	8
7		0	7		0	7		0
8	a_8	9	8	a_8	9	8	a_8	9
9	a_9	0	9	a_9	0	9	a_9	0
	av=1			av=1			av=1	
	S[0].cur=4			S[0].cur=5			S[0].cur=2	
	(a)			(b)			(c)	

图 2.33 静态链表操作

1. 静态链表结点的分配与释放

(1) 开辟一块连续空间,初始化为空闲静态链表

从前边的讲述中知道单链表的结点是动态分配的。但是,静态链表的结点必须把按顺序分配的数组,通过指针连接转化成一个可用的静态链表。

算法如下:

```
SqLinkList Initspace_SL(SqLinkList SL)/* 初始化静态链表 */
{
for (i = 0; i<MAXSIZE - 1; ++i)
  SL[i].cur = i + 1;
```

```
SL[MAXSIZE - 1].cur = 0;
return SL;
}
```

以 MAXSIZE＝8 为例,初始化的静态链表,如图 2.34 所示。

图 2.34　静态链表初始化

Sl[0].cur = 1;	/* 指向第 1 个区域 */	Sl[1].cur = 2;	/* 指向第 2 个区域 */
Sl[2].cur = 3;	/* 指向第 3 个区域 */	Sl[3].cur = 4;	/* 指向第 4 个区域 */
Sl[4].cur = 5;	/* 指向第 5 个区域 */	Sl[5].cur = 6;	/* 指向第 6 个区域 */
Sl[6].cur = 7;	/* 指向第 7 个区域 */	Sl[7].cur = 0;	/* 指向空 */

　　通过上述赋值语句对静态链表指针域的赋值,将连续的数组单元链接成一个链表的形式,可以理解为静态链表中的每个单元都是与单链表中指针结点一样的可供使用的"结点",这个结点的首地址为数组的下标序号。当初始化完成后,静态空闲链表就形成了。

　　(2) 空闲链上的结点分配

　　当要为数据分配结点时,就在空闲链上做删除结点的运算。下面是分配空闲链表中的第一个空闲结点的算法。

```
intDistribute_SL(SqLinkList * SL)        /* 分配空闲结点算法 */
{
  i = SL[0].cur;                         /* 取第一个空闲结点的地址(数组下标) */
  if (SL[0].cur)
  SL[0].cur = SL[i].cur;                 /* 空闲链表非空,空闲链表头指针赋新值 */

  return i;                              /* 若空闲链非空,返回取出的结点地址,否则返回空 */
}
```

　　(3) 空闲链上的回收运算

　　在占用的空间中删除一个结点时,要将被释放的空间回收到空闲链表中,供再次使用。

```
void  Free_SL(SqLinkList * SL, int  k)  /* 将结点 k 回收到空闲链表中 */
{
  SL[k].cur = SL[0].cur;                /* 将结点 k 插入到空闲链表中的表头处 */
  SL[0].cur = k;                        /* 新空闲链表的表头为 k 结点 */
}
```

2. 静态链表的其他运算

【例 2.4】 用静态链表完成集合$(A-B)\bigcup(B-A)$的运算。

先建立一个静态链表存储集合 A,循环输入集合 B 的数据,并检查是否在集合 A 中存在,如果不存在,就将该数据加入静态链表中,否则删除该元素。

假设集合 $A=(c,b,e,g,f,d)$,$B=(a, b, n, f)$,那么$(A-B)\bigcup(B-A)$为(c, e, g, d, a, n)。图 2.35 显示了集合 A 与运算结果的静态链表的存储结构。

0		8
1		2
2	c	3
3	b	4
4	e	5
5	g	6
6	f	7
7	d	0
8		9
9		0

(a) 静态链表表示集合A

0		6
1		2
2	c	4
3	n	0
4	e	5
5	g	7
6		9
7	d	8
8	a	3
9		0

(b) 静态链表表示集合$(A-B)\bigcup(B-A)$

图 2.35 静态链表运算

算法如下:

```
voidDifference(SqLinkList * SL, int * s)
{
Initspace_SL(SL);          /* 初始化空闲链表 */
s = Distribute_SL(SL);     /* 从空闲链表中取出一个结点生成 S 的头结点(哨兵) */
r = s;                     /* r 初值指向 S 结点 */
scanf(m, n);               /* 输入集合 A 和集合 B 的元素个数 */
for (j = 1; j<= m; ++j)    /* 建立集合 A 的链表 */
{
i = Distribute_SL(SL);
scanf(SL[i].data);         /* 产生 A 结点并输入 A 元素值 */
SL[r].cur = i; r = i;      /* 插入到表尾 */
}
SL[r].cur = 0;             /* 尾结点的指针为空 */
for (j = 1; j<= n; ++j)    /* 输入 B 的元素在表 A 中查找是否存在 */
{
scanf(b);
p = s; k = SL[s].cur;      /* k 指向 A 的第一个结点,p 为前驱 */
while (k!= SL[r].cur && SL[k].datd!= b)
{
p = k;
k = SL[k].cur;
}
```

```
if (k == SL[r].cur)   /* 当前表中不存在该元素,插在 r 所指结点后 r 的位置不变 */
{
i = Distribute_SL(SL);
SL[i].data = b;
SL[i].cur = SL[r].cur;
SL[r].cur = i;
}
else
{
SL[p].cur = SL[k].cur;   /* 该元素在表中,删除 */
free_SL(SL, k);
if (r == k) r = p;           /* 若删除的是尾元素,则修改尾指针 */
}
}
}
```

3. 静态链表优缺点

优点:优点在插入和删除操作时,只需要修改游标,不需要移动元素,从而改进了顺序存储结构中的插入和删除操作需要移动大量元素的缺点。

缺点:没有解决连续存储分配带来的表长难以确定的问题;失去了顺序存储结构随机存取的特性。

2.3.6 单链表应用

【例 2.5】 已知单链表 H,写一算法将其倒置。即实现如图 2.36 的操作。图 2.36(a)为倒置前,图 2.36(b)为倒置后。

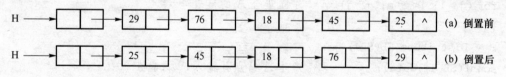

图 2.36 单链表的倒置

算法思路:依次取原链表中的每个结点,将其作为第一个结点插入到新链表中去,指针 p 用来指向当前结点,p 为空时结束。算法如下:

算法 2.15 单链表的倒置

```
void  reverse (Linklist H)
{ LinkList  p, q;                  /* q 为工作结点 */
  p = H->next;                     /* p 指向第一个数据结点 */
  H->next = NULL;                  /* 将原链表置为空表 H */
  while (p)
    {  q = p;   p = p->next;
      q->next = H->next;           /* 将当前结点插到头结点的后面 */
```

```
    H->next = q;
    }
  }
```

该算法只是对链表中顺序扫描一边即完成了倒置,所以时间性能为 $O(n)$。

【例2.6】 已知单链表 L,写一算法,删除其重复结点,即实现如图2.37所示的操作。(a)为删除前,(b)为删除后。

算法思路如下:

用指针 p 指向第一个数据结点,从它的后继结点开始到表的结束,找与其值相同的结点并删除之;p 指向下一个;依次类推,p 指向最后结点时算法结束。

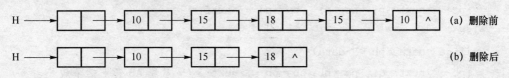

图 2.37 删除重复结点

算法如下:

算法2.16 删除重复结点

```
void pur_LinkList(LinkList H)
  { LNode  *p, *q, *r;
    p = H->next;                  /* p指向第一个结点 */
    if(p == NULL) return;
    while (p->next)
      {  q = p;
    while (q->next)               /* 从*p的后继开始找重复结点 */
      {  if (q->next->data == p->data)
        {  r = q->next;           /* 找到重复结点,用r指向,删除*r */
          q->next = r->next;
          free(r);
          }                       /* if */
        else q = q->next;
        }                         /* while(q->next) */
    p = p->next;                  /* p指向下一个,继续 */
    }                             /* while(p->next) */
  }
```

该算法的时间性能为 $O(n^2)$。

【例2.7】 设有两个单链表 A、B,其中元素递增有序,编写算法将 A、B 归并成一个按元素值递增(不允许有相同值)有序的链表 C,要求用 A、B 中的原结点形成,不能重新申请结点。

算法思路:利用 A、B 两表有序的特点,依次进行比较,将当前值较小者摘下,插入到 C 表的头部,得到的 C 表则为递增有序的。

算法如下:

算法 2.17 归并有序链表

```
void merge(LinkList A,LinkList B,LinkList &C)
    /* 设 A、B 均为带头结点的单链表 */
{   LinkList pa, pb,pc,temp;
    pa = A - >next;pb = B - >next;
    pc = C = A;                        /*C 表的头结点 */
        free(B);
    while (pa&&pb)
    { if (pa - >data<pb - >data)
      {pc - >next = p;  pc = p;   pa = pa - >next; }
      else
        if(pa - data>pb - >data)
        {pc - >next = q;   pc = pb; pb = pb - >next;} /* 从原 AB 表上摘下较小者 */
        else
        {   pc - >next = pa; pc = pa;
            pa = pa - >next;
            temp = p;pb = pb - >next;
            free(temp);
        }  /* while */
if (pa == NULL) pc - >next = pa;

    else
        pc - >next = pb;


}
```

该算法的时间性能为 $O(m+n)$。

【例 2.8】 用单链表解决约瑟夫问题。约瑟夫问题为:n 个人围成一圈,从某个人开始报数 1,2,…,m,数到 m 的人出圈,然后从出圈的下一个人($m+1$)开始重复此过程,直到全部人出圈,于是得到一个新的序列,如当 $n=8$,$m=4$ 时,若从第一个位置数起,则所得到的新的序列为 4,8,5,2,1,3,7,6。

算法实现的思路为:n 个人用 1,2,…,n 进行编号,使用不带头结点的单链表来存储,报数从 1 号开始,若某个人出圈,则将其打印输出,并将该结点删除,再对剩余的 $n-1$ 个人重复同样的过程,直到链表中只剩下一个结点,将其输出即可。算法的具体实现如下:

```
# include "stdio.h"
# define NULL 0
typedef  struct  node
{   int  data;
    struct  node  * next;
}LinkList;
LinkList * rcreate ( )        /* 建立不带头结点的循环单链表 */
```

```
{    LinkList * head, * last, * p;
     intnum;
     scanf("% d",&num);
     p = ( LinkList * )malloc(sizeof(LinkList));
     p - >data = num;
     head = p;
     last = p;
     p - >next = NULL;
     scanf("% d",&num);
     while(num! = 0)
     {
         p = ( LinkList * )malloc(sizeof(LinkList));
         p - >data = num;
         last - >next = p;
         last = p;
         scanf("% d",&num);
     }
     last - >next = head;
     return(head);
}
void  josepho(LinkList * head,int n,int m)
{    LinkList * p, * q, temp;
     int i,j;
     p = head;

     while(p - >next! = p)
     {   i = 1;              / * 记数标志,开始报数 * /
         while(i<m)         / * 查找出圈的号码 * /
         {
             q = p;          / * 记录 p 的前一位置,为后面的删除操作做准备 * /
             p = p - >next;
             i = i + 1;
         }

         printf("% d,", p - >data);
         / * 删除出圈结点 * /
         temp = p;
         q - >next = p - >next;
         p = p - >next;
         free(temp);
```

```
    }
        printf("%4d",p->data);      /*打印最后一个元素值*/
}
main( )
{       LinkList * head;
        head = rcreate ();
        josepho(head,8,4);
}
```

【例 2.9】 一元多项式相加。

（1）一元多项式的表示

一元多项式 $P_n(x)$ 按照降幂的形式可写成：

$$P_n(x)=a_nx^n+a_{n-1}x^{n-1}+\cdots+a_1x+a_0$$

式中，a_i 是多项式的系数，是多项式的指数。如果 $a_n \neq 0$，则 $A_n(x)$ 被称为 n 阶多项式。一个 n 阶多项式由 $n+1$ 个系数构成。一个 n 阶多项式的系数可以用线性表 A 表示。

$$A=(a_n,a_{n-1},\cdots,a_1,a_0)$$

$Q_m(x)$ 是另一个一元多项式，它的系数也可以用线性表 Q 表示。

$$Q=(b_m,b_{m-1}, \cdots,b_1,b_0)$$

如果 $m<n$，则两个多项式相加的结果为 $R_n(x)=P_n(x)+Q_m(x)$，它的系数用线性表表示为

$$R=(a_n,\cdots,a_{m+1},a_m+b_m,\cdots,a_2+b_2,a_1+b_1, a_0+b_0)$$

如果将一元多项式 $P_n(x)=a_nx^n+a_{n-1}x^{n-1}+\cdots+a_1x+a_0$ 的系数和指数同时存放，也可以表示成线性表，线性表的每一个数据元素由一个二元组构成。因此，多项式 $P_n(x)$ 可以表示成线性表。

$$((a_n,n),(a_{n-1},n-1),\cdots,(a_1,1),(a_0,0))$$

例如，多项式 $P(x)=10x^{2011}+5x+2$ 可以表示成线性表((10,2001),(1,1),(1,0))。

（2）一元多项式的存储

多项式可以采用链式存储方式表示，每一项可以表示成一个结点，结点的结构由 3 个域组成：coef 域、expn 域和 next 域。其中，coef 域存放系数，expn 域存放指数，next 域存放下一项的地址。存储结构如图 2.38 所示。

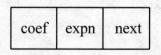

图 2.38   多项式的结点结构

结点结构可以用 C 语言描述如下。

```
typedef struct LNode
{
    float coef;
    int expn;
```

```
}ElemType;
typedef struct
{
        ElemType data;
        struct LNode * next;
}LNode, * LinkList;
```

例如,多项式 $S(x)=9x^5+5x^4-4x^2+3$ 可以表示成链表,如图 2.39 所示。

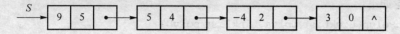

图 2.39　一元多项式的链表表示

一元多项式的相加:要将两个一元多项式(假设按照升幂排列)相加,应先将两个多项式表示成升幂排列。再依次比较两个多项式的指数,如果指数相等,则将对应的系数相加,指数不变,将其作为新多项式的一项。指数不相等的项则作为新多项式的一项。

例如,两个多项式 $A(x)$ 和 $B(x)$ 相加后得到 $C(x)$。

$A(x)=4x^4+3x^2+6x+7$

$B(x)=6x^7+7x^2+9x$

$C(x)=6x^7+4x^4+10x^2+15x+7$

以上多项式可以表示成链式存储结构,如图 2.40 所示。

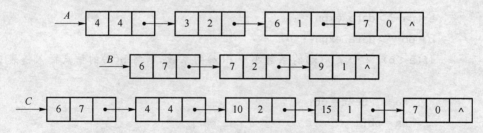

图 2.40　多项式的链表表示

两个多项式相加的链表表示如图 2.41 所示。

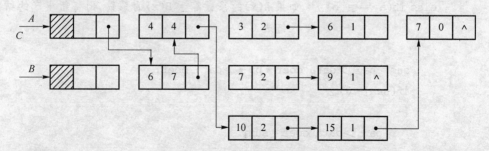

图 2.41　两个多项式相加的链表表示

算法思想 A、B 和 C 分别是多项式 $A(x)$、$B(x)$ 和 $C(x)$ 对应链表的头指针,将 $A(x)$ 和 $B(x)$ 两个多项式相加,假设 $A(x)$ 和 $B(x)$ 按照降幂排列,分别从 $A(x)$ 和 $B(x)$ 的最高指数开始,依次比较对应项的指数。分别设两个指针 pa 和 pb,pa 指向链表 A,pb 指向链表 B,从第一个结点开始比较 expn 的大小。

(1) 如果 pa->data.expn<pb->data.expn,则将 pb 指向的结点插入到新链表中,并使 pb 指向 B 的下一个结点。

(2) 如果 pa->data.expn==pb->data.expn,则将对应的系数相加,指数不变,将生成的结点插入到新链表,并使 pa 和 pb 分别指向 A 和 B 的下一个结点。

(3) 如果 pa->data.expn>pb->data.expn,则将 pa 指向的结点插入到新链表,并使 pa 指向 A 的下一个结点。

重复执行以上过程,直到某一个链表为空,最后将剩下的链表插入到新链表末尾。

算法描述如下。

```
void AddPolyn(LinkList polya,LinkList polyb)
/*多项式相加*/
{
    LinkList ha,pa,pb,temp;
    float sum;
    int a,b;
    pa = polya->next;
    pb = polyb->next;
    ha = polya;
    while(pa&&pb)
    {
        a = pa->data.expn;
        b = pb->data.expn;;
        if(a<b)/*如果 A(x)的系数小于 B(x)的系数,则将 B(x)的结点插入链表 C*/
        {
            ha->next = pb;
            ha = pb;
            pb = pb->next;
        }
        else if(a = = b) /*如果 A(x)的系数等于 B(x)的系数,则将新生产的结点插
                          入链表 C*/
        {
            sum = pa->data.coef + pb->data.coef;
            if(sum!= 0)
            {
                pa->data.coef = sum;
                ha->next = pa;
                ha = pa;
                pa = pa->next;
                temp = pb;
                pb = pb->next;
                free(temp);
```

```
            }
            else/* 如果系数之和为 0,则跳过该结点 */
            {
                temp = pa;
                pa = pa->next;
                free(temp);
                temp = pb;
                pb = pb->next;
                free(temp);
            }
        }
        else/* 如果 A(x)的系数大于 B(x)的系数,则将 A(x)的结点插入链表 C */
        {
            ha->next = pa;
            ha = pa;
            pa = pa->next;
        }
    }
    if(pa!= NULL) /* 如果链表 A 不空,则将剩下的结点插入链表 C */
            ha->next = pa;
    else/* 如果链表 B 不空,则将剩下的结点插入链表 C */
            ha->next = pb;
}
```

2.4 顺序表和链表的比较

至此已经介绍了线性表的两种存储结构:顺序存储结构和链式存储结构。在实际应用中,应该选择哪种存储结构要根据具体的要求来确定,一般可以从以下两个方面来考虑。

1. 基于存储空间的考虑

顺序表的存储空间是静态分配的,在程序运行前必须明确规定它的存储规模,如果线性表的长度 n 变化较大,则存储空间难以事先确定,如果估计过大,将造成大量存储单元的浪费,估计过小,又不能临时扩充存储单元,将使空间溢出机会增多。链表的存储空间是动态分配的,只要内存空间尚有空闲,就不会发生溢出,但是链表结构除了要存储必要的数据信息外,还要存储指针值,因此存储空间的利用率不如顺序表。综上所述,在线性表的长度变化不大,存储空间可以事先估计时,可以采用顺序表来存储线性表;否则,应当选用链表来存储线性表。

2. 基于时间性能的考虑

顺序表是一种随机访问的表,对顺序表中的每个数据都可快速存取,而链表是一种顺序访问的表,存取数据元素时,需从头开始向后逐一扫描,因此若线性表的操作需频繁进行查找,很少作插入和删除操作时,宜采用顺序表结构。

在链表中进行插入和删除操作时,仅需修改指针,而在顺序表中进行插入和删除操作时,平均要移动表中近一半的元素,尤其是当每个结点的信息量较大时,移动元素的时间开销会相当大。因此,对于频繁进行插入和删除操作的线性表,宜采用链式存储结构。

2.5 习　　题

1. 设线性表的 n 个结点定义为 $(a_0, a_1, \cdots, a_{n-1})$,重写顺序表上实现的插入和删除算法:InsertList 和 DeleteList.

2. 试用顺序表和单链表作为存储结构,实现将线性表 $(a_0, a_1, \cdots, a_{n-1})$ 就地逆置的操作,所谓"就地"指辅助空间应为 $O(1)$。

3. 写一算法在单链表上实现求线性表的长度 ListLength(L) 运算。

4. 已知 L_1 和 L_2 分别指向两个单链表的头结点,且已知其长度分别为 m 和 n。试写一算法将这两个链表连接在一起,请分析你的算法的时间复杂度。

5. 设 A 和 B 是两个单链表,其表中元素递增有序。试写一算法将 A 和 B 归并成一个按元素值递减有序的单链表 C,并要求辅助空间为 $O(1)$,请分析算法的时间复杂度。

6. 已知单链表 L 是一个递增有序表,试写一高效算法,删除表中值大于 min 且小于 max 的结点(若表中有这样的结点),同时释放被删结点的空间,这里 min 和 max 是两个给定的参数。请分析你的算法的时间复杂度。

7. 写一算法将单链表中值重复的结点删除,使所得的结果表中各结点值均不相同。

8. 假设在长度大于 1 的单循环链表中,既无头结点也无头指针。s 为指向链表中某个结点的指针,试编写算法删除结点 * s 的直接前驱结点。

9. 已知由单链表表示的线性表中,含有三类字符的数据元素(如:字母字符、数字字符和其他字符),试编写算法构造三个以循环链表表示的线性表,使每个表中只含同一类的字符,且利用原表中的结点空间作为这三个表的结点空间,头结点可另辟空间。

10. 设有一个双链表,每个结点中除有 prior、data 和 next 三个域外,还有一个访问频度域 freq,在链表被起用之前,其值均初始化为零。每当在链表进行一次 LocateNode(L, x) 运算时,令元素值为 x 的结点中 freq 域的值加 1,并调整表中结点的次序,使其按访问频度的递减序排列,以便使频繁访问的结点总是靠近表头。试写一符合上述要求的 LocateNode 运算的算法。

第 **3** 章　栈和队列

栈和队列是一种特殊的线性结构,在现实生活中有许多例子。栈和队列在数据逻辑关系上等同于线性表,但操作时与线性表有差别,是操作受限制的线性表。可以认为栈和队列是一类操作受限制的特殊线性表,其特殊性在于限制线性表插入和删除运算的位置。栈和队列在各种类型的软件系统中应用广泛。堆栈技术被广泛地应用于编译软件和程序设计中的函数调用中,而在操作系统和事务管理中广泛应用了队列技术。对于讨论栈和队列的结构特征与操作实现特点有着重要的意义。本章介绍栈(Stack)和队列(Queue)的定义、特点、各种存储结构以及相应的运算。

3.1　栈

栈用来保存一些暂时不能处理而又等待处理的数据元素,这些数据元素的处理是依据后进先出(先进后出)的规则。因此,经常把栈称为后进先出线性表。

栈在日常生活中几乎到处可见,如火车修车进库时,库的一端是堵死的,那么最后入库的火车必须先出来,否则前面的火车都被堵住,无法倒出。可能很多人小时候都玩过弹子枪,枪的梭子中有子弹且子弹打出来的顺序是先进后出的,这就是典型的栈。下面就来进一步了解栈。

3.1.1　栈的定义及基本操作

1. 栈的定义

栈作为一种操作限定性线性表,是将线性表的插入和删除运算限制为仅在表的一端进行,通常将表中允许进行插入、删除操作的一端称为栈顶(top)。因此,栈顶的当前位置是动态变化的,它由一个称为栈顶指针的位置指示器指示。同时,表的另一端称为栈底(base)。当栈中没有元素时称为空栈。栈的插入操作被形象地称为进栈或入栈,删除操作称为出栈或退栈。不含元素的空表称为空栈。假设栈 $s=(a_1,a_2,\cdots,a_n)$,a_1 元素所在的位置称为栈底,a_n 元素所在的位置称为栈顶,如图 3.1 所示。

进栈顺序是 $a_1,a_2,\cdots,a_n$,退栈的第一个元素是 a_n,最后一个元素是 a_1,是按"后进先出"

的原则进行的,因此栈又称为后进先出(Last In First Out,LIFO)的线性表。

如图 3.2 所示为铁路调度中栈的应用。在日常生活中还有一些类似栈的例子。在日常生活中,有很多后进先出的例子。例如,手枪的弹夹就是一个栈,装入子弹时,需要从弹夹的顶部一个个的放入,子弹射出时,需要从弹夹的顶部一个个的射出,最后装入的被最先射出,最先装入的只有到最后才能被射出。

又如,在建筑工地上,使用的砖块从底往上一层一层地码放,在使用时,将从最上面一层一层地拿取。

栈的特殊之处就在于限制了这个线性表的插入和删除位置,它始终只在栈顶进行。这也就使得:栈底是固定的,最先进栈的只能在栈底。

栈的插入操作,称为进栈,也称压栈、入栈。

栈的删除操作,称为出栈,也有的称为弹栈。

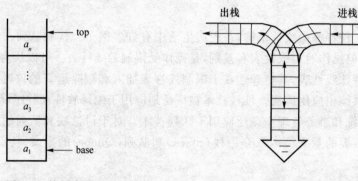

图 3.1　栈示意图　　　　图 3.2　铁路调度栈示意图

在程序设计中,在函数嵌套调用或者递归调用时常常需要栈这样的数据结构,使得与保存数据时相反顺序来使用这些数据,这时就需要用一个栈来实现。在程序设计中的堆栈犹如在大海中航行时船上的导航系统或者指南针,不管函数调用多少层都能够回到初始调用的地方。

2. 栈的基本操作

(1) 栈初始化:InitStack(S)

功能:将 S 初始化为空栈。

(2) 判栈空:EmptyStack(s)

功能:栈 S 已经存在,判断若 S 为空,函数值返回 TRUE,否则返 FALSE。

(3) 入栈:Push(s,x)

功能:栈 S 已经存在,若 S 栈未满,将 x 插入 S 栈的栈顶位置,函数返回 TRUE;若 S 栈已满,则返回 FALSE,表示操作失败。

(4) 出栈:Pop(s)

功能:栈 S 已经存在,在栈 S 的顶部弹出栈顶元素,并用 x 带回该值;若栈为空,返回值为 FALSE,表示操作失败,否则返回 TRUE。

(5) 读栈顶元素:GetTop(s)

功能:栈 S 已经存在,取栈 S 的栈顶元素,其余不变。

(6) 判栈满:StackEmpty (S)

功能:若 S 为空栈,则返回 1,否则返回 0。

(7) 栈内存空间释放:DestroyStack(S)

功能：栈 S 已经存在，销毁栈并释放空间。

（8）置空栈：ClearStack(S)

功能：栈 S 已经存在，将栈 S 置成空栈。

3.1.2 顺序栈及基本操作的实现

由于栈是运算受限的线性表，因此线性表的存储结构对栈也是适用的，只是操作不同而已。而线性表有顺序存储和链式存储两种，所以，栈也有顺序存储和链式存储两种。

1. 顺序栈

（1）定义

栈的顺序存储结构即顺序栈，是分配一块连续的存储区域，依次存放自栈底到栈顶的数据元素，同时设指针 top 来动态地指示栈顶元素的当前位置。

如果空栈时 top=0，当栈中压入一个元素时 top=1，即栈顶位置比实际栈顶位置的多 1。下面的顺序栈采用的是 top 指向栈顶元素的后一个元素位置的方式来描述，当空栈时 top=0。顺序栈的存储结构可以用 C 语言中的一维数组来表示。

（2）顺序栈的类型描述

```
#define STACK_INIT_SIZE 100      //栈存储空间的初始分配量
#define STACK_INCREMENT 10       //栈存储空间的分配增补量
typedef  struct
{
    ElemType  * base;            //栈存储空间基地址
    int  top;                    //栈顶指针，栈非空时指向栈顶元素
    int  stacksize               //当前分配的存储容量（以 ElemType 为单位）
}SqStack
```

因为栈所需要的容量会随问题不同而异，所以为顺序栈定义了一个"存储空间的分配增补量"，为动态扩充数组容量提供方便；也就是说，一旦因为插入数据元素造成空间不足时可进行再分配，为顺序栈增加一个大小为 STACK_INCREMENT 个数据元素的空间。

定义一个指向顺序栈的指针：

SqStack s;

设 s 是 SqStack 类型的指针变量，则栈顶指针可表示为 s. top；若栈底位置在向量的低端，则 s. base[0]是栈底元素，栈顶元素可表示为 s. base[s. top−1]。

注意：

① 有元素 x 进栈时，需要先将 s. top 加 1，然后再将元素进栈，即依次完成下列操作。++s. top; s. base[s. top]=x;。

② 当栈顶元素做退栈操作后，需要将 s. top 减 1，即完成操作：s. top−−;。

③ 条件 s. top = = stackSize−1 表示栈满；s. top==0 表示空栈。

④ 当栈满时，再做进栈运算所产生的空间溢出现象称为上溢。上溢是一种出错状态，应设法避免。

⑤ 当栈空时，做退栈运算所产生的溢出现象称为下溢。

（3）栈操作的示意图

栈顶指针和栈中元素之间的关系，如图 3.3 所示。

若 s 为顺序结构栈 SqStack 类型变量,则 s.base[0]存放栈中的第一个元素,s.base[s.top−1]为最后一个元素(栈顶元素)。当 s.top=STACK_INIT_SIZE 时为栈满,此时若再有元素入栈则将产生越界的错误,称为栈上溢(Overflow),反之,top=0 时为栈空,这时若执行出栈操作则产生下溢的错误(Underflow)。图 3.3 表示了顺序栈中数据元素和栈顶指针之间的对应关系。

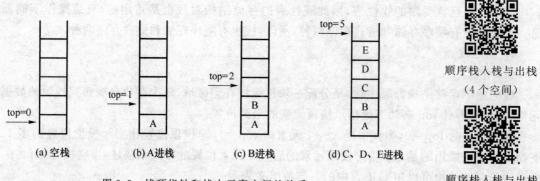

顺序栈入栈与出栈
(4 个空间)

顺序栈入栈与出栈
(8 个空间)

图 3.3   栈顶指针和栈中元素之间的关系

【例 3.1】   元素 a_1, a_2, a_3, a_4 依次进入顺序栈,则下列不可能的出栈序列是(   )。

A. a_4, a_3, a_2, a_1 B. a_3, a_2, a_4, a_1

C. a_3, a_4, a_2, a_1 D. a_3, a_1, a_4, a_2

分析:对于 A,由于元素 a_1, a_2, a_3, a_4 依次进栈,而 a_4 先出栈,说明 a_1, a_2, a_3 已经入栈,所以出栈顺序只能是 a_4, a_3, a_2, a_1,因此 A 是正确的出栈序列;对于 B,C,D,由于都是 a_3 先出栈,说明 a_1, a_2 已经入栈,所以 a_1, a_2 的相对位置一定是不变的,这就是 a_2 一定在 a_1 之前出栈,比较上述三个答案,只有 D 中的 a_1 出现在 a_2 的前面,这显然是错误的。因此,答案为 D。

(4)栈的基本运算

在上述存储结构上基本操作的实现如下。

1)栈初始化

```
void Initstack(SqStack &s)
{
    s.base = (ElemType * )malloc(STACK_INIT_SIZE * sizeof(ElemType));
    if(s.base == NULL)  return (OVERFLOW);
    s.top = 0;
    s.stacksize = STACK_INIT_SIZE;
}
```

2)栈置空

```
voidEmptyStack(SqStack &S)
{//将顺序栈置空
    S.top = 0;
}
```

3)判栈空

如果栈 S 为空,则 S.top==0,此时应该返回 1,而关系表达式 S.top==0 的值为 1;如果栈 S 为非空,则 S. top!=0,此时应该返回 0,而关系表达式 S. top==0 的值为 0,因此,无论怎样只需返回 S. top==0 的值。

```
int StackEmpty(SqStack &S)
{
    return S.top == 0;
}
```

4) 判栈满

与判栈空的道理相同,只需返回 S.top == stacksize - 1。

```
int StackFull(SqStack &S)
{
    return S.top == stacksize - 1;
}
```

5) 入栈

进栈操作需要将栈和进栈元素的值作为函数参数,由于使用栈指针作为函数参数,对栈进行操作,所以进栈函数不需要有返回值;进栈操作时,需要判断是否栈满,当栈不满时,先将栈顶指针加 1,再进栈。

```
int Push(SqStack &S, Elemtype e)    /* 在 S 栈中插入元素 e,成功返回真,失败返回假 */
{
    if(S.top == stacksize - 1)
    return FALSE;                   /* 栈满不能插入元素返回假值 */
    S.base[S.top] = e;
    S.top ++ ;
    return TRUE;                     /* 成功将元素入栈,返回真值 */
}
```

6) 出栈

退栈操作需要将栈指针作为函数参数,并返回栈顶元素的值,所以函数返回值的类型为 ElemType;退栈操作时,需要判断是否栈空,当栈不为空时,先退栈,再将栈顶指针减 1,可以先将栈顶元素的值记录下来,然后栈顶指针减 1,最后返回记录下来的值,也可以像给出的退栈函数那样来操作。

```
int Pop(SqStack &S, Elemtype e)    /* 栈 S 的栈顶出栈,出栈元素存放 e 中 */
{
    if(S.top == 0)
    return FALSE;                   /* 栈为空,不能退栈,返回假值 */
    else
    {
        S.top -- ;                  /* 修改栈顶指针 */
        e = S.base[S.top];
        return TRUE;                 /* 成功出栈,返回真值 */
    }
}
```

7) 取栈顶元素

取栈顶元素与退栈的区别在于,退栈需要改变栈的状态,而取栈顶元素不需要改变栈的状态,即不改变 top 的值。

```
int GetTop(SqStack &S, Elemtype e)     /* 栈 S 的栈顶元素出栈,存储在 e 中 */
{
    if(S. top == 0)
    return FALSE;                      /* 栈为空,无法取出数据,结束,返回假值 */
    else
    {
        e = S.base[S.top - 1];         /* 取栈顶数据,存放在 e 中 */
        return TRUE;
    }
}
```

由于栈的插入和删除操作具有它的特殊性,所以用顺序存储结构表示的栈并不存在插入删除数据元素时需要移动的问题,但栈容量难以扩充的弱点仍旧没有摆脱。

2. 共享堆栈

栈的应用非常广泛,在一个程序中经常会同时使用多个栈。如果使用顺序存储结构的栈,空间大小难以准确估计。这样使得有的栈溢出,有的栈还有空闲空间。为了解决这个问题,可以让多个栈共享一个足够大的连续向量空间(数组),通过利用栈的动态特性来使其存储空间互相补充,这就是多栈的共享技术。

在栈的共享技术中,最常用的是两个栈的共享技术:如图 3.4 所示,两个栈共享空间,它主要利用了栈"栈底位置不变,而栈顶位置动态变化"的特性。首先为两个栈申请一个共享的一维数组空间 $S[M]$,将两个栈的栈底分别放在一维数组的两端,分别是 $0, M-1$。由于两个栈顶动态变化,这样可以形成互补,使得每个栈可用的最大空间与实际使用的需求有关。

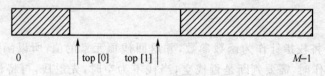

图 3.4 两个栈共享空间

由此可见,两个栈共享比两个栈分别申请 $M/2$ 的空间利用率高。两个栈共享的数据结构定义如下:

```
#define M 100
typedef struct                         /* 在一个共用空间定义两个栈 */
{
    ElemtypeStack[M];
    int top[2];                        /* top 数组为两个栈顶 */
} DSqStack;
```

下面是两个栈共享的一些操作算法。

(1) 初始化操作

```
void InitStack(DSqStack &S)
{
```

```
        S.top[0] = 0;                    /* 第一个栈的栈顶初值为 0 */
        S.top[1] = M - 1;                /* 第二个栈的栈顶初值为 M-1 */
}
```

（2）进栈操作

```
int Push(DSqStack &S, Elemtype x, int i)    /* x 压入 i 号栈, i = 0, 1 */
{
    if(S.top[0] + 1 == S.top[1] - 1) return FALSE; /* 栈满 */
    switch(i)
    {
        case 0:                                   /* 压入第一个栈 */
        S.Stack[S.top[0]] = x;
        S.top[0]++;
        break;
        case 1:                                   /* 压入第二个栈 */
        S.Stack[S.top[1]] = x;
        S.top[1]--;
        break;
        default:                                  /* 参数错误 */
        return FALSE;
    }
    return TRUE;
}
```

（3）出栈操作

```
int Pop(DseqStack&S, Elemtype x, int i)    /* 从 i 号栈中出栈并送到 x 中 */
{
    switch(i)
    {
        case 0:                       /* 从第一个栈出栈 */
        if(S.top[0] == 0) return FALSE;
        x = S.Stack[S.top[0] - 1];
        S.top[0]--;
        break;
        case 1:                       /* 从第二个栈出栈 */
        if(S.top[1] == M - 1) return FALSE;
        x = S.Stack[S.top[1] + 1];
        S.top[1]++;
        break;
        default: return FALSE;        /* 参数错误 */
    }
    return TRUE;
}
```

由于栈的插入和删除操作具有它的特殊性,所以用顺序存储结构表示的栈并不存在插入删除数据元素时需要移动的问题。如果堆栈采用动态数组方式,栈容量的空间可以根据需要可以按需分配。

3.1.3 链栈

若栈中元素的数目变化范围较大或不清楚栈元素的数目,就应该考虑使用链式存储结构。人们将用链式存储结构表示的栈称作"链栈"。链栈通常用一个无头结点的单链表表示。

由于栈的插入删除操作只能在一端进行,而对于单链表来说,在首端插入删除结点要比尾端相对地容易一些,所以,一般将单链表的首端作为栈顶端,即将单链表的头指针作为栈顶指针。链栈如图 3.5 所示。

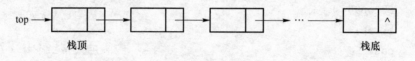

top → 栈顶 ... 栈底

图 3.5 链栈

1. 链栈定义

用链式存储结构实现的栈称为链栈,它是运算受限的单链表,其插入和删除操作仅限制在表头(链表头指针)位置上进行,栈顶指针就是链表的头指针。

2. 链栈的描述

通常链栈用单链表表示,因此其结点结构与单链表的结构相同,在此用 LinkStack 表示。链栈存储结构描述如下:

```
typedef charElemType;              //假定栈元素的类型为字符类型
typedef struct stacknode           //结点的描述
{
    ElemType data;
    struct stacknode * next;
}StackNode;
typedef struct
{                                  //栈的描述
    StackNode * top;               //栈顶指针
}
LinkStack;
LinkStack  S;                      //定义指向链栈变量 S
```

设 S 是 LinkStack 类型的指针变量,则 S 是指向链栈的指针,链栈栈顶指针可表示为 S. top;链栈栈顶元素可表示为 S. top —>data。

设 p 是 StackNode 类型的指针变量,则 p 是指向链栈某结点的指针,该结点的数据域可表示为 p —>data,该结点的指针域可表示为 p —> next。

注意:

① LinkStack 结构类型的定义是为了方便在函数体中修改 top 指针本身;

② 若要记录栈中元素个数,可将元素个数属性作为 LinkStack 类型中的成员定义;

③ 条件 S. top == NULL 表示空栈,链栈没有栈满的情况。

3. 链栈上基本运算的算法

因为栈中的主要运算是在栈顶插入、删除,显然在链表的头部做栈顶是最方便的,而且没有必要像单链表那样为了运算方便附加一个头结点。通常将链栈表示成图 3.6 的形式。链栈基本操作的实现如下:

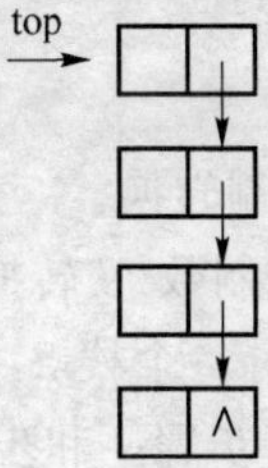

(1) 置栈空

```
void InitStack(LinkStack &S)
{//将链栈置空
    S.top = NULL;
}
```

(2) 判栈空

```
int StackEmpty(LinkStack &S)
{
    return S.top == NULL;
}
```

图 3.6 链栈示意图

(3) 进栈

```
void Push(LinkStack &S,ElemType x )
{//将元素 x 插入链栈头部
    StackNode * p = (StackNode * )malloc(sizeof(StackNode));
    p - >data = x;
    p - >next = S.top;              //将新结点 * p 插入链栈头部
    S.top = p;                      //栈顶指针指向新结点
}
```

(4) 退栈

```
ElemType Pop(LinkStack &S)
{
    ElemType x;
    StackNode * p = S.top;          //保存栈顶指针
    if(StackEmpty(S))
        {puts("栈空"); exit(0);}     //下溢,退出运行
    x = p - >data;                  //保存栈顶结点数据
    S.top = p - >next;              //将栈顶结点从链上摘下
    free(p);
    return x;
}
```

(5) 取栈顶元素

```
ElemType StackTop(LinkStack &S)
{
    if(StackEmpty(S))
```

```
        {puts("栈空"); exit(0);}
     return S.top->data;
}
```

注：由于链栈中的结点是动态分配的，可以不考虑上溢，所以无须定义 StackFull 运算。

3.2 栈的应用

【例 3.2】 数制转换。

假设要将十进制数 N 转换为 d 进制数，一个简单的转换算法如下。

设计思路：设计一个栈 S，将下面步骤一中运算出的 X 压入栈 S 中，然后通过步骤二求出新的 N。循环执行步骤一和步骤二，直到 N 为 0 结束。

步骤一：$X = N \% d$（其中％为求余运算）。

步骤二：$N = N / d$ （其中/为整除运算）。

根据上面的设计思路，实现例 3.1 的算法代码如下。

算法 3.1　数制转换

```
#define  M   100
void conversion(int N,int d)
{   int   s[M], top;         /*定义一个顺序栈*/
    int   x;
    top = 0;                 /*初始化栈*/
    while ( N )
    { s[++top] = N% d;       /*余数入栈 */
       N = N / d;            /* 商作为被除数继续 */
    }
    while (top!= 0)
    { x = s[top--];          /* 余数出栈*/
       printf("% d",x);
    }
}
```

【例 3.3】 表达式求值。

表达式求值是程序设计语言编译中的一个最基本问题。它的实现是栈应用的一个典型例子。这里介绍一种简单直观、广为使用的算法，通常称为"算符优先法"。

要把一个表达式翻译成正确求值的一个机器指令序列，或者直接对表达式求值，首先要能够正确解释表达式，例如，要对下面的算术表达式：$4+2\times3-10/5$ 求值。首先要了解算术四则运算的规则。即：先乘除，后加减；从左到右；先括号内，后括号外。算符优先法就是根据这个运算优先关系的规定来实现对表达式的编译或解释执行的。

任何一个表达式都是由操作数（Operand）、运算符（Operator）和界限符（Delimiter）组成的。一般地，操作数既可以是常数也可以是被说明为变量或常量的标识符；运算符可以分算术运算符、关系运算符和逻辑运算符等三类；基本界限符有左右括号和表达式结束符等。为了叙述的简洁,这里仅讨论简单算术表达式的求值问题。这种表达式只含加、减、乘、除 4 种运算符。读者不难将它推广到更一般的表达式上。

运算符和界限符统称为运算符,它们构成的集合命名为 OP。根据运算规则,在运算的每一步中,任意两个相继出现的算符 θ_1 和 θ_2 之间的优先关系至多是下面 3 种关系之一。

$\theta_1 < \theta_2$:θ_1 操作的优先级低于 θ_2。

$\theta_1 = \theta_2$:θ_1 操作的优先级等于 θ_2。

$\theta_1 > \theta_2$:θ_1 操作的优先级别高于 θ_2。

表 3.1 定义了算符之间的这种优先关系。

表 3.1　运算符优先关系比较

θ_1 \ θ_2	+	−	*	/	(	)	#
+	>	>	<	<	<	>	>
−	>	>	<	<	<	>	>
*	>	>	>	>	<	>	>
/	>	>	>	>	<	>	>
(	<	<	<	<	<	=	
)	>	>	>	>		>	>
#	<	<	<	<	<		=

在表 3.1 中,θ_1 是在栈内的算符,θ_2 是在表达式中从左到右依次读入的算符。

由规则知道,＋、−、* 和/为 θ_1 时的优先级低于"(",表 3.1 中为"<"。当 $\theta_1 = \theta_2$ 时,有两种情况,即"("和")"、栈内的"♯"和栈外的"♯"在表 3.1 中表示为"="。当 $\theta_1 > \theta_2$ 时,栈内优先级高于栈外优先级表示为">"。还有一种情况是运算符间无优先关系,这是因为表达式中不允许它们相继出现,一旦遇到这种情况,则可以认为出现了语法错误,表 3.1 中无值。

为实现算符优先算法,可以使用两个工作栈。一个称为 OPTR,用以寄存运算符;另一个称为 OPND,用以寄存操作数或运算结果。算法的基本思想是:

首先置操作数栈为空栈,表达式起始符为运算符栈的栈底元素;依次读入表达式中每个字符,若是操作数,则进 OPTR 栈,若是运算符,则和 OPTR 栈的栈顶运算符比较优先级后进行相应的操作,直到整个表达式求值完毕(即 OPTR 栈的栈顶元素和当前读入的字符均为"♯")。表达式求值算法如下:

```
Optype EvaluateExpression( )
{   /* Optype 运算结果类型,OPTR 和 OPND 分别为运算符栈和运算数栈 */
    IniStack(OPTR);
    Push(OPTR, '#');
    IniStack(OPND);
    c = getchar();
    while (c!='#' || GetTop(OPTR)!='#')
    {
        if (c>='0' && c<='9')                    /* c 是操作数则进栈 */
        {
```

```
                Push(OPND, c);
                c = getchar( );
            }
        else
            switch(Precede[GetTop(OPTR), c]    /* 比较操作符优先级高低 */
            {
            case '<':                              /* 栈顶元素优先级低 */
                Push(OPTR,c); c = getchar( );      /* 入栈,取出下一个字符 */
                break;
            case '=':                              /* 脱括号并接收下一个字符 */
                Pop(OPTR,x); c = getchar();
                break;
            case '>':                              /* 退栈并将运算结果入栈 */
                Pop(OPTR,theta);
                Pop(OPND,b);                       /* 注意顺序 */
                Pop(OPND,a);
                Push(OPND,Operate(a,theta,b))/* 将运算结果压入操作数栈 */
                Break;
            }
        }
    return GetTop(OPND);                            /* 返回表达式的结果 */
}
```

算法中的数组 Precede 是判定运算符栈的栈顶运算符 θ_1 与读入的运算符 θ_2 之间优先关系的,具体值如表 3.1 所示。

利用上述算法对表达式 $3*(7-2)$ 求值,操作过程如表 3.2 所示。

表 3.2 利用栈实现表达式求值的过程

步 骤	OPTR 栈	OPND 栈	输入字符	主要操作
1	#		$3*(7-2)$#	Push(OPND, '3')
2	#	3	$*(7-2)$#	Push(OPND, '*')
3	# *	3	$(7-2)$#	Push(OPND, '(')
4	# * (	3	$7-2)$#	Push(OPND, '7')
5	# * (	3 7	$-2)$#	Push(OPND, '-')
6	# * (-	3 7	2)#	Push(OPND, '2')
7	# * (-	3 7 2	)#	operate('7','-','2')
8	# * (	3 5	)#	Pop(OPTR)
9	# *	3 5	#	operate('3','*','5')
10	#	15	#	return (GetTop(OPND)

【例 3.4】 n 阶汉诺塔问题,假设有 3 个分别命名为 X、Y 和 Z 的塔座,在塔座 X 上插有 n 个直径大小各不相同、依小到大编号为 $1, 2, \cdots, n$ 的圆盘。现要求将 X 轴上的 n 个圆盘移至

塔座 Z 上,并仍按同样顺序叠排,圆盘移动时必须遵循下列原则。

每次只能移动一个圆盘。

圆盘可以插在 X、Y 和 Z 中的任何一个塔座上。

任何时刻都不能将一个较大的圆盘压在较小的圆盘之上。

图 3.7 为 3 个盘子的汉诺塔问题移动过程。

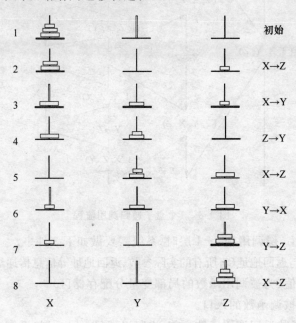

图 3.7 3 个盘子的汉诺塔问题

递归算法如下:

栈与递归

```
void hanoi(int n, char X, char Y, char Z)
/* 将塔座 X 上按直径由小到大且自上而下编号为 1 至 n 的 n 个圆盘
按规则搬到塔座 Z 上,Y 可用作辅助塔座 */
{
    if(n==1) move(X,1,Z);   /* 将编号为 1 的圆盘从 X 移动 Z */
    else
    {
        hanoi(n-1, X, Z, Y);/* 将 X 上编号为 1 至 n-1 的圆盘移到 Y,Z 作辅助塔 */
        move(X, n, Z);          /* 将编号为 n 的圆盘从 X 移到 Z */
        hanoi(n-1, Y, X, Z);/* 将 Y 上编号为 1 至 n-1 的圆盘移动到 Z,X 作辅助塔 */
    }
}
```

下面给出 3 个盘子搬动时 hanoi(3,X,Y,Z)递归调用流程,如图 3.8 所示。

对应理解程序执行 hanoi(3,X,Y,Z)递归展开过程如下。

在这个递归调用过程中,当从第一层调用 hanoi(2,X,Z,Y)时,系统参数为(3,X,Y,Z),返回地址是紧接着调用语句后面的执行语地址,将系统参数和继续执行的语句地址保存在栈中。当某一个执行完成时,退出栈中的参数继续执行没有执行的部分,直到栈为空,所有过程执行完为止。

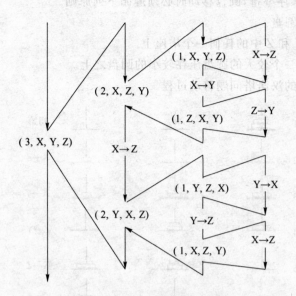

图 3.8 3 个盘子递归调用流程

(1) 递归过程中由 i 层调用到 $i+1$ 层时,系统需要做如下 3 件事。

① 保留本层参数与返回地址(将所有的实际参数、返回地址等信息传递给被调用函数保存)。

② 给下层参数赋值(为被调用函数的局部变量分配存储区)。

③ 将程序转移到被调函数的入口。

(2) 而从被调用函数返回调用函数之前,递归退层($i \leftarrow i+1$ 层)系统也应完成三件工作。

① 保存被调函数的计算结果。

② 恢复上层参数(释放被调函数的数据区)。

③ 依照被调函数保存的返回地址,将控制转移回调用函数。

$$
\text{hanoi}(3,X,Y,Z)
\begin{cases}
\text{hanoi}(2,X,Y,Z)
\begin{cases}
\text{hanoi}(1,X,Y,Z) & \to \text{move}(X{\to}Z) \\
\text{move}(X{\to}Y) \\
\text{hanoi}(1,Z,X,Y) & \to \text{move}(Z{\to}Y)
\end{cases} \\
\text{move}(X{\to}Z) \\
\text{hanoi}(2,Y,X,Z)
\begin{cases}
\text{hanoi}(1,Y,Z,X) & \to \text{move}(Y{\to}X) \\
\text{move}(Y{\to}Z) \\
\text{hanoi}(1,X,Y,Z) & \to \text{move}(X{\to}Z)
\end{cases}
\end{cases}
$$

C 语言递归实现解汉诺塔问题的代码如下:

```c
#include "stdio.h"
move(char X, int m, char Z)
{
    printf("\n %d from %c  to  %c", m, X, Z);
}
void Hanoi(int n, char X, char Y, char Z)
/*将塔座 X 上按直径由小到大且自上而下编号为 1 至 n 的 n 个圆盘
按规则搬到塔座 Z 上,Y 可用作为辅助塔座 */
```

```
{
    if(n==1) move(X,1,Z);      /*将编号为 1 的圆盘从 X 移动 Z */
    else
    {
        Hanoi(n-1, X, Z, Y); /*将 X 上编号为 1 至 n-1 的圆盘移到 Y,Z 作为辅助塔 */
        move(X, n, Z);         /*将编号为 n 的圆盘从 X 移到 Z */
        Hanoi(n-1, Y, X, Z); /*将 Y 上编号为 1 至 n-1 的圆盘移动到 Z,X 作为辅助塔 */
    }
}
main()
{
    char X='A',Y='B',Z='C'; int n;
    printf("\n 输入移动汉诺塔的盘子数:");
    scanf("%d", &n);
    Hanoi(n, X, Y, Z);
}
```

3.3 队列

在生活中经常有类似这样的数据:一端作为进端;另一端作为出端。例如,排队等车。这种数据也是一种线性结构,但操作上不同于线性表,下面介绍这种数据结构。

3.3.1 队列的定义及基本运算

队列与栈一样都是运算受限的线性表,但与栈的限制不同。

1. 队列的定义

队列(Queue)是只允许在一端进行插入,而在另一端进行删除的运算受限的线性表,如图 3.9 所示。向队列中插入元素称为入队,从队列中删除元素称为出队。

(1) 允许删除的一端称为队头。

(2) 允许插入的一端称为队尾。

(3) 当队列中没有元素时称为空队列。

(4) 队列亦称作先进先出(First In First Out)的线性表,简称为 FIFO 表。

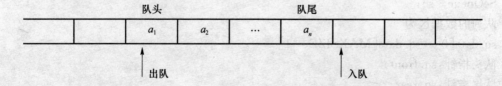

图 3.9 队列示意图

队列的修改是依先进先出的原则进行的。新来的成员总是加入队尾(即不允许"加塞"),每次离开的成员总是队列头上的成员(不允许中途离队),即当前"最老的"成员离队。

2. 队列的基本运算

InitQueue(Q):初始化操作。设置一个空队列。

EmptyStack(Q):判空操作。若队列为空,则返回 TRUE,否则返回 FALSE。

ClearQueue(Q):队列置空操作。将队列 Q 置为空队列。

DestroyQueue(Q):队列销毁操作。释放队列的空间。

GetHead(Q, x):取队头元素操作。用 x 取得队元素的值。操作成功,返回值为 TRUE,否则返回值为 FALSE。

QueueLength(Q):队列 Q 已经存在,返回元素个数。

EnterQueue(Q,x):进队操作。在队列 Q 的队尾插入 x。操作成功,返回值为 TRUE,否则返回值为 FALSE。

DeleteQueue(Q, x):出队操作。使队列 Q 的队头元素出队,并用 x 带回其值。操作成功,

返回值为 TRUE,否则返回值为 FALSE。

3.3.2 顺序队列及基本运算

与线性表、栈类似,队列也有顺序存储和链式存储两种存储方法。

1. 顺序队列

(1) 顺序队列定义

队列的顺序存储结构称为顺序队列,它是运算受限的顺序表。

(2) 顺序队列的表示

① 和顺序表一样,顺序队列用一个数组(向量空间)来存放当前队列中的元素。

② 由于随着入队和出队操作的变化,队列的队头和队尾的位置是变动的,所以应设置两个整型量 front 和 rear 分别指示队头和队尾在向量空间中的位置,它们的初值在队列初始化时均应置为 0。通常称 front 为队头指针,称 rear 为队尾指针。

(3) 顺序存储队列类型描述

```
define  MAXSIZE  1024        /*队列的最大容量*/
typedef  struct
{ElemType  elem[MAXSIZE];   /*队员的存储空间*/
    int rear,front;          /*队头队尾指针*/
}SeQueue;
```

定义一个指向队的指针变量:

```
SeQueue  sq;
```

队列的数据区为

sq. data[0]~sq. data[MAXSIZE −1]

队头指针:sq. front。

队尾指针:sq. rear。

设队头指针指向队头元素前一个位置,队尾指针指向队尾元素位置。

(4) 顺序队列的基本操作

① 入队:入队时将新元素插入 rear 所指的位置,然后将 rear 加 1。

在不考虑溢出的情况下,入队操作队尾指针加 1,指向新位置后,元素入队。
操作如下。

sq.rear＋＋;

       sq.data[sq.rear]＝x; /＊原队头元素送 x 中＊/

② 出队:出队时删去 front 所指的元素,然后将 front 加 1 并返回被删元素。

在不考虑队空的情况下,出队操作队头指针加 1,表明队头元素出队。

操作如下。

sq.front++;

x = sq.data[sq.front];

其他操作如下。

队中元素的个数:m＝sq.rear － q.front;

队满时:m＝ MAXSIZE; 队空时:m＝0。

注意:

① 当头尾指针相等时,队列为空。

置空队则为:sq.front＝sq.rear＝－1;

② 在非空队列里,队头指针始终指向队头元素,尾指针始终指向队尾元素的下一位置。

(5) 入队与出队示意图

按照上述思想建立的空队及入队出队示意图如图 3.10 所示,设 MAXSIZE＝10。

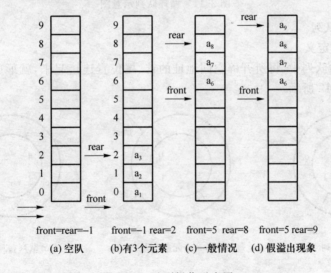

    front=rear=－1   front=－1 rear=2   front=5 rear=8   front=5 rear=9

    (a)空队   (b)有3个元素   (c)一般情况   (d)假溢出现象

图 3.10 队列操作示意图

(6) 顺序队列中的溢出现象

从图 3.10 中可以看到,随着入队出队的进行,会使整个队列整体向后
移动,这样就出现了图 3.10(d)中的现象:队尾指针已经移到了最后,再有
元素入队就会出现溢出,而事实上此时队中并未真的"满员",这种现象为
"假溢出",这是由于"队尾入队头出"这种受限制的操作所造成。

顺序队列操作

① "下溢"现象:当队列为空时,做出队列运算产生的溢出现象。

② "真上溢"现象:当队列满时,做入队运算产生空间溢出的现象。"真上溢"是一种出错
状态,应设法避免。

③ "假上溢"现象:由于入队和出队操作中,头尾指针只增加不减少,致使被删元素的空间

永远无法重新利用。当队列中实际元素个数远远小于向量空间的规模时,也可能由于尾指针已超越向量空间的上界而不能做入队操作。该现象称为"假上溢"现象。

(7) 解决"假上溢"现象的方法

① 当出现"假上溢"现象时,把所有的元素向低位移动,使得空位从低位区移向高位区,显然这种方法很浪费时间。

② 把队列的向量空间的元素位置 0~MAXSIZE−1 看成一个首尾相接的环形,当进队的队尾指针等于最大容量,即 rear＝＝MAXSIZE 时,使 rear＝0。

解决假溢出的方法之一是将队列的数据区 data[0..MAXSIZE−1]看成头尾相接的循环结构,头尾指针的关系不变,将其称为"循环队","循环队"的示意图如图 3.11 所示。

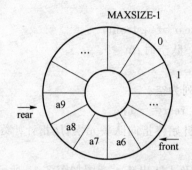

图 3.11 循环队列示意图

2. 循环顺序队列

(1) 循环队列定义

在顺序存储的队列中,将所开辟空间地址的首、尾位置连接起来,就形成一个环状结构的循环队列,如图 3.12 所示。

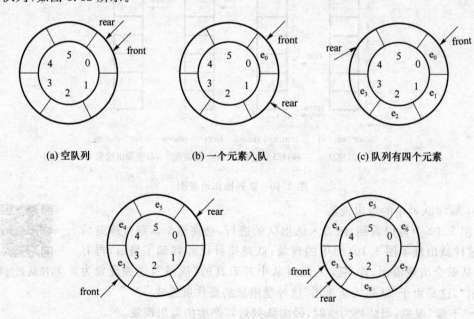

(a) 空队列   (b) 一个元素入队   (c) 队列有四个元素

(d) e_5、e_4 入队,e_0、e_1、e_2 出队后   (e) 队列满

图 3.12 循环队列

（2）循环队列入队、出队的头尾指针的操作

循环队列进行出队、入队操作时，头尾指针仍要加1。当头尾指针指向向量上界（MAXSIZE−1）时，其加1操作的结果是指向向量的下界0。

因为是头尾相接的循环结构，入队时的队尾指针加1操作修改为

$$sq.rear=(sq.rear+1)\%MAXSIZE;$$

出队时的队头指针加1操作修改为

$$sq.front=(sq.front+1)\%MAXSIZE;$$

这种循环意义下的加1操作可以描述为

① 利用选择结构

```
if(i+1 == MAXSIZE)      //i 为 front 或 rear
    i = 0;
else
    i++;
```

② 利用模运算

```
i = (i+1) % MAXSIZE;      //i 为 front 或 rear
```

我们将采用此方法实现循环意义下的队头、队尾指针的加1操作。

（3）循环队列边界条件的处理方法

设 MAXSIZE=10，图 3.13 是循环队列操作示意图。

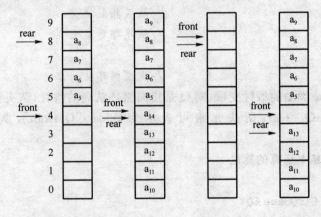

front=4 rear=8   front=−1 rear=2   front=5 rear=8   front=5 rear=9
(a) 有4个元素   (b) 队满   (c)队空   (d) 队满

图 3.13 循环队列操作示意图

从图 3.13 所示的循环队可以看出，图 3.13(a)中具有 a_5、a_6、a_7、a_8 四个元素，此时 front=4，rear=8；随着 $a_9 \sim a_{14}$ 相继入队，队中具有了 10 个元素——队满，此时 front=4，rear=4，如图 3.13(b)所示，可见在队满情况下有：front==rear。若在图 3.13(a)情况下，$a_5 \sim a_8$ 相继出队，此时队空，front=4，rear=4，如图 3.13(c)所示，即在队空情况下也有：front==rear。就是说"队满"和"队空"的条件是相同的了。这显然是必须要解决的一个问题。

循环队列中，由于入队时尾指针向前追赶头指针；出队时头指针向前追赶尾指针，造成队空和队满时头尾指针均相等。因此，无法通过条件 front == rear 来判别队列是"空"还是"满"。解决这个问题的方法至少有三种。

① 另设一标志变量 flag 以区别队列的空和满,比如当条件 front＝＝rear 成立,且 flag 为 0 时表示队列空,而为 1 时表示队列满。

② 少用一个元素的空间。约定入队前,测试尾指针在循环意义下加 1 后是否等于队头指针,若相等则认为队满(注意:rear 所指的单元始终为空),此时队空的条件是 front ＝ ＝ rear,队满的条件是

(rear＋1)％MAXSIZE ＝ ＝ front。我们将使用此方法。

③ 使用一个计数器 count 记录队列中元素的总数,当 count ＝＝0 时表示队列空;当 count ＝＝MAXSIZE 时表示队列满。

为了简单起见,在实际应用中采用第二种方法。采用此方法在计算有效元素个数、队头指针和队尾指针的公式如下。

判断循环队列有效元素个数:(rear－front＋MAXSIZE)％MAXSIZE

删除一个元素之后 front 的值:front＝(front＋1) ％ MAXSIZE

插入一个元素之后 rear 的值:rear＝(rear＋1) ％ MAXSIZE

(4) 循环队列的描述

```
#define MAXSIZE 100              //定义队列最大容量
typedef char ElemType;          //定义队列元素类型
typedef struct CirQueue{
    ElemType data[MAXSIZE];     //队列元素定义
    int front;                  //队头指针定义
    int rear;                   //队尾指针定义
}CirQueue;
CirQueue Q;                     //定义循环队列 Q
```

设 Q 是 CirQueue 类型的指针变量,则 Q 是指向循环队列的指针,队头指针、队尾指可分别表示为 Q. front、Q. rear,队头元素可表示为 Q. data[Q. front],队尾元素可表示为 Q. data[Q. rear]。

(5) 循环队列的基本运算的算法

① 置队空

```
void InitQueue(CirQueue &Q)
{
    Q. front = Q. rear = 0;
}
```

循环队列操作

② 判队空

```
int QueueEmpty(CirQueue &Q)
{
    return Q. front = = Q. rear;      //队首指针等于队尾指针
}
```

③ 判队满

```
int QueueFull(CirQueue &Q)
{
    return Q. front == (Q. rear + 1)％MAXSIZE;
```

//队尾指针加 1 对 MAXSIZE 取模等于 front

```
}
```

④ 入队

```
void EnQueue(CirQueue &Q,ElemType x)
{
    if(Q.front != (Q.rear + 1)%MAXSIZE)
    {puts("队满"); exit(0);}              //队满上溢
    Q.data[(Q.rear + 1)%MAXSIZE] = x;     //新元素插入队尾
    Q.rear = (Q.rear + 1)%MAXSIZE;        //循环意义下将尾指针加 1
}
```

⑤ 出队

```
ElemType DeQueue(CirQueue &Q)
{
    ElemType temp;
    if(Q.front != Q.rear)
     {puts("队空"); exit(0);}             //队空下溢
    temp = Q.data[Q.front];
    Q.front = (Q.front + 1)%MAXSIZE;      //循环意义下的头指针加 1
    return temp;
}
```

⑥ 取队头元素

```
ElemType QueueFront(CirQueue &Q)
{
    if(Q.front != Q.rear)
        {puts("队空"); exit(0);}
    return Q.data[Q.front];
}
```

3.3.3 链队列

1. 链队列定义

队列的链式存储结构称为链队列,它是限制仅在表头删除和表尾插入的单链表。由于需要在表尾进行插入操作,所以为操作方便除头指针外有必要再增加一个指向尾结点的指针。

2. 链队列存储结构

```
typedef struct queuenode              //队列中结点的类型
{
    DataType data;
    struct queuenode * next;
}QueueNode;
typedef struct
{
```

```
    QueueNode * front;                    //队头指针
     QueueNode * rear;                     //队尾指针
}LinkQueue;
LinkQueue * Q;                            //定义链队列 Q
```

设 Q 是 LinkQueue 类型的指针变量,则 Q 是指向链队列的指针,队头指针、队尾指可分别表示为 Q->front、Q-> rear。

设 p 是 QueueNode 类型的指针变量,则 p 是指向链队列某结点的指针,该结点的数据域可表示为 p ->data,该结点的指针域可表示为 p -> next。

3. 链队列示意图

链队列如图 3.14 所示。

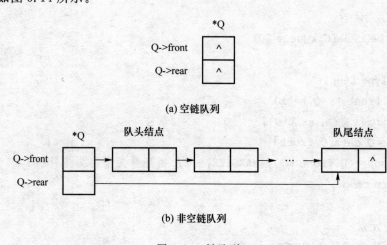

图 3.14 链队列

4. 链队列的基本运算

由于链队列结点的存储空间是动态分配的,所以无须考虑判队满的运算。

(1) 置空队

```
void InitQueue(LinkQueue * Q)
{
    Q->front = Q->rear = NULL;
}
```

(2) 判队空

```
int  QueueEmpty(LinkQueue * Q)
{
    return Q->front == NULL&&Q->rear == NULL;
                              //实际上只须判断队头指针是否为空即可
}
```

(3) 入队

```
void EnQueue(LinkQueue * Q,DataType x)
{//将元素 x 插入链队列尾部
    QueueNode * p;
    p = (QueueNode * )malloc(sizeof(QueueNode));
```

```
    p->data = x;    p->next = NULL;
    if(QueueEmpty(Q))
     Q->front = Q->rear = p;          //将 x 插入空队列
    else{ //x 插入非空队列的尾
        Q->rear->next = p;            //*p 链到原队尾结点后
        Q->rear = p;                  //队尾指针指向新的尾
        }
}
```

（4）出队

```
DataType DeQueue (LinkQueue * Q)
{
    DataType x;
    QueueNode * p;
    if(QueueEmpty(Q))
        {puts("队空"); exit(0);}
    p = Q->front;                    //指向队头结点
    x = p->data;                     //保存队头结点的数据
    Q->front = p->next;              //将对头结点从链上摘下
    if(Q->rear == p)                 //原队中只有一个结点,删去后队列变空,此时
                                     //队头指针已为空
        Q->rear = NULL;
    free(p);                         //释放被删队头结点
    return x;                        //返回原队头数据
}
```

（5）取队头元素

```
DataType QueueFront(LinkQueue * Q)
{
    if(QueueEmpty(Q))
        {puts("队空"); exit(0);}
    return Q->front->data;
}
```

注意:在出队算法中,一般只需修改队头指针。但当原队中只有一个结点时,该结点既是队头也是队尾,故删去此结点时亦需修改尾指针,且删去此结点后队列变空。

除了上述队列外,还有一种限定性数据结构,是双端队列(Deque)。

双端队列是限定插入、删除在表的两端进行的线性表。这两端分别称作端点,记作 end1 和 end2。可以用一个铁轨转轨网络来比喻双端队列,如图 3.15(a)所示。

尽管双端队列看起来似乎比栈和队列更灵活,但实际上在程序系统中,不如栈和队列应用广泛,故在此不做详细讨论。

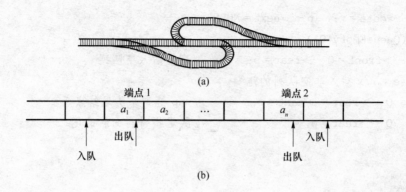

图 3.15 双端队列

3.4 队列应用

【**例 3.5**】 将十进制纯小数转换为 B 进制纯小数。

将十进制纯小数转换为 B 进制纯小数,通常采用的方法是"B 乘取整法"。

例如,将 0.618 转换为 16 进制数,采用 16 乘取整法,如图 3.16 所示。

乘数	被乘数/小数部分	整数部分
	0.618	
16	×) 16	
	0.888	9
16	×) 16	
	0.208	14
16	×) 16	
	0.328	3
16	×) 16	
	0.248	5
16	×) 16	
	0.968	3
16	×) 16	
	0.488	15
⋮	⋮	⋮

图 3.16 B 乘取整法

得 0.618 转换为 16 进制数近似为 0.9E353F。

从转换过程可以看出,最先得到的整数最先写出来,具有先进先出的特性,因此,将十进制纯小数 M 转换为 B 进制纯小数应该选择队列的数据结构,可采用循环队列,也可采用链队列,但由于转换后得到的 B 进制纯小数需要精确到某一位,有确定的最大位数,所以,应该选择循环队列的存储结构。

算法思路:确定一个精度 E,比如 E 的值为 0.000 001,当 M<E 时,就认为 M 为 0,定义一个指向循环队列的指针 Q,通过函数 malloc 确定 Q 的指向,并对循环队列进行初始化,当 M >=E 时,输出一个小数点".",并重复进行将 M 被 B 乘的整数部分 (int)(M * B) 入队 Q,并将所得的小数部分 M * B－(int)(M * B)作为被乘数,即将 M * B－(int)(M * B)赋给 M,直到 M 的值小于 E 或 j 值超过队列的最大容量 MAXSIZE,这样,得到的整数已经全部入队 Q;只要队 Q 不空,作出队操作,并输出,如果出队元素大于等于 10,通过加 87 输出对应字符。

算法实现如下:

```
#define E 0.000 001
#define MAXSIZE 6
void DecimalConversion(double M,int B)
{
int i,j = 1;
CirQueue * Q = (CirQueue * )malloc(sizeof(CirQueue));
InitQueue(Q);
if(M >= E)
    printf(".");
    while(M >= E &&j++ <= MAXSIZE){//求 M 对应 B 进制数的各位数字,并将其入队,
条件 j++ <= MAXSIZE 为避免出现无限小数产生的溢出
        EnQueue(Q,(int)(M * B));
        M = M * B - (int)(M * B);
    }
while(! QueueEmpty(Q)){//队非空时出队输出
    i = DeQueue(Q);
    if(i >= 10)
        printf("%c",i + 87);
    else
        printf("%d",i);
}
printf("\n");
}
```

【例 3.6】 杨辉三角形问题。如图 3.17 所示为杨辉三角的图案,编程实现打印杨辉三角形。

```
            1
          1   1
        1   2   1
      1   3   3   1
    1   4   6   4   1
  1   5  10  10   5   1
1   6  15  20  15   6   1
```

图 3.17　杨辉三角

算法分析:不失一般性,杨辉三角中的第 $i+1$ 行数据应该利用第 i 行数据得到。第 $i+1$ 行共 $i+1$ 个数据,第一个和最后一个数据值为 1,其他数据是由第 i 行对应元素相加得到。杨辉三角的第一行只有一个"1",知道第一行数据就能计算出第二行数据。如图 3.18 所示为利用队列完成杨辉三角第五行计算的过程。

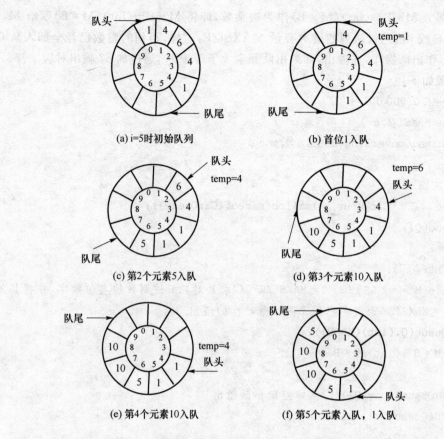

(a) i=5时初始队列　　　　　　　　(b) 首位1入队

(c) 第2个元素5入队　　　　　　　　(d) 第3个元素10入队

(e) 第4个元素10入队　　　　　　　　(f) 第5个元素入队，1入队

图 3.18　杨辉三角第五行入队示意图

当 $i=4$ 时，队列如图 3.18(a)所示，图 3.18(b)是将第五行第 1 个元素赋值为 1，同时队头（数值 1 暂存 temp 中）出队。图 3.18(c)利用 temp 和队头元素求和，计算出第五行的第 2 个元素，并将该元素入队。依次计算得到第五行所有元素。

计算第 i 行的步骤如下。

(1) 第 i 行的第 1 个元素 1 入队。

(2) 通过第 $i-1$ 行数据(已经在队列中)循环产生第 i 行的中间 $i-2$ 个元素并入队。

(3) 第 i 行的最后一个元素 1 入队。

杨辉三角中第 i 行共有 i 个元素，如果要求出杨辉三角前 N 行，队列的大小应不小于 N。

下面是打印 N 行杨辉三角形的算法代码如下。

```
#include "stdio.h"
typedef int Elemtype;
typedef struct Node
{
    Elemtype    data;              /* 数据域 */
    struct Node    *next;          /* 指针域 */
} LinkQueueNode;
typedef struct
{
```

```
    LinkQueueNode * front;
    LinkQueueNode * rear;
} LinkQueue;
GetHead(LinkQueue Q, Elemtype&x)        /* 取队头元素,赋值给 x */
{
  x = Q.front ->next -> data;
}
int InitQueue(LinkQueue&Q)              /* 将 Q 初始化为一个带哨兵的空链队 */
{
    Q.front = (LinkQueueNode * )malloc(sizeof(LinkQueueNode)); /* 开辟哨兵 */
    if(Q.front != NULL)
    {
        Q.rear = Q.front;               /* 队头,队尾都指向哨兵结点 */
        Q.front ->next = NULL;
        return 1;
    }
    else return 0;                      /* 哨兵结点开辟失败! */
}
int EnterQueue(LinkQueue &Q, Elemtype e) /* 入队将数据元素 e 加到队列 Q 中 */
{
    LinkQueueNode * NewNode;
    NewNode = (LinkQueueNode * )malloc(sizeof(LinkQueueNode));
                                        /* 开辟新结点 */
    if(NewNode!= NULL)
    {
        NewNode ->data = e;             /* 将 e 赋值给新结点 */
        NewNode ->next = NULL;
        Q.rear ->next = NewNode;        /* 将新结点加入到队尾 */
        Q.rear = NewNode;               /* 修改队尾指针 */
        return 1;
    }
    else return 0;                      /* 新结点开辟不成功,入队失败 */
}
int DeleteQueue(LinkQueue&Q, Elemtype  e)
/* 将队列 Q 的队头元素出队,并存放到 e 中 */
{
    LinkQueueNode * p;
    if(Q.front == Q.rear)
        return 0;                       /* 空队列取队尾失败 */
    p = Q.front ->next;                 /* 取出队头结点 p */
```

```
        Q.front->next = p->next;        /* 队头元素出队 */
        if(Q.rear == p)                  /* 如果队中只有一个结点 p,则 p 出队后队空 */
            Q.rear = Q.front;            /* 修改队尾指针 */
        *e = p->data;                    /* 队头元素 e 作为变参返回 */
        free(p);                         /* 释放存储空间 */
        return 1;
}
void YangHuiTriangle(int N)
{
    LinkQueue Q; int n,i,temp,x;
    InitQueue(&Q);
    EnterQueue(&Q, 1);                   /* 第一行元素入队 */
    for(n=2; n<=N+1; n++)
    /* 产生第 n 行元素并入队,同时打印输出第 n-1 行的元素 */
    {
        printf("\n");
        EnterQueue(&Q, 1);               /* 第 n 行的第一个元素入队 */
        for(i=1; i<=n-2; i++)
        /* 用队中第 n-1 行元素产生第 n 行的中间 n-2 个元素入队 */
        {
            DeleteQueue(&Q, &temp);
            printf(" %d", temp);         /* 打印第 n-1 行的元素 */
            GetHead(Q, &x);
            temp = temp + x;             /* 利用队中第 n-1 行元素产生第 n 行元素 */
            EnterQueue(&Q, temp);
        }
        DeleteQueue(&Q, &x);
        printf(" %d", x);                /* 打印第 n-1 行的最后一个元素 */
        EnterQueue(&Q, 1);               /* 第 n 行的最后一个元素入队 */
    }
}
main()
{
    int N;
    printf("\n 打印杨辉三角,输入行数:");
    scanf("%d", &N);
    YangHuiTriangle(N);                  /* 调用函数打印杨辉三角的前 N 行 */
}
```

3.5 习　题

1. 回文是指正读反读均相同的字符序列,如"abba"和"abdba"均是回文,但"good"不是回文。试写一个算法判定给定的字符向量是否为回文。(提示:将一半字符入栈)。

2. 假设以带头结点的循环链表表示队列,并且只设一个指针指向队尾元素站点(注意不设头指针),试编写相应的置空队、判队空 、入队和出队等算法。

3. 写一个算法,借助于栈将一个单链表置逆。

第 4 章 字符串与模式匹配

串(字符串)是一种特殊的线性表,它的数据元素仅由一个字符组成。串是计算机在处理非数值对象时常见的一种数据类型。考虑到串自身所具有的一些特性,以及串在各类算法设计实践及程序设计竞赛中的广泛应用,本章在简要介绍串的基本概念、存储结构及基本运算的基础上,重点介绍串的模式匹配算法。

4.1 串及其基本运算

4.1.1 串的基本概念

1. 串的定义

串(String)是零个或多个字符组成的有限序列。一般记为 $S=``a_1a_2\cdots a_n"$,其中 S 是串名,双引号括起的字符序列是串值;将串值括起来的双引号本身不属于串,它的作用是避免串与常量或标识符混淆。串中所包含的字符个数称为该串的长度。长度为零的串称为空串(Empty String),它不包含任何字符。仅由一个或多个空格组成的串称为空白串(Blank String)。

2. 基本术语

空串与空白串:长度为零的串称为空串(Empty String),它不包含任何字符。仅由一个或多个空格组成的串称为空白串(Blank String)。

子串与主串:串中任意连续的字符组成的子序列称为该串的子串。包含子串的串相应地称为主串。

子串的位置:子串的第一个字符在主串中的序号称为子串的位置。

串相等:称两个串是相等的,是指两个串的长度相等且对应字符都相等。

例如,设 A 和 B 分别为

$$A=``\text{This is a string}" \qquad B=``\text{is}"$$

则 B 是 A 的子串,B 在 A 中出现了两次。其中首次出现对应的主串位置是 3。因此称 B 在 A 中的序号(或位置)是 3。

特别地,空串是任意串的子串,任意串是其自身的子串。

4.1.2　串的基本运算

对于串的基本运算,C语言提供了相应的标准库函数来实现,这些函数能够在用户程序中直接调用。

1. 求串长 StrLength(s)

操作条件:串 s 存在。

操作结果:求出串 s 的长度。

库函数:int strlen(char ＊ s)。

函数功能:求串 s 的长度,返回该值。

2. 串赋值 StrAssign(s₁,s₂)

操作条件:s_1 是一个串变量,s_2 或者是一个串常量,或者是一个串变量(通常 s_2 是一个串常量时称为串赋值,是一个串变量称为串复制)。

操作结果:将 s_2 的串值赋值给 s_1,s_1 原来的值被覆盖掉。

库函数:char ＊ strcpy(char ＊ to, ＊ from)。

函数功能:将 from 串复制到 to 串中,并返回 to 开始处指针。

3. 连接操作:StrConcat (s₁,s₂,s) 或 StrConcat (s₁,s₂)。

操作条件:串 s_1,s_2 存在。

操作结果:两个串的联接就是将一个串的串值紧接着放在另一个串的后面,连接成一个长串。前者是产生新串 s,s_1 和 s_2 不改变;后者是在 s_1 的后面联接 s_2 的串值,s_1 改变,s_2 不改变。

库函数:char ＊ strcat(char ＊ to,char ＊ from)

函数功能:将 from 串复制到 to 串的末尾,并返回 to 串开始处的指针。

例如:s_1＝"he",s_2＝" bei",前者操作结果是 s＝"he bei";后者操作结果是 s_1＝"he bei"。

4. 求子串 SubStr (s,i,len):

操作条件:串 s 存在,$1 \leqslant i \leqslant StrLength(s)$,$0 \leqslant len \leqslant StrLength(s)-i+1$。

操作结果:返回从串 s 的第 i 个字符开始的长度为 len 的子串。len＝0 得到的是空串。

例如:SubStr("abcdefghi",3,4)＝"cdef"。

5. 串比较 StrCmp(s₁,s₂)

操作条件:串 s_1,s_2 存在。

操作结果:若 s_1＝＝s_2,操作返回值为 0;若 $s_1 < s_2$,返回值<0;若 $s_1 > s_2$,返回值>0。

库函数:int strcmp(char ＊ s_1,char ＊ s_2)。

函数功能:比较 s_1 和 s_2 的大小,当 $s_1 < s_2$、$s_1 > s_2$ 和 $s_1 = s_2$ 时,分别返回小于 0、大于 0 和等于 0 的值。

6. 子串定位 StrIndex(s,t):找子串 t 在主串 s 中首次出现的位置

操作条件:串 s,t 存在。

操作结果:若 t∈s,则操作返回 t 在 s 中首次出现的位置,否则返回值为-1。

例如:StrIndex("abcdebda","bc")＝2

StrIndex("abcdebda","ba")＝-1

库函数:char ＊ strchr(char ＊ s,char c)。

函数功能:找 c 在字符串 s 中第一次出现的位置,若找到,则返回该位置,否则返回NULL。

7. 串插入 StrInsert(s,i,t)

操作条件：串 s,t 存在,$1 \leqslant i \leqslant$ StrLength(s)$+1$。

操作结果：将串 t 插入到串 s 的第 i 个字符位置上,s 的串值发生改变。

8. 串删除 StrDelete(s,i,len)

操作条件：串 s 存在,$1 \leqslant i \leqslant$ StrLength(s),$0 \leqslant$ len$\leqslant$ StrLength(s)$-i+1$。

操作结果：删除串 s 中从第 i 个字符开始的长度为 len 的子串,s 的串值改变。

9. 串替换 StrRep(s,t,r)

操作条件：串 s,t,r 存在,t 不为空。

操作结果：用串 r 替换串 s 中出现的所有与串 t 相等的不重叠的子串,s 的串值改变。

以上是串的几个基本操作。其中前 5 个操作是最为基本的,它们不能用其他的操作来合成,因此通常将这 5 个基本操作称为最小操作集。

4.2 串的存储及基本运算

因为串是特殊的线性表,其特殊性体现在数据元素是一个字符,所以其存储结构与线性表的存储结构类似。

本章主要介绍串的 3 种存储表示方法。

(1) 串的定长顺序存储表示法；

(2) 串的堆分配存储表示法；

(3) 串的块链式存储表示法。

4.2.1 串的定长顺序存储

1. 顺序串

串的顺序存储结构简称为顺序串。与顺序表类似,顺序串是用一组地址连续的存储单元来存储串中的字符序列。因此可用高级语言的字符数组来实现,按其存储分配的不同可将顺序串分为如下两类：静态顺序串和动态顺序串,其中动态顺序串内容如下所述。

2. 静态存储分配的顺序串

(1)使用定长的字符数组来描述顺序串

```
#define MaxStrSize 256          //定义串的最大存储长度
typedef char SString[MaxStrSize];   //SeqString 是顺序串类型
SString S;                      //S 是一个可容纳 255 个字符的顺序串
```

注意：

① 串值空间的大小在编译时就已确定,是静态的；

② 使用定长的字符数组除存放串内容外,一般可使用一个不会出现在串中的特殊字符放在串值的末尾来表示串的结束。C 语言使用'\0'。

(2)除直接使用定长的字符数组存放串内容外,另外使用一个整型量来表示串的长度。此时顺序串的类型定义完全和顺序表类似。

```
#define MaxStrSize 256          //定义串的最大存储长度
typedef struct{
```

```
    char ch[MaxStrSize];                    //定义存放串内容的数组
    int length;                             //定义串的长度
}SeqString;
```

注意:这种表示的优点是涉及串长的操作速度快。

3. 顺序串的基本运算

(1) 求串长度操作 int Length_SS(SString S)

操作返回串 S 中所含字符的个数,即串的长度;如果 S 为空串则返 串的顺序存储
回 0。

```
int Length_SS(SString S)
{
    int i = 0;
    while(S[i]) i++;
    return i;
}
```

(2) 串连接操作 int Concat_SS(SString &T,SString S1,SString S2)

该操作将串 S1、S2 连接生成串 T,如果在连接过程中产生了截断(即 S1 的长度加上 S2 的长度大于 MAXLEN)则返回 0,否则返回 1。

```
int Concat_SS(SString &T,SString S1,SString S2)
{
    int i,j,k;
    i = j = k = 0;
    while(T[i++] = S1[j++]);
    i--;
    while(i<MAXLEN&&(T[i] = S2[k]))
        {i++;k++;}
    T[i] = 0;
    if((i = = MAXLEN)&&S2[k])                /*判断是否产生截断*/
        return(0);
    else
        return(1);
}
```

(3) 求子串操作 int SubString_SS(SString &Sub,SString S,int pos,int len)

该操作截取串 S 中从第 pos 个字符开始的连续的 len 个字符生成子串 Sub,如果位置 pos 和长度 len 合理则返回 1,否则返回 0。

```
int SubString_SS(SString &Sub,SString S,int pos,int len)
{
    int i = 0;
    if(pos<1||len<0||pos+len>Length_SS(S)+1)  /*判断位置和长度是否合理*/
        return 0;
    while(i<len)
```

```
          {Sub[i] = S[i + pos - 1];i + + ; }
      Sub[i] = ´\0´;
      return 1;
  }
```

(4) 初始化串操作 int StrAssign_SS(SString &T,char * s)

该操作用字符数组 s,初始化定长顺序串 T。如果不产生截断(长度合理)返回 1,否则返回 0。

```
  int StrAssign_SS(SString &T,char * s)
  {
  int i = 0;
  while(i<MAXLEN&&(T[i] = s[i])) i + + ;
  T[i] = 0;
  if((i = = MAXLEN)&&s[i])                    /* 判断是否产生截断 */
      return 0;
  else return 1;
  }
```

(5) 串复制操作 void StrCopy_SS(SString &T,SString S)

该操作将定长顺序串 S,复制到定长顺序串 T。

```
  void StrCopy_SS(SString &T,SString S)
  {
  int i = 0;
  while(T[i] = s[i])   i + + ;
  }
```

(6) 串比较操作 int StrCompare_SS(SString S,SString T)

该操作比较顺序串 S、T 的大小,如果 S>T 则返回正数,如果 S=T 则返回 0,否则返回负数。

```
  int StrCompare_SS(SString S,SString T)
  {
  int i = 0;
  while(S[i]&&T[i]&&(S[i] = = T[i])) i + + ;
  return (int) (S[i] - T[i]);
  }
```

(7) 串的替换操作 int Replace_SS(SString &S,int n,int m,SString T)

该操作将串 S 中从第 n 个字符开始的连续的 m 个字符替换成串 T 中的字符,如果 n 和 m 的选取合理则返回 1,否则返回 0。

```
  int Replace_SS(SString &S,int n,int m,SString T)
  {
  SString S1;
  int len = Length_SS(T);
  int i = n - 1,j = 0,k = n + m - 1;
        /* i 为开始替换位置,j 指向第一个替换字符,k 为剩余字符的开始位置 */
```

```
if(n<1||m<0||n+m>Length_SS(S)+1||Length_SS(S)+len-m>MAXLEN)
                                        /*判断位置是否合理*/
    return(0);
StrCopy_SS(S1,S);                       /*将剩余部分复制到S1中*/
while(S[i++]=T[j++]);                   /*替换S中指定部分的字符*/
    i--;
while(S[i++]=S1[k++]);                  /*将剩余部分复制到S中*/
return (1);
}
```

4. 定长顺序存储的特点

(1) 对于求串长度和串的复制操作而言,其时间复杂度依赖于字符串的长度;

(2) 在串删除和串插入操作时必须移动大量的字符;

(3) 如果在串输入、串连接、串插入和串替换操作中串值的长度超过 MAXLEN,则按约定采取"截尾"法处理,这将导致操作结果的不合理。

4.2.2　串的堆分配存储

由于串操作基本上是以串整体的形式参与,在应用程序中串变量的长度相差较大,并且在操作中串值长度的变化也比较大。因此,事先为串变量设置固定大小空间的数组不尽合理。

用堆分配存储表示串的方法是:在程序执行过程中,根据串变量值的大小,在堆空间中动态分配一个连续的地址空间来存储串变量中的字符,这样既可以避免产生串操作中的"截断"现象又能合理使用内存空间资源。

1. 串的堆分配存储结构

堆分配存储结构类型定义为

```
struct HString
{
char * ch;                    //串变量中字符数组的首地址
int length;                   //串的长度
};
```

2. 在堆分配存储结构中串的基本操作

(1) 串的赋值操作

该操作由字符串常量 str 生成一个 HString 型串 T。

```
void StrAssign_HS(HString &T,char str[])
{
int len=0,i;
while(str[len]) len++;        //计算串的长度
T.length=len;
if(! len) T.ch=NULL;          //对空串进行初始化
else
{
    T.ch=(char *)malloc((len+1)*sizeof(char));
```

```
                                          //在堆内存中分配相应大小的存储空间
    for(i = 0;T.ch[i] = str[i];i ++);      //将数据从 str 复制到 T.ch 中
}
}
```

（2）求串长的操作

该操作返回串 S 的长度，如果 S 为空串则返回 0。

```
int Length_HS(HString S)
{
return(S.length);
}
```

（3）串的比较操作

该操作比较串 S、T 的大小。

```
int StrComp_HS(HString S,HString T)
{
  int i;
  for(i = 0;i<T.length&&i<S.length;i ++)
    if(S.ch[i]!= T.ch[i]) break;
return  ((int)(S.ch[i] - T.ch[i]));
}
```

（4）串的清空操作

该操作清空串 S 所占的堆空间。

```
void ClearString_HS(HString &S)
{
if(S.ch)
{   free(S.ch);
    S.ch = NULL;
    S.length = 0;
}
}
```

（5）串的连接操作

该操作计算串 S1、S2 的连接串 T。

```
void Concat_HS(HString &T,HString S1,HString S2)
{
    int i,j,k;
    T.length = S1.length + S2.length;
    i = j = k = 0;
    T.ch = (char * )malloc( (T.length + 1) * sizeof(char)); //分配链接串的储存空间
    while(T.ch[i ++ ] = S1.ch[j ++ ]);            //将 S1 复制到 T
    i -- ;
    while(T.ch[i ++ ] = S2.ch[k ++ ]);            //将 S2 连接到 T 的末尾
}
```

(6) 求子串的算法

该操作求串 S 中 pos 个字符开始的 len 个字符组成的子串 Sub,如果位置合理返回 1 否则返回 0。

```
int SubString_HS(HString &Sub,HString S,int pos,int len)
{
int i;
if(pos<1||len<1||pos+len>S.length+1)return(0);      //如果位置不合理时返回 0 值
Sub.ch = (char * )malloc( (len+1) * sizeof(char));   //动态分配子串的存储空间
Sub.length = len;
for(i=0;i<len;i++)Sub.ch[i] = S.ch[pos+i-1];  //将子串复制到 Sub 中
Sub.ch[i] = 0;
Return(1);
}
```

(7) 串插入操作的算法

该操作在串 S 的第 pos 个字符前面插入字符串 H,如果位置合理返回 1,否则返回 0。

```
int StrInsert_HS(HString &S,int pos,HString H)
{
int i,j,k;
HString S1;
if(pos<1||pos>S.length+1)return 0;                 //位置不合理返回 0 值
S1.length = S.length + H.length;
S1.ch = (char * )malloc((S1.length+1) * sizeof(char)); //重新分配空间
for(i=0;i<pos-1;i++)S1.ch[i] = S.ch[i];            //取 S 中 pos 前段内容
k = i;j = 0;
while(S1.ch[i++] = H.ch[j++]);                      //将 H 插入
i--;
while(S1.ch[i++] = S.ch[k++]);                      //取 S 中剩余的内容
free(S.ch);
S = S1;
return 1;
}
```

(8) 串替换操作的算法

该操作将串 S 中第 n 个字符开始的 m 个字符替换为串 T,如果位置 n 和字符数 m 合理返回 1 否则返回 0。

```
int Replace_HS(HString &S,int n,int m,HString T)
{
    int i,j=0,k=n+m-1;
    HString S1;
    if(n<1||m<0||n+m>S.length+1)return(0);         //长度或位置不合理
    S1.length = S.length + T.length - m;
```

```
S1.ch = (char * )malloc((S1.length + 1) * sizeof(char));    //重新分配储存空间
for(i = 0;i<n - 1;i ++ )S1.ch[i] = S.ch[i];                 //取 S 中前面的部分
while(S1.ch[i ++ ] = T.ch[j ++ ]);                          //取 T 中的内容
i -- ;
while(S1.ch[i ++ ] = S.ch[k ++ ]);                          //取 S 中剩余的部分
delete[]S.ch;
S = S1;
 return(1);
}
```

3. 堆分配存储表示的特点

从以上串基本操作的算法可以看出,堆分配存储结构的串既有顺序存储结构的特点,处理方便,同时在操作中对串的长度又没有任何限制,更显灵活,因此该存储结构在有关字符串处理的应用程序中常被采用。

4.2.3 串的块链式存储

1. 链串的定义

串的链式存储结构称为链串。链串与单链表类似,一个链串由头指针唯一确定。例如,一个串值为"abcdef"的链串 S 如图 4.1(a)所示。这种结构便于进行插入和删除运算,但存储空间利用率太低。例如,若指针占 4 个字节,则链串的存储密度只有 20%。为了提高存储密度,可使每个结点存放多个字符。通常将结点数据域存放的字符个数定义为结点的大小,图 4.1(b)是结点大小为 4 的链串,它的存储密度为 50%。显然,当结点大小大于 1 时,串的长度不一定正好是结点大小的整数倍,因此要用特殊字符来填充最后一个结点,以表示串的终结。虽然提高结点大小使得存储密度增大,但做插入、删除运算时,可能会引起大量字符的移动,给运算带来不便。例如,在串值为"abcdef"的结点大小为 4 的链串 S 中的第三个字符后插入"xyz"时,要移动原来 S 中后面 4 个字符的位置,结果为图 4.1(c)所示。

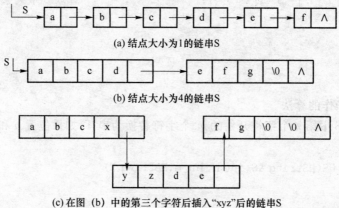

(a) 结点大小为1的链串S

(b) 结点大小为4的链串S

(c) 在图 (b) 中的第三个字符后插入"xyz"后的链串S

图 4.1

2. 链串的结构类型定义

（1）结点大小为1的链串

```
typedef struct node{                              //结点定义
    char data;                                    //结点大小为1
    struct node * next;
}LinkStrNode;                                     //结点类型
typedef LinkStrNode * LinkString;
LinkString S; //S 是链串的头指针
```

注意：LinkStrNode 专门用来定义链串的结点，LinkString 专门用来定义链串的头指针，即链串。

（2）结点大小大于1的块链串

```
#define ChunkSize 80
typedef struct node{                              //结点定义
    char data[ChunkSize];                         //结点大小大于1
    struct node * next;
}LinkStrNode;                                     //结点类型
```

3. 块链式存储的存储密度

在串的块链式存储结构中，结点大小的选择很重要，它直接影响到串处理操作的效率。如果块选取的充分大时（可在一个块中存储串的所有字符）即为定长存储；如果每个块只放一个字符时即为链表存储。为了便于研究串值的存储效率这里给出如下存储密度的计算公式。

$$串值的存储密度 = \frac{串值所占的存储位}{实际分配的存储位}$$

假定 next 指针变量占用 4 个字节，每个字符占用 1 个字节，每个块中存放 m 个字符，那么串值的存储密度可以表示为 $\rho = m/(m+4)$。显然，存储密度小（比如每个块存放 1 个字符时 $\rho = 20\%$），运算处理方便，但是存储占用量大；存储密度大（比如每个块存放 80 个字符时 $\rho = 20/21 = 95\%$），虽然存储占用量小，但是串值的运算处理（比如串的插入、删除、连接和替换等操作）不太方便。

4. 块链式存储表示的特点

在一般情况下，对以块链式存储表示的串进行操作时比较麻烦，比如在串中插入一个子串时可能需要分割结点，连接两个串时，如果第一个串的最后一个结点没有填满，还需要添加其他字符。总的来说，用链表作为串的存储方式是不太实用的。因此，串的块链式存储结构不如定长顺序存储和堆分配存储结构灵活，它占用存储空间大且操作复杂。

4.3 模式匹配

·设 S 和 T 是两个给定的串，在串 S 中寻找串值等于 T 的子串的过程称为模式匹配。其中，串 S 称为主串，串 T 称为模式。如果在串 S 中找到等于串 T 的子串，则称匹配成功；否则匹配失败。模式匹配是各种串处理系统中最重要的操作之一。

模式匹配的操作记为 Index(S,T,pos)，该函数的功能是，从串 S 的第 pos 个字符开始的字符序列中查找值等于 T 的子字符串。如果匹配成功,函数返回 T 在 S 中第 pos 个字符以后的串值中第一次出现的开始位置;否则函数返回 0 值。显然这里隐含要求模式串 T 不能为空串。

4.3.1　简单的模式匹配算法 BF

模式匹配最简单、最直观的算法是 BF(Brute-Force,布鲁特-福斯)算法。该算法在计算过程中,分别利用指针 i 和指针 j 指示主串 s 和模式 t 中当前正待比较的字符下标。

算法思想如下:首先将 s_1 与 t_1 进行比较,若不同,就将 s_2 与 t_1 进行比较,…,直到 s 的某一个字符 s_i 和 t_1 相同,再将它们之后的字符进行比较,若也相同,则如此继续往下比较,当 s 的某一个字符 s_i 与 t 的字符 t_j 不同时,则 s 返回到本趟开始字符的下一个字符,即 s_{i-j+2},t 返回到 t_1,继续开始下一趟的比较,重复上述过程。若 t 中的字符全部比完,则说明本趟匹配成功,本趟的起始位置是 $i-j+2$ 或 $i-t[0]$,否则,匹配失败。

设主串 s="ababcabcacbab",模式 t="abcac",匹配过程如图 4.2 所示。

第一趟
```
          ↓i=3
a b a b c a b c a c b a b
a b c
      ↑j=3
```

第二趟
```
↓i=1
a b a b c a b c a c b a b
a
↑j=1
```

第三趟
```
              ↓i=7
a b a b c a b c a c b a b
    a b c a c
          ↑j=5
```

第四趟
```
      ↓i=4
a b a b c a b c a c b a b
      a
      ↑j=1
```

第五趟
```
        ↓i=5
a b a b c a b c a c b a b
        a
        ↑j=1
```

第六趟
```
                      ↓i=11
a b a b c a b c a c b a b
          a b c a c
                  ↑j=6
```

图 4.2　简单模式匹配的匹配过程

依据这个思想,算法描述如下:

算法 4.1　简单的模式匹配算法 BF

```
int  StrMatchBF  (SString s, SString t)
    /*从串 s 的第一个字符开始找首次与串 t 相等的子串*/
{  int i=1, j=1;
   while(i<=s[0] && j<=t[0])              /*都没遇到结束符*/
       if (s[i]==t[j])
           { i++;j++; }                   /*继续*/
```

朴素串匹配算法

```
    else
        {i=i-j+2; j=1; }            /*回溯*/
    if (j>t[0])  return (i-t[0]);     /*匹配成功,返回存储位置*/
    else  return - 1;
}
```

该算法简称为 BF 算法。下面分析它的时间复杂度,设串 s 长度为 n,串 t 长度为 m。

匹配成功的情况下,考虑两种极端情况。

在最好情况下,每趟不成功的匹配都发生在第一对字符比较时:

例如:s=″aaaaaaaaabc″

　　　t=″bc″

设匹配成功发生在 s_i 处,则字符比较次数在前面 $i-1$ 趟匹配中共比较了 $i-1$ 次,第 i 趟成功的匹配共比较了 m 次,所以总共比较了 $i-1+m$ 次,所有匹配成功的可能共有 $n-m+1$ 种,设从 s_i 开始与 t 串匹配成功的概率为 p_i,在等概率情况下 $p_i=1/(n-m+1)$,因此最好情况下平均比较的次数是

$$\sum_{i=1}^{n-m+1} p_i \times (i-1+m) = \sum_{i=1}^{n-m+1} \frac{1}{n-m+1} \times (i-1+m) = \frac{(n+m)}{2}$$

即最好情况下的时间复杂度是 $O(n+m)$。

在最坏情况下,每趟不成功的匹配都发生在 t 的最后一个字符。

例如:s=″aaaaaaaaaab″

　　　t=″aaab″

设匹配成功发生在 s_i 处,则在前面 $i-1$ 趟匹配中共比较了 $(i-1)*m$ 次,第 i 趟成功的匹配共比较了 m 次,所以总共比较了 $i*m$ 次,因此最坏好情况下平均比较的次数是

$$\sum_{i=1}^{n-m+1} p_i \times (i \times m) = \sum_{i=1}^{n-m+1} \frac{1}{n-m+1} \times (i \times m) = \frac{m \times (n-m+2)}{2}$$

即最坏情况下的时间复杂度是 $O(nm)$。

上述算法中匹配是从 s 串的第一个字符开始的,有时算法要求从指定位置开始,这时算法的参数表中要加一个位置参数 pos:StrMatchBF (SString s,int pos, SString t),比较的初始位置定位在 pos 处。算法 4.1 是 pos=1 的情况。

4.3.2　模式匹配算法 KMP

BF 算法简单但效率较低,一种对 BF 算法做了很大改进的模式匹配算法是克努特(Knuth),莫里斯(Morris)和普拉特(Pratt)同时设计的,称为克努特—莫里斯—普拉特操作,简称 KMP 算法。它是一种改进的模式匹配算法,此算法可使时间复杂度在 $O(m+n)$ 的数量级上完成串的模式匹配操作。

1. KMP 算法的思想

分析算法 4.1 的执行过程,造成 BF 算法速度慢的原因是回溯,即在某趟的匹配过程失败后,对于 s 串要回到本趟开始字符的下一个字符,t 串要回到第一个字符。而这些回溯并不是必要的。如图 4.3 所示的匹配过程,在第三趟匹配过程中,$s_3 \sim s_6$ 和 $t_1 \sim t_4$ 是匹配成功的,$s_7 \neq t_5$ 匹配失败,因此有了第四趟,其实这一趟是不必要的:由图可看出,因为在第三趟中有 $s_4=t_2$,而 $t_1 \neq t_2$,肯定有 $t_1 \neq s_4$。同理第五趟也是没有必要的,所以从第三趟之后可以直接到

第六趟,进一步分析第六趟中的第一对字符 s_6 和 t_1 的比较也是多余的,因为第三趟中已经比过了 s_6 和 t_4,并且 $s_6=t_4$,而 $t_1=t_4$,必有 $s_6=t_1$,因此第六趟的比较可以从第二对字符 s_7 和 t_2 开始进行,这就是说,第三趟匹配失败后,指针 i 不动,而是将模式串 t 向右"滑动",用 t_2"对准" s_7 继续进行,依此类推。这样的处理方法指针 i 是无回溯的。

综上所述,希望某趟在 s_i 和 t_j 匹配失败后,指针 i 不回溯,模式 t 向右"滑动"至某个位置上,使得 t_k 对准 s_i 继续向右进行。显然,现在问题的关键是串 t"滑动"到哪个位置上?不妨设位置为 k,即 s_i 和 t_j 匹配失败后,指针 i 不动,模式 t 向右"滑动",使 t_k 和 s_i 对准继续向右进行比较,要满足这一假设,就要有如下关系成立。

$$"t_1 t_2 \cdots t_{k-1}" = "s_{i-k+1} s_{i-k+2} \cdots s_{i-1}" \tag{4.1}$$

式(4.1)左边是 t_k 前面的 $k-1$ 个字符,右边是 s_i 前面的 $k-1$ 个字符。

而本趟匹配失败是在 s_i 和 t_j 之处,已经得到的部分匹配结果是

$$"t_1 t_2 \cdots t_{j-1}" = "s_{i-j+1} s_{i-j+2} \cdots s_{i-1}" \tag{4.2}$$

因为 $k<j$,所以有

$$"t_{j-k+1} t_{j-k+2} \cdots t_{j-1}" = "s_{i-k+1} s_{i-k+2} \cdots s_{i-1}" \tag{4.3}$$

式(4.3)左边是 t_j 前面的 $k-1$ 个字符,右边是 s_i 前面的 $k-1$ 个字符,

通过式(4.1)和式(4.3)得到关系:

$$"t_1 t_2 \cdots t_{k-1}" = "t_{j-k+1} t_{j-k+2} \cdots t_{j-1}" \tag{4.4}$$

结论:某趟在 s_i 和 t_j 匹配失败后,如果模式串中有满足式(4.4)的子串存在,即:模式中的前 $k-1$ 个字符与模式中 t_j 字符前面的 $k-1$ 个字符相等时,模式 t 就可以向右"滑动"至使 t_k 和 s_i 对准,继续向右进行比较即可。

2. next 函数

模式中的每一个 t_j 都对应一个 k 值,由式(4.4)可知,这个 k 值仅依赖与模式 t 本身字符序列的构成,而与主串 s 无关。一般用 $next[j]$ 表示 t_j 对应的 k 值,根据以上分析,next 函数有如下性质。

(1) $next[j]$ 是一个整数,且 $0 \leqslant next[j] < j$。

(2) 为了使 t 的右移不丢失任何匹配成功的可能,当存在多个满足式(4.4)的 k 值时,应取最大的,这样向右"滑动"的距离最短,"滑动"的字符为 $j-next[j]$ 个。

(3) 如果在 t_j 前不存在满足式(4.4)的子串,则 $k=1$;这时"滑动"的最远,为模式串的长度减1,即用 t_1 和 s_i 继续比较。

因此,next 函数定义如下:

$$next[j] = \begin{cases} 0 & \text{当 } j=1 \\ \max \{k \mid 1<=k<j \text{ 且 } "t_1 t_2 \cdots t_{k-1}" = "t_{j-k+1} t_{j-k+2} \cdots t_{j-1}"\} \\ 1 & \text{其他情况} \end{cases}$$

设有模式串: $t="abcaababc"$,则它的 next 函数值为

j	1	2	3	4	5	6	7	8	9
模式串	a	b	c	a	a	b	a	b	c
$next[j]$	0	1	1	1	2	2	3	2	3

3. 如何通过递推方法求 next 函数值

由以上讨论知,next 函数值仅取决于模式本身而和主串无关。可以从分析 next 函数的定义出发用递推的方法求得 next 函数值。

由定义知:

$$next[1]=0 \tag{4.5}$$

设 $next[j]=k$,即有

$$"t_1 t_2 \cdots t_{k-1}"="t_{j-k+1} t_{j-k+2} \cdots t_{j-1}" \tag{4.6}$$

$next[j+1]=?$ 可能有两种情况。

第一种情况:若 $t_k=t_j$ 则表明在模式串中

$$"t_1 t_2 \cdots t_k"="t_{j-k+1} t_{j-k+2} \cdots t_j" \tag{4.7}$$

这就是说 $next[j+1]=k+1$,即

$$next[j+1]=next[j]+1 \tag{4.8}$$

第二种情况:若 $t_k \neq t_j$ 则表明在模式串中

$$"t_1 t_2 \cdots t_k" \neq "t_{j-k+1} t_{j-k+2} \cdots t_j" \tag{4.9}$$

此时可把求 next 函数值的问题看成是一个模式匹配问题,整个模式串既是主串又是模式,而当前在匹配的过程中,已有式(4.6)成立,则当 $t_k \neq t_j$ 时应将模式向右滑动,使得第 $next[k]$ 个字符和"主串"中的第 j 个字符相比较。若 $next[k]=k'$,且 $t_{k'}=t_j$,则说明在主串中第 $j+1$ 个字符之前存在一个最大长度为 k' 的子串,使得

$$"t_1 t_2 \cdots t_{k'}"="t_{j-k'+1} t_{j-k'+2} \cdots t_j" \tag{4.10}$$

因此:$next[j+1]=next[k]+1$ \tag{4.11}

同理若 $t_{k'} \neq t_j$,则将模式继续向右滑动至使第 $next[k']$ 个字符和 t_j 对齐,依此类推,直至 t_j 和模式中的某个字符匹配成功或者不存在任何 $k'(1<k'<k<\cdots<j)$ 满足式(4.10),此时若 $t_1 \neq t_j$,则有

$$next[j+1]=1 \tag{4.12}$$

综上所述,求 next 函数值过程的算法如下:

算法 4.2　next 值计算

```
void GetNext(SStringT, int &next[ ])
{/ * 求模式 t 的 next 值并寸入 next 数组中 * /
  i = 1;  next[1] = 0;j = 0;
  while(i< = T[0])
  {
    if(j == 0||T[i] == T[j])
    {
      ++i; ++j;
      next[i] = j;
    }
    else
    j = next[j];
  }
}
```

4. KMP 算法

在使用递推方法求得模式的 next 函数之后,匹配可如下进行:假设以指针 i 和 j 分别指示主串和模式中的比较字符,令 i 的初值为 pos,j 的初值为 1。若在匹配过程中 $s_i \neq t_i$,则 i 和 j 分别增 1,若 $s_i \neq t_j$ 匹配失败后,则 i 不变,j 退到 next[j]位置再比较,若相等,则指针各自增 1,否则 j 再退到下一个 next 值的位置,依此类推。直至下列两种情况:一种是 j 退到某个 next 值时字符比较相等,则 i 和 j 分别增 1 继续进行匹配;另一种是 j 退到值为零(即模式的第一个字符失配),则此时 i 和 j 也要分别增 1,表明从主串的下一个字符起和模式串第一个字符重新开始匹配。

设主串 s="acabaabaabcacaabc",子串 t="abaabcac",图 4.3 是一个利用 next 函数进行匹配的过程示意图。

在假设已有 next 函数情况下,KMP 算法如下:

算法 4.3   KMP 算法

```
int StrIndex_KMP( SString s, SString t,int pos)
/* 从串 s 的第 pos 个字符开始找首次与串 t 相等的子串 */
{   int i = pos,j = 1,slen,tlen;
    while (i< = s[0] && j< = t[0])              /* 都没遇到结束符 */
      if (j == 0||s[i] == t[j]) { i++ ; j++ ; }
      else   j = next[j];                       /* 回溯 */
    if (j>t[0])  return  i - t[0];              /* 匹配成功,返回存储位置 */
    else   return 0;
}
```

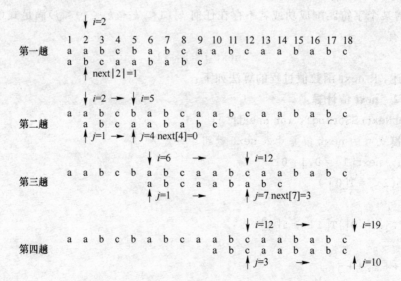

图 4.3 利用模式 next 函数进行匹配的过程示例

算法 4.2 的时间复杂度是 $O(m)$;所以算法 4.3 的时间复杂度是 $O(nm)$,但在一般情况下,实际的执行时间是 $O(n+m)$。当然 KMP 算法和简单的模式匹配算法相比,增加了很大难度,这里主要学习该算法的设计技巧。

5. 模式匹配算法 KMP 的改进

前面定义的 next 函数在某些情况下尚有缺陷。例如模式"a a a a b"在和主串"a b a a a a b"匹配时,当 $i=4,j=4$ 时 s.ch[4] $\neq$ t.ch[4],由 next[j]的指示还需要进行 $i=4,j=3,i=4、j=2,i=4,j=1$ 等三次比较。实际上,因为模式中第 1、2、3 个字符和第 4 个字符都相等,因此不需要再和主串中第 4 个字符相比较,而可以将模式串一口气向右滑动 4 个字符的位置直接进行 $i=5,j=1$ 时的字符比较。这就是说,若按上述定义得出 next[j]$=k$,而模式中 $p_j=p_k$,则当主串中字符 s_i 和模式串 p_i 比较不等时,不需要再和 p_k 进行比较,而直接和 $p_{next[k]}$ 进行比较,换句话说,此时的 next[j]应和 next[k]相同。由此可得计算 next 函数修正值的算法如算法 4.7 所示。此时匹配算法不变。

表 4.1 next 和 nextval 值对比

j	1	2	3	4	5
模式串	a	a	a	a	b
next[j]	0	1	2	3	4
nextval[j]	0	0	0	0	4

算法 4.4   KMP 改进算法之 netxtval 求值

```
void get_nextval(SString T, int &nextval[ ]) {
    //求模式串 T 的 next 函数修正值并存入数组 nextval。
    i = 1; nextval[ 1 ] = 0; j = 0;
    while ( i<T[ 0 ] ) {
        if ( j == 0 || T[i] == T[j] ) {
            i++; j++; next[i] = k;
            if  (T[i]!= T[j])  nextval[i] = j;
            else  nextval[i] = nextval[j];
        }
        else j = nextval[j];
    }
}//get_nextval
```

4.4 习   题

1. 求字符串"abacabaaac"在 KMP 算法中的 next 和 nextval 值。

2. 采用顺序结构存储串,编写一个函数,求串和串的一个最长的公共子串。

3. 采用顺序存储结构存储串,编写一个函数计算一个子串在一个字符串中出现的次数,如果该子串不出现则为 0。

第5章 数组和广义表

　　前面几章讨论了线性表、栈、队列和串都是线性数据结构，它们的组成元素都是数据元素，元素的值都是不可分解的，即使原子型的数据元素。而本章将要讨论的数组和广义表是一种复杂的线性结构，它的组成元素是可以分解的。数组与广义表可视为线性表的推广，其特点是数据元素仍然可以是一个表。

　　本章讨论多维数组的逻辑结构和存储结构、特殊矩阵和稀疏矩阵的压缩存储、广义表的逻辑结构和存储结构和相关运算等。

5.1 数组的定义与存储

　　数组是的一种用户自定义数据类型，能够有效减少程序中标识符的数量，几乎所有高级语言程序设计中都设定了数组类型。

5.1.1 数组的定义

　　数组是由 n ($n>1$) 个相同数据类型的元素 $a_0,a_1,\cdots,a_i,\cdots,a_{n-1}$ 构成的有限序列。n 是数组的长度。其中数组中的数据元素 a_i 是一个数据结构，它可以是整型、实型等简单数据类型，也可以是数组、结构体、指针等构造类型。根据数组元素 a_i 的组织形式不同，数组可以分为一维数组、二维数组以及多维(n维)数组。

1. 一维数组

　　一维数组可以看成是一个线性表或一个向量，它在计算机内是存放在一块连续的存储单元中，适合于随机查找。一维数组记为 $A[n]$ 或 $A=(a_0,a_1,\cdots,a_i,\cdots,a_{n-1})$。

　　一维数组中，当数组首元素 a_0 的存储地址、每个数据元素所占存储单元数 k 确定，则任意第 i 个元素 a_i 的存储地址 $\mathrm{LOC}(a_i)$ 就可求出：

$$\mathrm{LOC}(a_i)=\mathrm{LOC}(a_0)+i\times k \qquad (0\leqslant i<n)$$

式中，i 为第 i 个元素与第一个元素的元素间隔数量。

2. 二维数组

　　二维数组，又称矩阵(matrix)。二维数组中的每一个元素又是一个定长的线性表(一维数组），都要受到两个关系即行关系和列关系的约束，也就是每个元素都同属于两个线性表。例如，设 A 是一个有 m 行 n 列的二维数组，则 A 可以表示为

$$A_{m \times n} = \begin{pmatrix} a_{00} & a_{01} & \vdots & a_{0,n-1} \\ a_{10} & a_{11} & \vdots & a_{1,n-1} \\ \cdots & \cdots & & \cdots \\ a_{m-1,0} & a_{m-1,1} & \vdots & a_{m-1,n-1} \end{pmatrix}$$

图 5.1 二维数组

图 5.1 所示二维数组可以看成由 m 个行向量组成的向量，也可以看由 n 个列向量组成的向量。即：数组中的每个元素由元素值 a_{ij} 及一组下标 (i,j) 来确定。a_{ij} 既属于第 i 行的行向量，又属于第 j 列的列向量。

显然，二维数组同样满足数组的定义。一个二维数组可以看作是每个数据元素都是相同数据类型的一维数组。以此类推，任何多维数组都可以看作一个线性表，这时线性表中的每个数据元素也是一个线性表。多维数组是特殊的线性表，是线性表的推广。

5.1.2 数组的顺序存储结构

数组一般不作删除或插入运算，特别是多维数组，所以一旦数组被定义后，数组中的元素个数和元素之间的关系就不再变动。通常采用顺序存储结构表示数组。

对于一维数组，数组的存储结构关系为

$$\text{LOC}(a_i) = \text{LOC}(a_0) + i \times k \qquad (0 \leqslant i < n)$$

对于二维数组，由于计算机的存储单元是一维线性结构，如何用线性的存储结构存放二维数组元素就有行、列次序问题。常用两种存储方法：以行序为优先的存储方式和以列序为优先的存储方式。也称行优先顺序和列优先顺序。

图 5.2 列举了两种存储方式。

$$A = \begin{pmatrix} a_{00} & a_{01} & a_{02} \\ a_{10} & a_{11} & a_{12} \end{pmatrix}$$

| a_{00} | a_{01} | a_{02} | a_{10} | a_{11} | a_{12} | （c）以列序为主序的存储方式 |

（a）二维数组

| a_{00} | a_{10} | a_{01} | a_{11} | a_{02} | a_{12} | （b）以行序为主序的存储方式 |

图 5.2 二维组的两种存储方式

1. 行优先顺序

将数组元素按行排列，第 $i+1$ 个行向量紧接在第 i 个行向量后面。以二维数组为例，按行优先顺序存储的线性序列为

$$a_{00}, a_{01}, \cdots, a_{0(n-1)}, a_{10}, a_{11}, \cdots a_{1(n-1)}, \cdots, a_{(m-1)0}, a_{(m-1)1}, \cdots, a_{(m-1)(n-1)}$$

在 C 语言中，数组就是按优先顺序存储的。

设有 $m \times n$ 二维数组 A_{mn}，下面来看按元素的下标求其地址的计算。

设数组的基址为 $\text{LOC}(a_{11})$，每个数组元素占据 4 个地址单元，那么 a_{ij} 的物理地址可用一线性寻址函数计算（假定该二位数组的首元素为 a_{11}）。

$$\text{LOC}(a_{ij}) = \text{LOC}(a_{11}) + ((i-1) \times n + j - 1) \times 4$$

这是因为数组元素 a_{ij} 的前面有 $i-1$ 行，每一行的元素个数为 n，在第 i 行中它的前面还有 $j-1$ 个数组元素。

在 C 语言中,由于数组中每一维的下界定义为 0,则:

设二维数组 A_{mn} 按行优先存储,各维的下界为 0,上界分别为 $m-1,n-1$,每个元素占内存的字节数为 d,如果用 $\text{LOC}(a_{00})$ 表示 a_{00} 的地址,则 a_{ij} 的地址为

$$\text{LOC}(a_{ij}) = \text{LOC}(a_{00}) + (i \times n + j) \times d \quad 0 \leqslant i < m, 0 \leqslant j < n$$

推广到一般的二维数组:$A[c_1..d_1][c_2..d_2]$,每个元素空间大小为 1,则 a_{ij} 的物理地址计算函数为

$$\text{LOC}(a_{ij}) = \text{LOC}(a_{c_1 c_2}) + ((i - c_1) * (d_2 - c_2 + 1) + (j - c_2)) * 1$$

同理对于三维数组 A_{mnp},即 $m \times n \times p$ 数组,对于数组元素 a_{ijk} 其物理地址为

$$\text{LOC}(a_{ijk}) = \text{LOC}(a_{000}) + (i \times n \times p + j \times p + k) \times d \quad 0 \leqslant i < m, 0 \leqslant j < n, 0 \leqslant k < p$$

推广到一般的三维数组:$A[c_1..d_1][c_2..d_2][c_3..d_3]$,每个元素空间大小为 1,则 a_{ijk} 的物理地址为

$$\text{LOC}(i,j) = \text{LOC}(a_{c_1 c_2 c_3}) + ((i - c_1) * (d_2 - c_2 + 1) * (d_3 - c_3 + 1) + (j - c_2) * (d_3 - c_3 + 1) + (k - c_3)) * 1$$

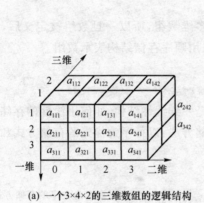

(a) 一个3×4×2的三维数组的逻辑结构

(b) 以行为主序的三维数组内存映象

图 5.3 三维数组示意图

三维数组的逻辑结构和以行为主序的分配示意图如图 5.3 所示。

2. 列优先顺序

将数组元素按列向量排列,第 $j+1$ 个列向量紧接在第 j 个列向量之后,A 的 $m \times n$ 个元素按列优先顺序存储的线性序列为

$$a_{00}, a_{10}, \cdots, a_{(m-1)0}, a_{01}, a_{11}, \cdots a_{(m-1)1}, \cdots, a_{0(n-1)}, a_{1(n-1)}, \cdots, a_{(m-1)(n-1)}$$

在 FORTRAN 语言中,数组就是按列优先顺序存储的。

该二维数组中任一数据元素 a_{ij} 的存储地址可由下式确定:

$$\text{LOC}(a_{ij}) = \text{LOC}(a_{00}) + (j \times m + i) \times k$$

以上规则可以推广到多维数组的情况:优先顺序可规定为先排最右的下标,从右到左,最

后排最左下标;列优先顺序与此相反,先排最左下标,从左向右,最后排最右下标。

按上述两种方式顺序存储的序组,只要知道开始结点的存放地址(即基地址)、维数和每维的上、下界,以及每个数组元素所占用的单元数,就可以将数组元素的存放地址表示为其下标的线性函数。因此,数组中的任一元素可以在相同的时间内存取,即顺序存储的数组是一个随机存取结构。

【例 5.1】 对于给定的二维数组 int $a[3][4]$,计算:

(1) 数组 a 中的数组元素数目;

(2) 若数组 a 的起始地址为 1000,且每个数组元素长度为 32 位(即 4 个字节),数组元素 $a[2][3]$ 的内存地址。

解:(1) 由于 C 语言中数组的行、列下标值的下界均为 0,该数组行上界为 $3-1=2$,列上界为 $4-1=3$,该数组的元素数目共有 $3\times4=12$ 个。

(2) 由于 C 语言采用行序为主序的存储方式,有

$$\begin{aligned}
\mathrm{LOC}(a_{23}) &= \mathrm{LOC}(a_{00}) + (i\times n+j)\times k \\
&= 1\,000 + (2\times4+3)\times4 \\
&= 1\,044
\end{aligned}$$

5.2　特殊矩阵的压缩存储

矩阵是数值计算程序设计中经常用到的数学模型,它是由 m 行和 n 列的数值构成(当 $m=n$ 时称为方阵)。在高级程序设计语言中,通常用二维数组表示矩阵。然而在数值分析过程中经常遇到一些比较特殊的矩阵,它们的阶数很高,矩阵中元素数量很大,而且有很多元素的值相同或零值元素,如对称矩阵、三角矩阵、带状矩阵和稀疏矩阵等。为了节省存储空间并且加快处理速度,需要对这类矩阵进行压缩存储,压缩存储的原则是:不重复存储相同元素;不存储零值元素。

特殊矩阵是指非零元素或零元素的分布有一定规律的矩阵。主要形式有对称矩阵、三角矩阵、对角矩阵等。下面对这几种特殊矩阵的压缩存储进行讨论。

5.2.1　对称矩阵的压缩存储

对称矩阵是一个 n 阶方阵。若一个 n 阶矩阵 A 中的元素满足:

$$a_{ij}=a_{ji} \qquad (0\leqslant i,j\leqslant n-1)$$

则称 A 为 n 阶对称矩阵,如图 5.4 所示。

$$\begin{pmatrix} 1 & 5 & 1 & 3 & 7 \\ 5 & 0 & 8 & 0 & 0 \\ 1 & 8 & 9 & 2 & 6 \\ 3 & 0 & 2 & 5 & 1 \\ 7 & 0 & 6 & 1 & 3 \end{pmatrix}$$

$$\begin{pmatrix} a_{00} & & & & \\ a_{10} & a_{11} & & & \\ a_{20} & a_{21} & a_{22} & & \\ \vdots & \vdots & \vdots & & \\ a_{n-1,0} & a_{n-1,1} & a_{n-1,2} & \cdots & a_{n-1,n-1} \end{pmatrix}$$

　　　(a) 对称矩阵　　　　　　　　(b) 对称矩阵存储的元素

图 5.4　对称矩阵及其存储

在图 5.4(b)这个下三角矩阵中,第 i 行恰有 $i+1$ 个元素,元素总数为

$$\sum_{i=0}^{n-1}(i+1)=n(n+1)/2$$

由于对称矩阵中的元素关于主对角线对称,因此可以为每一对对称的矩阵元素分配 1 个存储空间,n 阶矩阵中的 $n\times n$ 个元素就可以被压缩到 $n(n+1)/2$ 个元素的存储空间中去。

假设以一维数组 sa$[n(n+1)/2]$ 做为 n 阶对称矩阵 A 的压缩存储结构。其存储对应关系,如图 5.5 所示。

数组下标 k	0	1	2	3	4	⋯	$n(n-1)/2$	⋯	$n(n+1)/2-1$
sa$[k]$	a_{00}	a_{10}	a_{11}	a_{20}	a_{21}	⋯	$a_{n-1,0}$	⋯	$a_{n-1,n-1}$
隐含的元素		a_{01}		a_{02}	a_{12}		$a_{0,n-1}$		

图 5.5 对称矩阵的压缩存储结构

为了便于访问对称矩阵 A 中的元素,必须在数组元素 sa$[k]$ 和矩阵元素 a_{ij} 之间找到一个对应关系。对于下三角中的元素 a_{ij},其特点是:$i \geqslant j$ 且 $0 \leqslant i \leqslant n-1$,存储到 sa 数组中后,由图 5.4(b),即根据存储原则可知,a_{ij} 前面有 i 行,共有 $1+2+3+\cdots+i=i(i+1)/2$ 个元素,而 a_{ij} 又是它所在的行中的第 j 个,所以在上面的排列顺序中,a_{ij} 是第 $i(i+1)/2+j$ 个元素。若 $i < j$,则 a_{ij} 是上三角中的元素,因为 $a_{ij}=a_{ji}$,这样,访问上三角中的元素 a_{ij} 时去访问和它对应的下三角中的 a_{ji} 即可,因此只将式 $i(i+1)/2+j$ 中的行列下标交换就可以了。即数组元素 sa$[k]$ 和矩阵元素 a_{ij} 之间的对应关系为

$$k=\begin{cases} i(i+1)/2+j & i \geqslant j \\ j(j+1)/2+i & i < j \end{cases}$$

对于任意给定的一组下标 (i,j),均可在 sa$[k]$ 中找到矩阵元素 a_{ij},反之,对所有的 $k=0$,$1,\cdots,n(n+1)/2-1$,都能确定 sa$[k]$ 中的元素在矩阵中的位置 (i,j)。这种存储方式可节约 $n(n-1)/2$ 个存储单元。

5.2.2 三角矩阵的压缩存储

三角矩阵根据相同一半元素在左上角或者在右下角,分为下三角矩阵和上三角矩阵,两种三角矩阵形状,如图 5.6 所示。

$$\begin{pmatrix} a_{00} & c & c & \cdots & c \\ a_{10} & a_{11} & c & \cdots & c \\ a_{20} & a_{21} & a_{22} & \cdots & c \\ \vdots & \vdots & \vdots & & \vdots \\ a_{n-1,0} & a_{n-1,1} & a_{n-1,2} & \cdots & a_{n-1,n-1} \end{pmatrix} \qquad \begin{pmatrix} a_{00} & a_{01} & a_{02} & \cdots & a_{0,n-1} \\ c & a_{11} & a_{12} & \cdots & a_{1,n-1} \\ c & c & a_{22} & \cdots & a_{2,n-1} \\ \vdots & \vdots & \vdots & & \vdots \\ c & c & c & c & a_{n-1,n-1} \end{pmatrix}$$

(a) 下三角矩阵 (b) 上三角矩阵

图 5.6 三角矩阵示例

三角矩阵也是一个 n 阶方阵,有上三角和下三角矩阵。下(上)三角矩阵是主对角线以上(下)元素均为常数或零的 n 阶矩阵,如图 5.6 所示。下面仍然以一维数组 $b[n(n+1)/2+1]$ 作为 n 阶三角矩阵 B 的存储结构,仍采用按行存储方案,讨论它们的压缩存储方法。

(1) 下三角矩阵

下三角矩阵与对称矩阵的压缩存储类似,不同之处在于存储完下三角中的元素以后,紧接着存储对角线上方的常量,因为是同一个常数,只需存储一个即可。数组下标与元素之间的对

应关系及存储结构如图 5.7 所示,设存入数组 sb$[n(n+1)/2+1]$ 中,这种存储方式可节约 $n(n-1)/2-1$ 个存储单元。

$$k=\begin{cases} i(i+1)/2+j & i\geqslant j \\ n(n+1)/2 & i<j \end{cases}$$

数组下标 k	0	1	2	3	4	$\cdots$	$n(n-1)/2$	$\cdots$	$n(n+1)/2-1$	$n(n+1)/2$
sb$[k]$	a_{00}	a_{10}	a_{11}	a_{20}	a_{21}	$\cdots$	$a_{n-1,0}$	$\cdots$	$a_{n-1,n-1}$	c

图 5.7 下三角矩阵的压缩存储

(2) 上三角矩阵

对于上三角矩阵,第一行存储 n 个元素,第二行存储 $n-1$ 个元素,依次类推,a_{ij} 的前面有 i 行,共存储 $n+(n-1)+\cdots+(n-(i-1))=i(2n-i+1)/2$ 个元素,而 a_{ij} 又是它所在的行中要存储的第 $j-i+1$ 个元素,因此它是上三角存储顺序中的第 $i(2n-i+1)/2+(j-i+1)$ 个元素,在数组 sb 中的下标为:$k=i(2n-i+1)/2+j-i$,如图 5.8 所示。

$$k=\begin{cases} i(2n-i+1)/2+j-i & i\leqslant j \\ n(n+1)/2 & i<j \end{cases}$$

数组下标 k	0	1	$\cdots$	n	$n+1$	$n+2$	$\cdots$	$\cdots$	$n(n+1)/2-1$	$n(n+1)/2$
sb$[k]$	a_{00}	a_{01}	$\cdots$	$a_{0,n-1}$	a_{11}	a_{12}	$\cdots$	$\cdots$	$a_{n-1,n-1}$	c

图 5.8 上三角矩阵的压缩存储

5.2.3 对角矩阵的压缩存储

对角矩阵(或称带状矩阵)是指所有的非零元素都集中在以主对角线为中心的带状区域中,即除了主对角线上和紧靠着主对角线上下方若干条对角线上的元素外,所有其他元素皆为零的矩阵。常见的有三对角矩阵、五对角矩阵、七对角矩阵等。下面主要讨论三对角矩阵。图 5.9 是一个三对角矩阵。

$$\begin{bmatrix} a_{00} & a_{01} & 0 & 0 & 0 & 0 & 0 \\ a_{10} & a_{11} & a_{12} & 0 & 0 & 0 & 0 \\ 0 & a_{21} & a_{22} & a_{23} & 0 & 0 & 0 \\ 0 & 0 & a_{32} & a_{33} & a_{34} & 0 & 0 \\ 0 & 0 & 0 & a_{43} & a_{44} & a_{45} & 0 \\ 0 & 0 & 0 & 0 & a_{54} & a_{55} & a_{56} \\ 0 & 0 & 0 & 0 & 0 & a_{65} & a_{66} \end{bmatrix}$$

图 5.9 7 阶三对角矩阵

对于 n 阶有 k(k 必为奇数,因为副对角线关于主对角线对称)条非零元素带的对角矩阵,只需存放对角区域内的所有非零元素即可。

在 n 阶对角矩阵 A 中,主对角线元素数最多 n 个,然后向两边依次减少,每隔一条元素带元素数就减少 1 个,最外端的对角线有 $n-(k-1)/2$ 个元素,所以非零元素总数 S 为

$$S=n+2\times\sum_{i=n-(k-1)/2}^{n-1} i = n+2\times(n-(k+1)/4)(k-1)/2 = kn-(k^2-1)/4$$

对角矩阵可按行优先顺序或对角线的顺序,将其压缩存储到一个向量中,并且也能找到每个非零元素和向量下标的对应关系。

以三对角矩阵为例,按行优序为主序来存储。除第 0 行和第 $n-1$ 行是 2 个元素外,每行的非零元素都是 3 个,因此,需存储的元素个数为 $2+2+3(n-2)=3n-2$。

数组 sc 中的元素 $c[k]$ 与三对角带状矩阵中的元素 a_{ij} 存在一一对应关系,在 a_{ij} 之前有 i 行,共有 $2+3\times(i-1)=3\times i-1$ 个非零元素,在第 i 行,有 $j-i+1$ 个非零元素,这样,非零元素 a_{ij} 的在数组 c 中的下标为:$k=3\times i-1+j-i+1=2\times i+j$,如图 5.10 所示。

数组下标 k	0	1	2	3	4	5	...	$2i+j$	...	$kn-(k^2-1)/4$
$sc[k]$	a_{00}	a_{01}	a_{10}	a_{11}	a_{12}	a_{21}	...	a_{ij}	...	$a_{n-1,n-1}$

图 5.10 三对角矩阵的存储结构

上述的各种特殊矩阵,其非零元素的分布都是有规律的,因此总能找到一种方法将它们压缩存储到一个向量中,并且一般都能找到矩阵中的元素与该向量的对应关系,通过这个关系,仍能对矩阵的元素进行随机存取。

5.3 稀疏矩阵

如果一个矩阵中有很多元素的值为零,即零元素的个数远远大于非零元素的个数时,称该矩阵为稀疏矩阵。稀疏矩阵一般都采用压缩存储的方法来存储矩阵中的元素。这类矩阵一般零元素的分布没有规律,为了能找到相应的元素,仅存储非零元素的值是不够的,还要记下它所在的行和列。有两种常用的存储稀疏矩阵的方法:三元组表法和十字链表法。

5.3.1 三元组表示法

三元组表示法就是在存储非零元素的同时,也存储该元素所对应的行下标和列下标。稀疏矩阵中的每一个非零元素由一个三元组 (i,j,a_{ij}) 唯一确定。矩阵中所有非零元素存放在由三元组组成的数组中。

假设有一个 6×7 阶稀疏矩阵 A,其元素情况以及非零元对应的三元组表(以行序为主序),如图 5.11 所示。

$$A=\begin{bmatrix} 0 & 0 & 0 & 2 & 0 & 0 & 0 \\ 0 & 5 & 0 & 0 & 0 & 0 & 0 \\ 3 & 0 & 0 & 0 & 0 & 0 & 0 \\ 0 & 0 & 0 & 0 & 6 & 0 & 0 \\ 0 & 0 & 0 & 7 & 0 & 0 & 0 \\ 0 & 0 & 0 & 0 & 0 & 0 & 9 \end{bmatrix}$$

数组下标	行	列	值
0	0	3	2
1	1	1	5
2	2	0	3
3	3	4	6
4	4	3	7
5	5	6	9

图 5.11 稀疏矩阵及三元组表

假设以行序为主序,且以一维数组作为三元组表的存储结构,三元组顺序表的数据结构定义如下:

```
define MAXSIZE  1 024              /* 一个足够大的数 */
typedef   struct
{  int i;                          /* 非零元素的行号 */
   intj;                           /* 非零元素的行号 */
   ElemType   value;              /* 非零元素值 */
}Triples;                          /* 三元组类型 */
typedef   struct
{  int mu,nu,tu;                   /* 矩阵的行、列及非零元素的个数 */
   Triples   data[MAXSIZE + 1];    /* 三元组表 */
} TSMatrix;                        /* 三元组表的存储类型 */
```

这样的存储方法确实节约了存储空间,但矩阵的运算从算法上可能变的复杂些。下面来讨论这种存储方式下的稀疏矩阵的两种运算:转置和相乘。

1. 稀疏矩阵的传统转置

设 TSMatrix A;表示一 mn 的稀疏矩阵,其转置 B 则是一个 nm 的稀疏矩阵,因此也有 TSMatrix B;由 A 求 B 需要:

A 的行、列转化成 B 的列、行。

将 A. data 中每一三元组的行列交换后转化到 B. data 中。

看上去以上两点完成之后,似乎完成了 B,没有。因为我们前面规定三元组的是按一行一行且每行中的元素是按列号从小到大的规律顺序存放的,因此 B 也必须按此规律实现,A 的转置 B 如图 5.13 所示,图 5.14 是它对应的三元组存储,就是说,在 A 的三元组存储基础上得到 B 的三元组表存储(为了运算方便,矩阵的行列都从 1 算起,三元组表 data 也从 1 单元用起)。

算法思路如下。

(1) A 的行、列转化成 B 的列、行;

(2) 在 A. data 中依次找第一列的、第二列的、直到最后一列,并将找到的每个三元组的行、列交换后顺序存储到 B. data 中即可。

$$B=\begin{bmatrix} 15 & 0 & 0 & 0 & 91 & 0 \\ 0 & 11 & 0 & 0 & 0 & 0 \\ 0 & 3 & 0 & 0 & 0 & 0 \\ 22 & 0 & 6 & 0 & 0 & 0 \\ 0 & 0 & 0 & 0 & 0 & 0 \\ -15 & 0 & 0 & 0 & 0 & 0 \end{bmatrix}$$

	i	j	v
1	1	1	15
2	1	5	91
3	2	2	11
4	3	2	3
5	4	1	22
6	4	3	6
7	6	1	-15

图 5.12 A 的转置 B 图 5.13 B 的三元组表

算法如下:

算法 5.1 稀疏矩阵转置

```
void TransM1 (TSMatrix &A)
{  TSMatrix &B;
   int p,q,col;
```

```
B = malloc(sizeof(TSMatrix));                    /* 申请存储空间 */
B.mu = A.nu;   B.nu = A.mu;   B.tu = A.tu;
   /* 稀疏矩阵的行、列、元素个数 */
if (B.tu>0)                                      /* 有非零元素则转换 */
{   q = 0;
   for (col = 1; col< = A.nu; col ++ )          /* 按 A 的列序转换 */
     for (p = 1; p< = A.tu; p ++ )              /* 扫描整个三元组表 */
       if  (A.data[p].j == col )
         {   B.data[q].i = A.data[p].j ;
             B.data[q].j = A.data[p].i ;
             B.data[q].value = A.data[p].value;
             q ++ ;         }/* if */
} / * if(B.tu>0) * /
return B;                                        /* 返回的是转置矩阵的指针 */
}   / * TransM1 * /
```

分析该算法,其时间主要耗费在 col 和 p 的二重循环上,所以时间复杂性为 $O(nt)$,(设 m、n 是原矩阵的行、列,t 是稀疏矩阵的非零元素个数),显然当非零元素的个数 t 和 mn 同数量级 时,算法的时间复杂度为 $O(mn^2)$,和通常存储方式下矩阵转置算法相比,可能节约了一定量 的存储空间,但算法的时间性能更差一些。

2. 稀疏矩阵的快速转置

算法 5.1 的效率低的原因是算法要从矩阵 A 的三元组表中寻找第一列、第二列、…,要反 复搜索矩阵 A 中的表,若能直接确定矩阵 A 中每一三元组在矩阵 B 中的位置,则对矩阵 A 的 三元组表扫描一次即可。这是可以做到的,因为矩阵 A 中第一列的第一个非零元素一定存储 在 B.data[1],如果还知道第一列的非零元素的个数,那么第二列的第一个非零元素在 B.data 中的位置便等于第一列的第一个非零元素在 B.data 中的位置加上第一列的非零元素的个数, 以此类推,因为矩阵 A 中三元组的存放顺序是先行后列,对同一行来说,必定先遇到列号小的 元素,这样只需扫描一遍 A.data 即可。

根据这个想法,需引入两个向量来实现:num[n+1] 和 cpot[n+1],num[col] 表示矩阵 A 中第 col 列的非零元素的个数(为了方便均从 1 单元用起),cpot[col] 初始值表示矩阵 A 中的 第 col 列的第一个非零元素在 B.data 中的位置。于是 cpot 的初始值为

cpot[1] = 1;
cpot[col] = cpot[col − 1] + num[col − 1];   / * 2≤col≤n * /
例如对于矩阵 A 的 num 和 cpot 的值,如图 5.14 所示。

cot	1	2	3	4	5	6
num[col]	2	1	1	2	0	1
cpot[col]	1	3	4	5	7	7

图 5.14 矩阵 A 的 num 与 cpot 值

依次扫描 A.data,当扫描到一个 col 列元素时,直接将其存放在 B.data 的 cpot[col] 位置 上,cpot[col] 加 1,cpot[col] 中始终是下一个 col 列元素在 B.data 中的位置。

下面按以上思路改进转置算法如下：

算法 5.2 稀疏矩阵转置的改进算法

```
TSMatrix * TransM2 (TSMatrix * A)
{TSMatrix * B;
  int  i,j,k;
  int num[n+1],cpot[n+1];
  B = malloc(sizeof(TSMatrix));              /* 申请存储空间 */
  B.mu = A.nu;  B.nu = A.mu;  B.tu = A.tu;
      /* 稀疏矩阵的行、列、元素个数 */
  if (B.tu>0)                                /* 有非零元素则转换 */
  {  for (i=1;i<=A.nu;i++)  num[i]=0;
     for (i=1;i<=A.tu;i++)                   /* 求矩阵 A 中每一列非零元素的个数 */
      { j= A.data[i].j;
        num[j]++ ;
     }
    cpot[1]=1;  /* 求矩阵 A 中每一列第一个非零元素在 B.data 中的位置 */
    for (i=2;i<=A.nu;i++)
      cpot[i]= cpot[i-1]+num[i-1];
    for (i=1; i<=A.tu; i++)                  /* 扫描三元组表 */
     { j=A.data[i].j;                        /* 当前三元组的列号 */
       k=cpot[j];                            /* 当前三元组在 B.data 中的位置 */
       B.data[k].i = A.data[i].j ;
       B.data[k].j = A.data[i].i ;
       B.data[k].value = A.data[i].value;
        cpot[j]++ ;
     } /* for i */
  }  /* if (B.tu>0) */
  return B;                                  /* 返回的是转置矩阵的指针 */
}  /* TransM2 */
```

三元组表的转置

分析这个算法的时间复杂度：这个算法中有四个循环，分别执行 $nu, tu, n-1, tu$ 次，在每个循环中，每次迭代的时间是一常量，因此总的计算量是 $O(nu+tu)$。其中，nu 为非零元素个数，nu 为列数。当然它所需要的存储空间比前一个算法多了两个向量。

3. 稀疏矩阵的乘积

已知稀疏矩阵 $A(m_1 \times n_1)$ 和 $B(m_2 \times n_2)$，求乘积 $C(m_1 \times n_2)$。

稀疏矩阵 A、B、C 及它们对应的三元组表 A.data、B.data、C.data，如图 5.15 所示。

$$A = \begin{pmatrix} 3 & 0 & 0 & 7 \\ 0 & 0 & 0 & -1 \\ 0 & 2 & 0 & 0 \end{pmatrix} \qquad B = \begin{pmatrix} 4 & 1 \\ 0 & 0 \\ 1 & -1 \\ 0 & 2 \end{pmatrix} \qquad C = \begin{pmatrix} 12 & 15 \\ 0 & -2 \\ 0 & 0 \end{pmatrix}$$

	i	j	v
1	1	1	3
2	1	4	7
3	2	4	−1
4	3	2	2

A. data

	i	j	v
1	1	1	4
2	1	2	1
3	3	1	1
4	3	2	−1
5	4	2	2

B. data

	i	j	v
1	1	1	12
2	1	2	15
3	2	2	−2

C. data

图 5.15　稀疏矩阵 A、B、C 及对应的三元组表

由矩阵乘法规则知：$C(i,j)=A(i,1)\times B(1,j)+A(i,2)\times B(2,j)+\cdots+A(i,n)\times B(n,j)=$ $\sum_{k=1}^{n} A(i,k)*B(k,j)$ 这就是说只有 $A(i,k)$ 与 $B(k,p)$（即 A 元素的列与 B 元素的行相等的两项）才有相乘的机会，且当两项都不为零时，乘积中的这一项才不为零。

矩阵用二维数组表示时，传统的矩阵乘法是：A 的第一行与 B 的第一列对应相乘累加后得到 c_{11}，A 的第一行再与 B 的第二列对应相乘累加后得到 c_{12}，…，因为现在按三元组表存储，三元组表是按行为主序存储的，在 B. data 中，同一行的非零元素其三元组是相邻存放的，同一列的非零元素其三元组并未相邻存放，因此在 B. data 中反复搜索某一列的元素是很费时的，因此改变一下求值的顺序，以求 c_{11} 和 c_{12} 为例，因为：

c_{11}	$c_{12}=$	解释
$a_{11}*b_{11}+$	$a_{11}*b_{12}+$	a_{11} 只与 B 中 1 行元素相乘
$a_{12}*b_{21}+$	$a_{12}*b_{22}+$	a_{12} 只与 B 中 2 行元素相乘
$a_{13}*b_{31}+$	$a_{13}*b_{32}+$	a_{13} 只与 B 中 3 行元素相乘
$a_{14}*b_{41}+$	$a_{14}*b_{42}+$	a_{14} 只与 B 中 4 行元素相乘

即 a_{11} 只有可能和 B 中第 1 行的非零元素相乘，a_{12} 只有可能和 B 中第 2 行的非零元素相乘，…，而同一行的非零元是相邻存放的，所以求 c_{11} 和 c_{12} 同时进行：求 $a_{11}*b_{11}$ 累加到 c_{11}，求 $a_{11}*b_{12}$ 累加到 c_{12}，再求 $a_{12}*b_{21}$ 累加到 c_{11}，再求 $a_{12}*b_{22}$ 累加到 c_{22}，…，当然只有 a_{ik} 和 b_{kj}（列号与行号相等）且均不为零（三元组存在）时才相乘，并且累加到 c_{ij} 当中去。

为了运算方便，设一个累加器：ElemType temp[n+1]；用来存放当前行中 c_{ij} 的值，当前行中所有元素全部算出之后，再存放到 C. data 中去。

为了便于 B. data 中寻找矩阵 B 中的第 k 行第一个非零元素，与前面类似，在此需引入 num 和 rpot 两个向量。num[k]表示矩阵 B 中第 k 行的非零元素的个数；rpot[k]表示第 k 行的第一个非零元素在 B. data 中的位置。于是有

rpot[1] = 1

rpot[k] = rpot[k−1] + num[k−1]　　　　　　$2 \leqslant k \leqslant n$

例如，对于矩阵 B 的 num 和 rpot，如图 5.16 所示。

col	1	2	3	4
num[col]	2	0	2	0
cpot[col]	1	3	3	5

图 5.16　矩阵 B 的 num 与 rpot 值

根据以上分析,稀疏矩阵的乘法运算的粗略步骤如下。

(1) 初始化。清理一些单元,准备按行顺序存放乘积矩阵。

(2) 求 B 的 num,rpot。

(3) 做矩阵乘法。将 A.data 中三元组的列值与 B.data 中三元组的行值相等的非零元素相乘,并将具有相同下标的乘积元素相加。

算法如下:

算法 5.3 稀疏矩阵的乘积

```
TSMatrix * MulSMatrix (TSMatrix * A, TSMatrix * B)
    /* 稀疏矩阵 A(m₁ × n₁)和 B(m₂ × n₂)用三元组表存储,求 A×B */
{   TSMatrix * C;                         /* 乘积矩阵的指针 */
    int p,q,i,j,k,r;
    ElemType temp[n + 1];
    int num[B.nu + 1],rpot[B.nu + 1];
    if (A.nu! = B.mu) return NULL;        /* A 的列与 B 的行不相等 */
    C = malloc(sizeof(TSMatrix));         /* 申请矩阵 C 的存储空间 */
    C.mu = A.mu; C.nu = B.nu;
    if (A.tu * B.tu = = 0)  {C.tu = 0; return C; }
    for (i = 1;i< = B.mu;i++)  num[i] = 0; /* 求矩阵 B 中每一行非零元素的个数 */
      for (k = 1;k< = B.tu;k++)
        {  i = B.data[k].i;
          num[i] ++ ;
        }
    rpot[1] = 1;  /* 求矩阵 B 中每一行第一个非零元素在 B.data 中的位置 */
    for (i = 2;i< = B.mu;i++)
        rpot[i] = rpot[i - 1] + num[i - 1];
    r = 0;                                /* 当前矩阵 C 中非零元素的个数 */
    p = 1;                                /* 指示 A.data 中当前非零元素的位置 */
    for ( i = 1;i< = A.mu; i++)
      {for (j = 1;j< = B.nu;j++)  temp[j] = 0;  /* cᵢⱼ 的累加器初始化 */
        while (A.data[p].i = = i)          /* 求第 i 行的 */
          { k = A.data[p].j;               /* A 中当前非零元的列号 */
            if (k<B.mu)  t = rpot[k + 1];
            else  t = B.tu + 1; /* 确定 B 中第 k 行的非零元素在 B.data 中的下限
                              位置 */
            for (q = rpot[k]; q<t; q++ ;)/* B 中第 k 行的每一个非零元素 */
              {  j = B.data[q].j;
                temp[j] + = A.data[p].value * B.data[q].value
              }
            p++ ;
          } /* while */
```

```
    for (j = 1;j< = B.nu;j ++)
    if (temp[j] )
        { r++ ;;
        C.data[r] = {i,j,temp[j] } ;
        }
    }  / * for i * /
  C.tu = r;
  return C;
}/ * MulSMatrix * /
```

分析上述算法的时间性能如下:(1)求 num 的时间复杂度为 $O(B.nu + B.tu)$;(2)求 rpot 时间复杂度为 $O(B.mu)$;(3)求 temp 时间复杂度为 $O(A.mu * B.nu)$;(4)求 C 的所有非零元素的时间复杂度为 $O(A.tu * B.tu/B.mu)$;(5)压缩存储时间复杂度为 $O(A.mu * B.nu)$;所以总的时间复杂度为 $O(A.mu * B.nu + (A.tu * B.tu)/B.nu)$。

5.3.2 稀疏矩阵的十字链表存储

三元组表可以看作稀疏矩阵顺序存储,但是在做一些操作(如加法、乘法)时,非零项数目及非零元素的位置会发生变化,这时这种表示就十分不便。在这节中,将介绍稀疏矩阵的一种链式存储结构——十字链表,它同样具备链式存储的特点,因此,在某些情况下,采用十字链表表示稀疏矩阵是很方便的。图 5.17 是一个稀疏矩阵的十字链表。

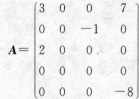

$$A = \begin{pmatrix} 3 & 0 & 0 & 7 \\ 0 & 0 & -1 & 0 \\ 2 & 0 & 0 & 0 \\ 0 & 0 & 0 & 0 \\ 0 & 0 & 0 & -8 \end{pmatrix}$$

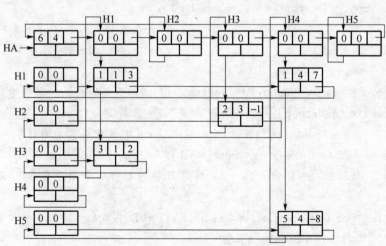

图 5.17　用十字链表表示的系数矩阵 **A**

用十字链表表示稀疏矩阵的基本思想是:对每个非零元素存储为一个结点,结点由 5 个域组成,其结构如图 5.18 表示,其中:row 域存储非零元素的行号,col 域存储非零元素的列号,v

域存储本元素的值,right,down 是两个指针域。

row	col	v
down		right

图 5.18　十字链表的结点结构

稀疏矩阵中每一行的非零元素结点按其列号从小到大顺序由 right 域链成一个带表头结点的循环行链表,同样每一列中的非零元素按其行号从小到大顺序由 down 域也链成一个带表头结点的循环列链表。即每个非零元素 a_{ij} 既是第 i 行循环链表中的一个结点,又是第 j 列循环链表中的一个结点。行链表、列链表的头结点的 row 域和 col 域置 0。每一列链表的表头结点的 down 域指向该列链表的第一个元素结点,每一行链表的表头结点的 right 域指向该行表的第一个元素结点。由于各行、列链表头结点的 row 域、col 域和 v 域均为零,行链表头结点只用 right 指针域,列链表头结点只用 right 指针域,故这两组表头结点可以合用,也就是说对于第 i 行的链表和第 i 列的链表可以共用同一个头结点。为了方便地找到每一行或每一列,将每行(列)的这些头结点们链接起来,因为头结点的值域空闲,所以用头结点的值域作为连接各头结点的链域,即第 i 行(列)的头结点的值域指向第 $i+1$ 行(列)的头结点,…,形成一个循环表。这个循环表又有一个头结点,这就是最后的总头结点,指针 HA 指向它。总头结点的 row 和 col 域存储原矩阵的行数和列数。

因为非零元素结点的值域是 ElemType 类型,在表头结点中需要一个指针类型,为了使整个结构的结点一致,规定表头结点和其他结点有同样的结构,因此该域用一个联合来表示;改进后的结点结构,如图 5.19 所示。

row	col	v/next
down		right

图 5.19　十字链表中非零元素和表头共用的结点结构

综上,结点的结构定义如下:

```
typedef struct node
{ int row, col;
  struct node * down , * right;
  union v_next
      { ElemType v;
        struct node * next;
      }
}  MNode, * MLink;
```

下面来看基于这种存储结构的稀疏矩阵的运算。这里将介绍两个算法,创建一个稀疏矩阵的十字链表和用十字链表表示的两个稀疏矩阵的相加。

1. 建立稀疏矩阵 A 的十字链表

首先输入的信息是:m(矩阵 **A** 的行数),n(矩阵 **A** 的列数),r(非零项的数目),紧跟着输入的是 r 个形如 (i,j,a_{ij}) 的三元组。

  算法的设计思想是：首先建立每行(每列)只有头结点的空链表，并建立起这些头结点拉成的循环链表；然后每输入一个三元组(i,j,a_{ij})，则将其结点按其列号的大小插入到第 i 个行链表中去，同时也按其行号的大小将该结点插入到第 j 个列链表中去。在算法中将利用一个辅助数组 MNode $*$hd[s+1]；其中 s＝max(m，n)，hd[i]指向第 i 行(第 i 列)链表的头结点。这样做可以在建立链表时随机的访问任何一行(列)，为建表带来方便。

  算法如下：

算法 5.4　建立稀疏矩阵的十字链表

```
MLink CreatMLink( )/* 返回十字链表的头指针 */
{
    MLink H;
    Mnode * p, * q, * hd[s + 1];
    int i,j,m,n,t;
    ElemType v;
    scanf("%d,%,%d",&m,&n,&t);
    H = malloc(sizeof(MNode));                    /* 申请总头结点 */
    H - >row = m; H - >col = n;
    hd[0] = H;
    for(i = 1; i<S; i ++ )
        { p = malloc(sizeof(MNode));              /* 申请第 i 个头结点 */
          p - >row = 0; p - >col = 0;
          p - >right = p; p - >down = p;
          hd[i] = p;
          hd[i-1] - >v_next.next = p;
        }
    hd[S] - >v_next.next = H;                      /* 将头结点们形成循环链表 */
    for (k = 1;k< = t;k ++ )
        { scanf ("%d,%d,%d",&i,&j,&v);             /* 输入一个三元组,设值为 int */
          p = malloc(sizeof(MNode));
          p - >row = i ; p - >col = j; p - >v_next.v = v
              /* 以下是将 *p 插入到第 i 行链表中去,且按列号有序 */
          q = hd[i];
          while ( q - >right!= hd[i]  &&  (q - >right - >col)<j ) /* 按列号找位置 */
          q = q - >right;
          p - >right = q - >right;                  /* 插入 */
          q - >right = p;
              /* 以下是将 *p 插入到第 j 行链表中去,且按行号有序 */
          q = hd[i];
          while ( q - >down!= hd[j]  &&  (q - >down - >row)<i )   /* 按行号找位置 */
          q = q - >down;
          p - > down  = q - > down;                  /* 插入 */
```

```
        q -> down = p;
    } /* for k */
    return H;
}    /* CreatMLink */
```

上述算法中,建立头结点循环链表时间复杂度为 $O(S)$,插入每个结点到相应的行表和列表的时间复杂度是 $O(t*S)$,这是因为每个结点插入时都要在链表中寻找插入位置,所以总的时间复杂度为 $O(t*S)$。该算法对三元组的输入顺序没有要求。如果输入三元组时是按以行为主序(或列)输入的,则每次将新结点插入到链表的尾部的,改进算法后,时间复杂度为 $O(S+t)$。

2. 两个十字链表表示的稀疏矩阵的加法

已知两个稀疏矩阵 **A** 和矩阵 **B**,分别采用十字链表存储,计算 **C**=**A**+**B**,矩阵 **C** 也采用十字链表方式存储,并且在矩阵 **A** 的基础上形成矩阵 **C**。

由矩阵的加法规则知,只有矩阵 **A** 和矩阵 **B** 行列对应相等,两者才能相加。矩阵 **C** 中的非零元素 c_{ij} 只可能有 3 种情况:或者是 $a_{ij}+b_{ij}$,或者是 $a_{ij}(b_{ij}=0)$,或者是 b_{ij} ($a_{ij}=0$),因此当矩阵 **B** 加到矩阵 **A** 上时,对矩阵 **A** 十字链表的当前结点来说,对应下列四种情况:或者改变结点的值($a_{ij}+b_{ij}\neq0$),或者不变($b_{ij}=0$),或者插入一个新结点($a_{ij}=0$),还可能是删除一个结点($a_{ij}+b_{ij}=0$)。整个运算从矩阵的第一行起逐行进行。对每一行都从行表的头结点出发,分别找到矩阵 **A** 和矩阵 **B** 在该行中的第一个非零元素结点后开始比较,然后按 4 种不同情况分别处理。设 pa 和 pb 分别指向矩阵 **A** 和矩阵 **B** 的十字链表中行号相同的两个结点,4 种情况如下。

(1) 若 pa->col=pb->col 且 pa->v+pb->v≠0,则只要用 $a_{ij}+b_{ij}$ 的值改写 pa 所指结点的值域即可。

(2) 若 pa->col=pb->col 且 pa->v+pb->v=0,则需要在矩阵 **A** 的十字链表中删除 pa 所指结点,此时需改变该行链表中前驱结点的 right 域,以及该列链表中前驱结点的 down 域。

(3) 若 pa->col < pb->col 且 pa->col≠0(即不是表头结点),则只需要将 pa 指针向右推进一步,并继续进行比较。

(4) 若 pa->col > pb->col 或 pa->col=0(即是表头结点),则需要在矩阵 A 的十字链表中插入一个 pb 所指结点。

由前面建立十字链表算法知,总表头结点的行列域存放的是矩阵的行和列,而各行(列)链表的头结点其行列域值为零,当然各非零元素结点的行列域其值不会为零,下面分析的 4 种情况利用了这些信息来判断是否为表头结点。

综上所述,算法如下:

算法 5.5　十字链表表示的稀疏矩阵相加

```
MLink AddMat (MLink Ha, MLink Hb)
{   Mnode * p, * q, * pa, * pb, * ca, * cb, * qa;
    if (Ha -> row!= Hb -> row || Ha -> col!= Hb -> col) return NULL;
    ca = Ha -> v_next.next;          /* ca 初始指向矩阵 A 中第一行表头结点 */
    cb = Hb -> v_next.next;          /* cb 初始指向矩阵 B 中第一行表头结点 */
    do { pa = ca -> right;           /* pa 指向矩阵 A 当前行中第一个结点 */
        qa = ca;                     /* qa 是 pa 的前驱 */
        pb = cb -> right;            /* pb 指向矩阵 B 当前行中第一个结点 */
```

```
        while (pb->col!=0)            /*当前行没有处理完*/
    {
      if  (pa->col < pb->col && pa->col !=0 ) /*第三种情况*/
      { qa = pa;
        pa = pa->right;
      }
      else
        if (pa->col > pb->col || pa->col ==0 ) /*第四种情况*/
          {p = malloc(sizeof(MNode));
          p->row = pb->row; p->col = pb->col; p->v = pb->v;
          p->right = pa;qa->right = p;   /* 新结点插入 * pa 的前面*/
          pa = p;
              /*新结点还要插到列链表的合适位置,先找位置,再插入*/
          q = Find_JH(Ha,p->col);          /*从列链表的头结点找起*/
          while(q->down->row!=0 && q->down->row<p->row)
              q = q->down;
          p->down = q->down;               /*插在 * q 的后面*/
          q->down = p;
          pb = pb->right;
          } /* if */
      else/*第一、二种情况*/
        {x= pa->v_next.v + pb->v_next.v;
        if (x==0)                       /*第二种情况*/
        { qa->right = pa->right;      /*从行链中删除*/
            /* 还要从列链中删除,找 * pa 的列前驱结点*/
        q= Find_JH (Ha,pa->col);        /*从列链表的头结点找起*/
        while ( q->down->row < pa->row  )
            q = q->down;
        q->down = pa->down;
        free (pa);
        pa = qa;
        } /* if (x==0) */
        else/* 第一种情况*/
          { pa->v_next.v = x;
           qa = pa;
           }
        pa = pa->right;
        pb = pb->right;
      }
    } /* while */
```

```
        ca = ca - >v_next.next;            /*ca 指向 A 中下一行的表头结点 */
        cb = cb - >v_next.next;            /*cb 指向 B 中下一行的表头结点 */
    } while (ca - >row == 0)               /* 当还有未处理完的行则继续 */
  return  Ha;
}
```

为了保持算法的层次,在上面的算法,用到了一个函数 findjH。

函数 Mlink　Find_JH(MLink　H,　int j)的功能是:返回十字链表 H 中第 j 列链表的头结点指针,很简单,读者可自行写出。

5.4　广义表

广义表(Lists,又称列表)是线性表的推广。在第 2 章中,把线性表定义为 $n(n \geqslant 0)$ 个元素 $a_1, a_2, a_3, \cdots, a_n$ 的有限序列。线性表的元素仅限于原子项,原子是作为结构上不可分割的成分,它可以是一个数或一个结构,若放松对线性表元素的这种限制,容许它们具有其自身结构,这样就产生了广义表的概念。

5.4.1　广义表的定义

广义表是 $n(n \geqslant 0)$ 个元素 $a_1, a_2, a_3, \cdots, a_n$ 的有限序列,其中 a_i 或者是原子项,或者是一个广义表。通常记作 LS$= (a_1, a_2, a_3, \cdots, a_n)$。LS 是广义表的名字,$n$ 为它的长度。若 a_i 是广义表,则称它为 LS 的子表。

通常用圆括号将广义表括起来,用逗号分隔其中的元素。为了区别原子项和广义表,书写时用大写字母表示广义表,用小写字母表示原子。若广义表 LS$(n \geqslant 1)$ 非空,则 a_1 是 LS 的表头,其余元素组成的表 $(a_2, \cdots, a_n)$ 称为 LS 的表尾。分别记作:为 head(LS)$= a_1$,tail$= (a_2, \cdots, a_n)$。

显然广义表是递归定义的,这是因为在定义广义表时又用到了广义表的概念。广义表的例子如下。

(1) $A = ()$——A 是一个空表,其长度为零。

(2) $B = (e)$——表 B 只有一个原子 e,B 的长度为 1。

(3) $C = (a,(b,c,d))$——表 C 的长度为 2,两个元素分别为原子 a 和子表 (b,c,d)。

(4) $D = (A,B,C)$——表 D 的长度为 3,三个元素都是广义表。显然,将子表的值代入后,则有 $D = ((　), (e), (a,(b,c,d)))$。

(5) $E = (a,E)$——这是一个递归的表,它的长度为 2,E 相当于一个无限的广义表 $E = (a,(a,(a,(a,\cdots))))$。

(6) $F = ((　))$——长度为 1 的表,该表中唯一的一个元素是空表 $(　)$。

从上述定义和例子可推出广义表的三个重要结论。

(1) 广义表的元素可以是子表,而子表的元素还可以是子表。由此,广义表是一个多层次的结构。

(2) 广义表可为其他表所共享。例如在上述例(4)中,广义表 A,B,C 为 D 的子表,则在 D 中可以不必列出子表的值,而是通过子表的名称来引用。

(3) 广义表的递归性。广义表的定义并没有限制元素的递归,即广义表也可以是其自身的子表。例如上例(5)中表 E 就是一个递归的表。

由广义表的这些特性可知,广义表不仅是线性表的推广,也是树的推广。这些特性对于广义表的使用价值和应用效果起到了很大的作用。

广义表的结构相当灵活,在某种前提下,它可以兼容线性表、数组、树和有向图等各种常用的数据结构。当二维数组的每行(每列)作为子表处理时,二维数组即为一个广义表。并且,树和有向图也可以用广义表来表示。

由于广义表不仅集中了线性表、数组、树和有向图等常见数据结构的特点,而且可有效地利用存储空间,因此在计算机的许多应用领域都有成功使用广义表的实例。

5.4.2 广义表的基本操作

广义表有两种最基本的操作,即:

GetHead(L)——取表头(可能是原子或列表);

GetTail(L)——取表尾(一定是列表)。

例如:

GetTail $(b, k, p, h) = (k,p,h)$;

GetHead $((a, b), (c, d)) = (a,b)$;

GetTail $((a, b), (c, d)) = ((c,d))$;(表尾一定是列表)

GetTail (GetHead $((a, b),(c, d))) = (b)$;

GetTail $(e) = ( )$;(表尾为空列表)

GetHead $(( )) = ( )$;

GetTail $(( )) = ( )$;(表尾为空列表)

5.4.3 广义表的存储结构

由于广义表中的数据元素可以具有不同的结构,因此难以用顺序的存储结构来表示。而链式的存储结构分配较为灵活,易于解决广义表的共享与递归问题,所以通常都采用链式的存储结构来存储广义表。在这种表示方式下,每个数据元素可用一个结点表示。

按结点形式的不同,广义表的链式存储结构又可以分为不同的两种存储方式。一种称为头尾表示法,另一种称为孩子兄弟表示法。

1. 头尾表示法

若广义表不空,则可分解成表头和表尾;反之,一对确定的表头和表尾可唯一地确定一个广义表。头尾表示法就是根据这一性质设计而成的一种存储方法。

由于广义表中的数据元素既可能是列表也可能是单元素,相应地在头尾表示法中结点的结构形式有两种:一种是表结点,用以表示列表;另一种是元素结点,用以表示单元素。在表结点中应该包括一个指向表头的指针和指向表尾的指针;而在元素结点中应该包括所表示单元素的元素值。为了区分这两类结点,在结点中还要设置一个标志域,如果标志为 1,则表示该结点为表结点;如果标志为 0,则表示该结点为元素结点。其形式定义说明如下:

```
typedef    enum {ATOM, LIST} Elemtag; / * ATOM = 0:单元素;LIST = 1:子表 * /
typedef    struct   GLNode {
```

```
    Elemtag  tag;                  /*标志域,用于区分元素结点和表结点*/
    union {                        /*元素结点和表结点的联合部分*/
        ElemType  data;            /*data是元素结点的值域*/
        struct {
          struct GLNode  *hp, *tp
        }ptr;                      /*ptr是表结点的指针域,ptr.hp和ptr.tp分别*/
                                   /*指向表头和表尾*/
    };
} *GList;                          /*广义表类型*/
```

头尾表示法的结点形式,如图 5.20 所示。

tag＝1	hp	tp

（a）表结点

tag＝0	data

（b）元素结点

图 5.20　头尾表示法的结点形式

对于 5.4.1 节中所列举的广义表 A、B、C、D、E、F,若采用头尾表示法的存储方式,其存储结构,如图 5.21 所示。

从下述存储结构示例中可以看出,采用头尾表示法容易分清列表中单元素或子表所在的层次。例如,在广义表 D 中,单元素 a 和 e 在同一层次上,而单元素 b、c、d 在同一层次上且比 a 和 e 低一层,子表 B 和 C 在同一层次上。另外,最高层的表结点的个数即为广义表的长度。例如,在广义表 D 的最高层有三个表结点,其广义表的长度为 3。

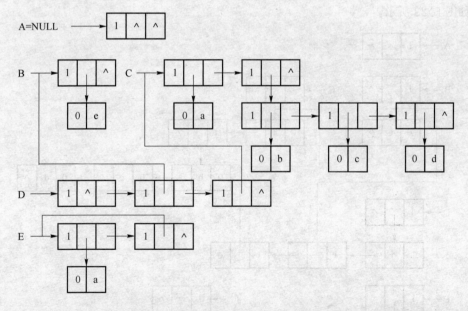

图 5.21　广义表的头尾表示法存储结构示例

从上述存储结构示例中可以看出,采用头尾表示法容易分清列表中单元素或子表所在的层次。例如,在广义表 D 中,单元素 a 和 e 在同一层次上,而单元素 b、c、d 在同一层次上。

2. 孩子兄弟表示法

广义表的另一种表示法称为孩子兄弟表示法。在孩子兄弟表示法中,也有两种结点形式:

一种是有孩子结点,用以表示列表;另一种是无孩子结点,用以表示单元素。在有孩子结点中包括一个指向第一个孩子(长子)的指针和一个指向兄弟的指针;而在无孩子结点中包括一个指向兄弟的指针和该元素的元素值。为了能区分这两类结点,在结点中还要设置一个标志域。如果标志为1,则表示该结点为有孩子结点;如果标志为0,则表示该结点为无孩子结点。其形式定义说明如下。

```
typedef  enum {ATOM, LIST} Elemtag;/*ATOM=0:单元素;LIST=1:子表*/
typedef  struct  GLENode {
  Elemtag  tag;                    /*标志域,用于区分元素结点和表结点*/
  union {                          /*元素结点和表结点的联合部分*/
    ElemType  data;                /*元素结点的值域*/
    struct GLENode  * hp;          /*表结点的表头指针*/
  };
  struct GLENode  * tp;            /*指向下一个结点*/
} * EGList;                         /*广义表类型*/
```

孩子兄弟表示法的结点形式,如图5.22所示。

| tag=1 | hp | tp |
(a) 有孩子结点

| tag=1 | data | tp |
(b) 无孩子结点

图5.22 孩子兄弟表示法的结点形式

对于5.5.1节中所列举的广义表A、B、C、D、E、F,若采用孩子兄弟表示法的存储方式,其存储结构,如图5.23所示。

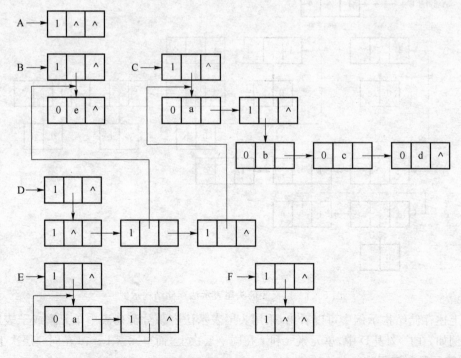

图5.23 广义表的孩子兄弟表示法存储结构示例

从图 5.23 的存储结构示例中可以看出,采用孩子兄弟表示法时,表达式中的左括号"("对应存储表示中的 tag=1 的结点,且最高层结点的 tp 域必为 NULL。

5.4.4　广义表基本操作的实现

下面以头尾表示法存储广义表,讨论广义表的有关操作的实现。由于广义表的定义是递归的,因此相应的算法一般也都是递归的。

1. 广义表的取头、取尾

算法 5.6　广义表取头

```
GList Head(GList ls)
  {
  if (ls - >tag = = 1)
    p = ls - >hp;
  return   p;
}
```

算法 5.7　广义表取尾

```
GList Tail(GList ls)
{
  if (ls - >tag = = 1)
  p = ls - >tp;
  return  p;
}
```

2. 建立广义表的存储结构

算法 5.8　建立广义表的存储结构(1)

```
int  Create(GList * ls, char * S)
{ Glist  p;  char  * sub;
  if StrEmpty(S)  * ls = NULL;
  else {
    if (! ( * ls = (GList)malloc(sizeof(GLNode))))  return  0;
    if (StrLength(S) = = 1) {
    ( * ls) - >tag = 0;
    ( * ls) - >data = S;
  }
  else {
  ( * ls) - >tag = 1;
  p = * ls;
  hsub = SubStr(S,2,StrLength(S) - 2);
  do {
    sever(sub,hsub);
    Create(&(p - >ptr.hp), sub);
    q = p;
```

```
        if (! StrEmpty(sub)){
        if (! (p = (GList)malloc(sizeof(GLNode)))) return 0;;
        p->tag = 1;
        q->ptr.tp = p;
        }
    }while (! StrEmpty(sub));
    q->ptr.tp = NULL;
    }
    }
    return 1;
    }
```

算法 5.9   建立广义表的存储结构(2)

```
int  sever(char * str, char * hstr)
{
    int  n = StrLength(str);
    i = 1; k = 0;
    for (i = 1, k = 0; i <= n || k != 0; ++i)
    {
      ch = SubStr(str,i,1);
      if (ch = = '(')  ++k;
      else  if (ch = = ')')  --k;
    }
     if (i <= n)
    {
      hstr = SubStr(str,1,i-2);
      str = SubStr(str,i,n-i+1);
    }
    else {
      StrCopy(hstr,str);
      ClearStr(str);
    }
}
```

3. 以表头、表尾建立广义表

算法 5.10   以表头、表尾建立广义表

```
int  Merge(GList ls1,GList ls2, Glist * ls)
{
    if (! (* ls = (GList)malloc(sizeof(GLNode))))  return 0;
    * ls->tag = 1;
    * ls->hp = ls1;
    * ls->tp = ls2;
```

```
    return 1;
  }
```

4. 求广义表的深度

算法 5.11   广义表的深度

```
int Depth(GList ls)
  {
  if (! ls)
    return  1;                        /*空表深度为1*/
  if (ls->tag = = 0)
    return  0;                        /*单元素深度为0*/
  for (max = 0,p = ls; p; p = p->ptr.tp) {
    dep = Depth(p->ptr.hp);        /*求以 p->ptr.hp 尾头指针的子表深度*/
    if (dep > max)  max = dep;
  }
  return max + 1;                     /*非空表的深度是各元素的深度的最大值加1*/
}
```

5. 复制广义表

算法 5.12   复制广义表

```
int  CopyGList(GList ls1, GList *ls2)
  {
  if (! ls1)   *ls2 = NULL;          /*复制空表*/
  else {
    if (! (*ls2 = (Glist)malloc(sizeof(Glnode)))) return 0; /*建表结点*/
    (*ls2)->tag = ls1->tag;
    if (ls1->tag = = 0) (*ls2)->data = ls1->data;   /*复制单元素*/
    else {
      CopyGList(&((*ls2)->ptr.hp), ls1->ptr.hp);
                              /*复制广义表 ls1->ptr.hp 的一个副本*/
      CopyGList(&((*ls2)->ptr.tp) , ls1->ptr.tp);
                              /*复制广义表 ls1->ptr.tp 的一个副本*/
    }
  }
  return 1;}
```

5.5 习   题

1. 字符串的删除

利用 C 的库函数 strlen 和 strcpy(或 strncpy)写一算法 void StrDelete(char * S,int i, int m)删去串 S 中从位置 i 开始的连续 m 个字符。若 $i \geqslant$ strlen(S),则没有字符被删除;若 $i + m$

≥strlen(S),则将 S 中从位置 i 开始直至末尾的字符均删去。

2. 写一算法 void StrReplace(char * T, char * P, char * S),将 T 中首次出现的子串 P 替换为串 S。注意:S 和 P 的长度不一定相等。可以使用已有的串操作。

3. 一个文本串可用事先给定的字母映射表进行加密。例如,设字母映射表为

a b c d e f g h i j k l m n o p q r s t u v w x y z

n g z q t c o b m u h e l k p d a w x f y i v r s j

则字符串"encrypt"被加密为"tkzwsdf"。试写一算法将输入的文本串进行加密后输出;另写一算法,将输入的已加密的文本串进行解密后输出。

4. 用三元组表实现矩阵的转置运算。

5. 当稀疏矩阵 *A* 和矩阵 *B* 均以三元组表作为存储结构时,试写出矩阵相加的算法,其结果存放在三元组表 C 中。

第6章 树与二叉树

树形结构是一类重要的非线性结构。树形结构是结点之间有分支,并具有层次关系的结构,它非常类似于自然界中的树。

树结构在客观世界中是大量存在的,在计算机领域中也有着广泛的应用,如在编译程序中,用树来表示源程序的语法结构;在数据库系统可用树来组织信息。

6.1 树

6.1.1 树的定义

树(Tree)是 $n(n \geqslant 0)$ 个有限数据元素的集合。当 $n=0$ 时,称这棵树为空树。在一棵非空树 T 中:

(1) 有一个特殊的数据元素称为树的根结点,根结点没有前驱结点。

(2) 若 $n>1$,除根结点之外的其余数据元素被分成 $m(m>0)$ 个互不相交的集合 T_1,T_2,…,T_m,其中每一个集合 $T_i(1 \leqslant i \leqslant m)$ 本身又是一棵树。树 T_1,T_2,…,T_m 称为这个根结点的子树。

可以看出,在树的定义中用了递归概念,即用树来定义树。

树的定义还可形式化的描述为二元组的形式:

$$T=(D,R)$$

式中,D 为树 T 中结点的集合,R 为树中结点之间关系的集合。

当树为空树时,$D=\Phi$;当树 T 不为空树时有:

$$D=\{Root\} \cup D_F$$

式中,Root 为树 T 的根结点,D_F 为树 T 的根 Root 的子树集合。D_F 可由下式表示:

$$D_F=D_1 \cup D_2 \cup \cdots \cup D_m 且 D_i \cap D_j=\Phi(i \neq j, 1 \leqslant i \leqslant m, 1 \leqslant j \leqslant m)$$

当树 T 中结点个数 $n \leqslant 1$ 时,$R=\Phi$;当树 T 中结点个数 $n>1$ 时有:

$$R=\{<Root, r_i>, i=1,2,\cdots,m\}$$

式中,Root 为树 T 的根结点,r_i 是树 T 的根结点 Root 的子树 T_i 的根结点。

树定义的形式化,主要用于树的理论描述。

图 6.1(a)是一棵具有 9 个结点的树,即 T={A,B,C,…,H,I},结点 A 为树 T 的根结点,除根结点 A 之外的其余结点分为两个不相交的集合:T_1={B,D,E,F,H,I}和 T_2={C,G},T_1 和 T_2 构成了结点 A 的两棵子树,T_1 和 T_2 本身也分别是一棵树。例如,子树 T_1 的根结点为 B,其余结点又分为两个不相交的集合:T_{11}={D},T_{12}={E,H,I}和 T_{13}={F}。T_{11}、T_{12} 和 T_{13} 构成了子树 T_1 的根结点 B 的三棵子树。如此可继续向下分为更小的子树,直到每棵子树只有一个根结点为止。

从树的定义和图 6.1(a)的示例可以看出,树具有下面两个特点。

(1) 树的根结点没有前驱结点,除根结点之外的所有结点有且只有一个前驱结点。

(2) 树中所有结点可以有零个或多个后继结点。

由此特点可知,图 6.1(b)、(c)、(d)所示的都不是树结构。

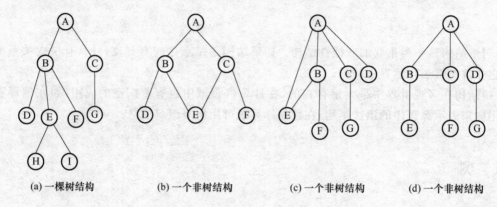

(a) 一棵树结构　　　(b) 一个非树结构　　　(c) 一个非树结构　　　(d) 一个非树结构

图 6.1　树结构和非树结构的示意

6.1.2　树的逻辑表示法

树的表示方法就是树的逻辑结构的表示形式,有以下四种,各用于不同的目的。

1. 树形图表示

结点用圆圈表示,结点名字写在圆圈旁或圆圈内,子树与其根之间用无向边来连接,如图 6.2(a)所示。

2. 嵌套集合表示法

用集合的包含关系描述树结构,如图 6.2(b)所示。

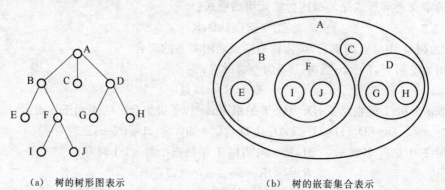

(a)　树的树形图表示　　　　　　(b)　树的嵌套集合表示

图 6.2　树形图表示

$$(A(B(D,E(H,I),F),C(G)))$$

(c) 树的广义表表示　　　　(d) 树的目录表示

图 6.2　树形图表示(续)

3. 广义表表示法

树用广义表表示,就是将根作为由子树森林组成的表的名字写在表的左边,这样依次将书表示出来。图 6.2(c)就是一棵树的广义表表示。

4. 凹入表表示法

树的凹入表示法类似于书的目录,如图 6.2 (d)所示。

树的凹入表示法主要用于树的屏幕和打印输出。

6.1.3　树的基本术语

1. 结点相关术语

(1) 结点的度:一个结点拥有子树的个数称为该结点的度。

例如图 6.2(a)表示的树中结点 A 的度为 3,其他结点的度都为 2。

(2) 树的度:该树中结点的最大度数称为该树的度。

例如图 6.2(a)表示的树的度为 3。

(3) 叶子结点:度为零的结点称为叶子或终端结点。

例如图 6.2(a)表示的树中结点 C、E、G、H、I、J 都是叶子结点。

(4) 分支结点:度不为零的结点称分支结点或非终端结点。即除叶子结点外的结点均为分支结点。

例如图 6.2(a)表示的树中结点 A、B、D、F 都是分支结点。

(5) 内部结点:除根结点之外的分支结点统称为内部结点。

(6) 开始结点:根结点又称为开始结点。

例如图 6.2(a)表示的树中结点 A 是开始结点。

2. 结点之间的关系

(1) 孩子结点:树中某个结点的子树的根称为该结点的孩子结点。

例如图 6.2(a)表示的树中结点 B、C、D 都是结点 A 的孩子结点,结点 E、F 都是结点 B 的孩子结点,结点 G、H 都是结点 D 的孩子结点。

(2) 双亲结点:孩子结点的根称为该结点的双亲。

例如图 6.2(a)表示的树中结点 A 是结点 B、C、D 的双亲结点,结点 B 是结点 E、F 的双亲结点,结点 D 是结点 G、H 的双亲结点。

（3）兄弟结点：同一个双亲的孩子互称为兄弟结点。

例如图 6.2(a)表示的树中结点 B、C、D 互为兄弟结点，结点 E、F 互为兄弟结点，而结点 F 和 G 非兄弟结点。

（4）堂兄弟：双亲在同一层的结点互为堂兄弟。

（5）祖先和子孙：一个结点的祖先是从根结点到该结点路径上所经过的所有结点，而一个结点的子孙则是以该结点为根的子树中的所有结点。

3. 路径

（1）路径或道路

树中存在一个结点序列 k_1, k_2, $\cdots$, k_j，使得 k_i 是 k_{i+1} 的双亲($1 \leqslant i < j$)，则称该结点序列是从 k_i 到 k_j 的一条路径或道路。

（2）路径的长度：指路径所经过的边的数目。

注意：若一个结点序列是路径，则在树的树形图表示中，该结点序列"自上而下"地通过路径上的每条边。从树的根结点到树中其余结点均存在一条唯一的路径。

例如图 6.2(a) 表示的树中结点序列 ABFI 是结点 A 到 I 的一条路径，因为自上而下 A 是 B 的双亲，B 是 F 的双亲，F 是 I 的双亲。该路径的长度为 3。而结点 B 和 G 之间不存在路径，因为既不能从 B 出发自上而下地经过若干个结点到达 G，也不能从 G 出发自上而下地经过若干个结点到达 B。

（3）祖先和子孙：若树中结点 k 到 k_s 存在一条路径，则称 k 是 k_s 的祖先，k_s 是 k 的子孙。一个结点的祖先是从根结点到该结点路径上所经过的所有结点，而一个结点的子孙则是以该结点为根的子树中的所有结点。

约定：结点 k 的祖先和子孙不包含结点 k 本身。

4. 结点的层数和树的深度

（1）结点的层数：结点离根的路径长度。根结点的层数为 1，其余结点的层数等于其双亲结点的层数加 1。

（2）树的深度：树中结点的最大层数称为树的深度。

要注意结点的度、树的度和树的深度的区别。

5. 有序树和无序树

如果一棵树中结点的各子树丛左到右是有次序的，即若交换了某结点各子树的相对位置，则构成不同的树，称这棵树为有序树；反之，则称为无序树。

6. 森林

森林是 $m(m \geqslant 0)$ 棵互不相交的树的集合。

删去一棵树的根，就得到一个森林；反之，加上一个结点作树根，森林就变为一棵树。

6.1.4 树形结构的逻辑特征

树形结构的逻辑特征可用树中结点之间的父子关系来描述。

（1）树中任一结点都可以有零个或多个直接后继结点，但至多只能有一个直接前驱结点，表示为 $1 : n$。

（2）树中只有根结点无前驱，所以它是开始结点；叶结点无后继，它们是终端结点。

（3）祖先与子孙的关系是对父子关系的延拓，它定义了树中结点之间的纵向次序。

（4）有序树中，同一组兄弟结点从左到右有长幼之分。对这一关系加以延拓，规定若 k_1 和 k_2 是兄弟，且 k_1 在 k_2 的左边，则 k_1 的任一子孙都在 k_2 的任一子孙的左边，那么就定义了树中结点之间的横向次序。树中结点之间的逻辑关系是"一对多"的关系，树是一种非线性的结构。

6.2 二叉树

6.2.1 二叉树概念

二叉树是树形结构的一个重要类型。许多实际问题抽象出来的数据结构往往是二叉树形式，即使是一般的树也能简单地转换为二叉树，而且二叉树的存储结构及其算法都较为简单，因此二叉树显得特别重要。二叉树特点是每个结点最多只能有两棵子树，且有左右之分。

1. 二叉树

（1）二叉树递归定义

二叉树（Binary Tree）是 n 个有限元素的集合，该集合或者为空、或者由一个称为根（root）的元素及两个不相交的、被分别称为左子树和右子树的二叉树组成，是有序树。当集合为空时，称该二叉树为空二叉树。在二叉树中，一个元素也称作一个结点。

二叉树的逻辑结构为 1∶2。

（2）二叉树的基本特征

① 每个结点最多只有两棵子树（不存在度大于 2 的结点）。

② 左子树和右子树次序不能颠倒，是一个有序树。

（3）二叉树的五种基本形态

二叉树是有序的，即若将其左、右子树互换，就成为另一棵不同的二叉树。即使树中结点只有一棵子树，也要区分它是左子树还是右子树。因此二叉树具有五种基本形态，如图 6.3 所示。

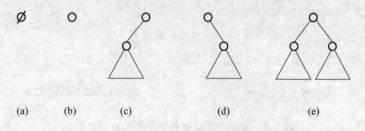

图 6.3 二叉树的五种基本形态

图 6.3(a)为空二叉树，图 6.3(b)是仅有一个根结点的二叉树，图 6.3(c)是右子树为空的二叉树，图 6.3(d)是左子树为空的二叉树，图 6.3(e)是左右子树均非空的二叉树。

利用这五种基本形状能够构建出任何形态的二叉树。

2. 满二叉树与完全二叉树

（1）满二叉树

在一棵二叉树中，如果所有分支结点都存在左子树和右子树，并且所有叶子结点都在同一层上，这样的一棵二叉树称为满二叉树。如图 6.4 所示，(a)图就是一棵满二叉树，(b)图则不是满二叉树。因为,虽然(b)图二叉树中所有分支结点都存在左子树和右子树,但由于其叶子未在同一层上,故不是满二叉树。

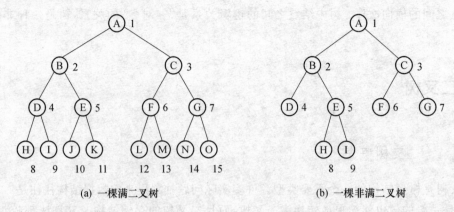

(a) 一棵满二叉树　　　　　　　　(b) 一棵非满二叉树

图 6.4　满二叉树和非满二叉树示意图

(2) 完全二叉树

一棵深度为 k 的有 n 个结点的二叉树,对树中的结点按从上至下、从左到右的顺序进行编号,如果编号为 $i(1 \leqslant i \leqslant n)$ 的结点与满二叉树中编号为 i 的结点在二叉树中的位置相同,则这棵二叉树称为完全二叉树。完全二叉树的特点是:叶子结点只能出现在最下层和次下层,且最下层的叶子结点集中在树的左部。显然,一棵满二叉树必定是一棵完全二叉树,而完全二叉树未必是满二叉树,所以说满二叉树是一种特殊的完全二叉树。如图 6.5(a) 所示为一棵完全二叉树,图 6.5(b) 不是完全二叉树。

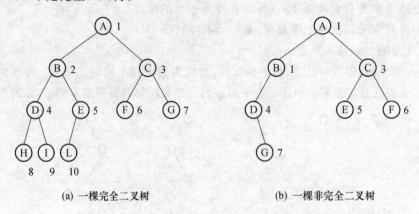

(a) 一棵完全二叉树　　　　　　　　(b) 一棵非完全二叉树

图 6.5　完全二叉树和非完全二叉树示意图

6.2.2　二叉树的性质

任意一棵二叉树具有以下 ①、② 和 ③ 三个性质,而完全二叉树除了具有以下 ①、② 和 ③ 三个性质之外,还具有下列 ④ 和 ⑤ 两个特有的性质。

性质 1　一棵非空二叉树的第 i 层上最多有 2^{i-1} 个结点$(i \geqslant 1)$。

证明:假设树非空,用数学归纳法证明。

当 $i=1$ 时,因为第 1 层上只有一个根结点,而 $2^{i-1}=2^0=1$。所以命题成立。

假设对所有的 $j(1{\leqslant}j{<}i)$ 命题成立,即第 j 层上至多有 2^{j-1} 个结点,证明 $j{=}i$ 时命题亦成立。

根据归纳假设,第 $i-1$ 层上至多有 2^{i-2} 个结点。由于二叉树的每个结点至多有两个孩子,故第 i 层上的结点数至多是第 $i-1$ 层上的最大结点数的 2 倍。即 $j{=}i$ 时,该层上至多有 $2 \cdot 2^{i-2}=2^{i-1}$ 个结点,故命题成立。

性质 2 一棵深度为 k 的二叉树中,最多具有 2^k-1 个结点。

证明:由性质 1,第 i 层至多有 2^{i-1} 个($1{\leqslant}i{\leqslant}k$)结点,所以深度为 k 的二叉树的结点总数至多为 $2^0+2^1+\cdots+2^{k-1}=2^k-1$ 个。

性质 3 对于一棵非空的二叉树,如果叶子结点数为 n_0,度数为 2 的结点数为 n_2,则有 $n_0=n_2+1$。即叶子结点数比度为 2 的结点数多 1。

证明:因为二叉树中所有结点的度数均不大于 2,所以结点总数(记为 n)应等于 0 度结点数 n_0、1 度结点数 n_1 和 2 度结点数 n_2 之和:

$$n=n_0+n_1+n_2$$

另一方面,1 度结点有一个孩子,2 度结点有两个孩子,故二叉树中孩子结点总数是:$n_1+2 \cdot n_2$,而树中只有根结点不是任何结点的孩子,故二叉树中的结点总数又可表示为

$$n=n_1+2 \cdot n_2+1$$

综合以上两个式子得到

$$n_0=n_2+1$$

即在任意一颗二叉树中叶子结点数比度为 2 的结点数多 1 个。

例如,如图 6.6 所示的二叉树中

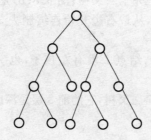

图 6.6 二叉树

叶子结点数为 6,度为 2 的结点数为 5,叶子结点数正好比度为 2 的结点数多 1 个。

上述三个性质是任意二叉树都是具有的,下面两个性质是完全二叉树所特有。

补充:两种特殊的二叉树定义与特点。

(1)满二叉树:一棵深度为 k 且有 2^k-1 个结点的二叉树称为满二叉树。

满二叉树的特点是:

① 每一层上的结点数都达到最大值。即对给定的高度,它是具有最多结点数的二叉树。

② 满二叉树中不存在度数为 1 的结点,每个分支结点均有两棵高度相同的子树,且树叶都在最下一层。

例如,如图 6.7 所示的二叉树是一棵深度为 4 的满二叉树,每一层上的结点数都达到最大值 $2^{i-1}(i{\geqslant}1)$。不存在度数为 1 的结点,每个分支结点均有两棵高度相同的子树,且树叶都在最下一层。

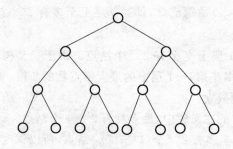

图 6.7 满二叉树

(2) 完全二叉树

若一棵二叉树只有最下面一层的结点数不满,从第一层到倒数第二层结点数都是满的,并且最下一层的结点都集中在该层最左边的若干位置上,则此二叉树称为完全二叉树。

完全二叉树特点如下。

① 满二叉树是完全二叉树,完全二叉树不一定是满二叉树;

② 在满二叉树的最下一层上,从最右边开始连续删去若干结点后得到的二叉树是一棵完全二叉树;

③ 在完全二叉树中,若某个结点没有左孩子,则它一定没有右孩子,即该结点必是叶结点;

④ 深度为 k 的完全二叉树的前 $k-1$ 层是深度为 $k-1$ 的满二叉树,一共有 $2^{k-1}-1$ 个结点。

例如,如图 6.8 所示的两棵二叉树中:

① 图 6.8(a)是满二叉树,也是完全二叉树;图 6.8(b)是完全二叉树,但不是满二叉树;

② 在图 6.8(a)的最下一层上,从最右边开始连续删去 3 个结点后得到完全二叉树,如图 6.8(b)所示;

③ 在完全二叉树图 6.8(b)中,结点 7 没有左孩子,也一定没有右孩子,即该结点 7 是叶结点;

④ 图 6.8(b)是深度为 4 的完全二叉树,它的前 3 层是深度为 3 的满二叉树,一共有 $2^3-1=7$ 个结点。

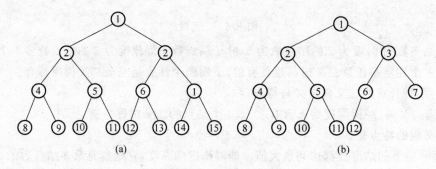

图 6.8 两棵二叉树

性质 4 具有 n 个结点的完全二叉树的深度 k 为 $\lfloor \log_2 n \rfloor +1$。

证明:设所求完全二叉树的深度为 k。由完全二叉树特点知:深度为 k 的完全二叉树的前 $k-1$ 层是深度为 $k-1$ 的满二叉树,一共有 $2^{k-1}-1$ 个结点。

由于完全二叉树深度为 k,故第 k 层上还有若干个结点,因此该完全二叉树的结点个数 $n>2^{k-1}-1$。

另一方面,由性质 2 知:深度为 k 的二叉树至多有 $2^k-1(k \geqslant 1)$ 个结点,因此,$n \leqslant 2^k-1$,
即:$2^{k-1}-1 < n \leqslant 2^k-1$,由此可推出:$2^{k-1} \leqslant n < 2^k$,取对数后有:$k-1 \leqslant \log_2 n < k$

又因 $k-1$ 和 k 是相邻的两个整数,故有 $k-1 = \lfloor \log_2 n \rfloor + 1$

由此即得: $k = \lfloor \log_2 n \rfloor + 1$

另外,由 $2^{k-1}-1 < n \leqslant 2^k-1$ 得 $2^{k-1} < n+1 \leqslant 2^k$,两边再取对数便可得到: $k = \lceil \log_2(n+1) \rceil$

性质 5　一棵有 n 个结点的完全二叉树,如从左至右、从上至下的,对每个结点从 1 开始编号,对于其中任意编号为 i 的结点($1 \leqslant i \leqslant n$)有:

如果有左孩子,则左孩子的编号为 $2i$,如果有右孩子,则右孩子的编号为 $2i+1$;如果有双亲,则双亲的编号为 $\lfloor i/2 \rfloor$。具体如下。

(1) 若 $i \neq 1$,则 i 的父亲是 $\lfloor i/2 \rfloor$;若 $i=1$,则 i 是根结点,无父亲。

(2) 若 $2i \leqslant n$,则 i 的左孩子是 $2i$;若 $2i > n$,则 i 无左孩子。

(3) 若 $2i+1 \leqslant n$,则 i 的右孩子是 $2i+1$;若 $2i+1 > n$,则 i 无右孩子。

证明:先用数学归纳法先证明结论(2)和(3),然后导出(1)。证明如下。

当 $i=1$ 时,按完全二叉树的定义知,i 的左孩子是 2,即如果 $2i=2 \times 1 \leqslant n$ 时,结点 1 的左孩子是 2,当 $2i=2 \times 1 > n$ 时,说明不存在两个结点,当然也没有左孩子。若 $2i+1=2 \times 1+1 \leqslant n$,结点 1 有右孩子为 3,若 $2i+1=2 \times 1+1 > n$,说明该结点不存在,所以无右孩子。

现在假设对于所有的 $i(1 \leqslant i < n)$ 都成立:i 的左孩子是 $2i$,且当 $2i > n$ 时无左孩子;i 的右孩子是 $2i+1$,当 $2i+1 > n$ 时,无右孩子。下面再来证明,对于结点 $i+1$,性质 5 的(2)和(3)也是成立的。因为,根据完全二叉树的特点,与 $i+1$ 的左孩子相邻的前两个结点是 i 的左孩子和右孩子,由上述假设知,i 的左孩子是 $2i$,i 的右孩子是 $2i+1$,如图 6.9 所示。因此,$i+1$ 的左孩子应是 $2i+2=2(i+1)$,如果 $2(i+1) > n$,说明该结点不存在,所以 $i+1$ 无左孩子,而 $i+1$ 的右孩子应是 $2i+3=2(i+1)+1$,若 $2(i+1)+1 > n$,说明不存在该结点,也就无右孩子。因此结论(2)和(3)得证。

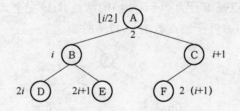

图 6.9　完全二叉树父子关系

最后来证明结论(1)。当 $i=1$ 时,i 就是根结点,无父亲,当 $i \neq 1$ 时,由结论(2)和(3)知道,如果 i 为左孩子,即 $2(i/2)=i$,则结点 $i/2$ 是结点 i 的父亲;如果 i 为右孩子,设 $i=2p+1$,i 结点的父亲应为 p 结点,$p=(i-1)/2=\lfloor i/2 \rfloor$,所以无论哪种情况均有结点 $\lfloor i/2 \rfloor$ 是结点 i 的父亲。证毕。

上述讨论中对每个结点的编号,就可以对应于实际应用中结点的相对地址,即,根结点存储在 1 号位置,根的左孩子结点存储在 2 号位置,根的右孩子结点存储在 3 号位置,等等。

如果从左至右、从上至下的,对每个结点从 0 开始编号,对于其中任意编号为 i 的结点($0 \leqslant i \leqslant n-1$)有:

(1) 若 $i \neq 0$,则 i 的父亲是 $\lceil (i-1)/2 \rceil$;若 $i=0$,则 i 是根结点,无父亲。

(2) 若 $2(i+1)-1 \leqslant n$,则 i 的左孩子是 $2(i+1)-1$;若 $2(i+1)-1 > n$,则 i 无左孩子。

(3) 若 $2(i+1) \leqslant n$,则 i 的右孩子是 $2(i+1)$;若 $2(i+1) > n$,则 i 无右孩子。

6.3 二叉树的存储结构

6.3.1 顺序存储结构

1. 完全二叉树的顺序存储结构

(1) 编号方法：在一棵 n 个结点的完全二叉树中，从树根起，自上层到下层，每层从左至右给所有结点编号，开始结点的编号为 1，这样能得到一个反映整个二叉树结构的线性序列。

(2) 编号特点：完全二叉树中除最下面一层外，各层都充满了结点。每一层的结点个数恰好是上一层结点个数的 2 倍。从一个结点的编号就可推得其双亲，左、右孩子、兄弟等结点的编号。假设编号为 i 的结点是 $k_i (1 \leqslant i \leqslant n)$，则有：

① 若 $i > 1$，则 k_i 的双亲编号为 $\lfloor i/2 \rfloor$；若 $i = 1$，则 k_i 是根结点，无双亲。

② 若 $2i \leqslant n$，则 k_i 的左孩子的编号是 $2i$；若 $2i > n$，则 k_i 无左孩子，因此也无右孩子，即 k_i 必定是叶子。因此完全二叉树中编号 $i > \lfloor n/2 \rfloor$ 的结点必定是叶结点。

③ 若 i 为奇数且不为 1，则 k_i 是结点 $k_{\lfloor i/2 \rfloor}$ 的右孩子，k_i 的左兄弟的编号是 $i-1$；若 $i = 1$ 或 i 为偶数，则 k_i 无左兄弟。

④ 若 i 为偶数且小于 n，则 k_i 是结点 $k_{\lfloor i/2 \rfloor}$ 的左孩子，k_i 的右兄弟的编号是 $i+1$；若 $i = n$ 或 i 为奇数，则 k_i 无右兄弟。

由此可知，完全二叉树中结点的编号序列，完全反映了结点之间的逻辑关系。

例如，如图 6.10 所示的结点编号的完全二叉树中。

编号为 5 的结点 E 的左、右孩子结点是编号为 $10(2 \times 5)$ 和 $11(2 \times 5 + 1)$ 的结点 J 和 K，编号为 5 的结点 E 的双亲结点是编号为 $2(\lfloor 5/2 \rfloor)$ 的结点 B；该完全二叉树共有 17 个结点，其中非叶子结点数为 $8(\lfloor 17/2 \rfloor)$，叶子结点数为 $9(17-8)$。

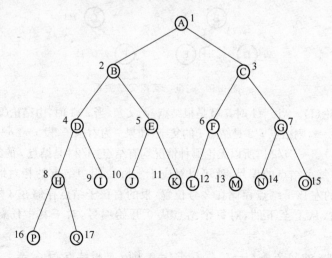

图 6.10　具有结点编号的完全二叉树

(3) 完全二叉树的顺序存储。

将完全二叉树中所有结点按编号顺序依次存储在一个向量 $bt[0 \cdots n]$ 中。其中：$bt[1 \cdots n]$

用来存储结点,bt[0]不用或用来存储结点数目。

例如,图6.11是图6.8所示的完全二叉树的顺序存储结构。

说明:完全二叉树的顺序存储结构既简单又节省存储空间;按这种方法存储的完全二叉树,向量元素bt[i]的下标i就是对应结点的编号。

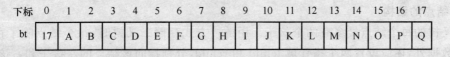

图6.11 完全二叉树的顺序存储结构

2. 一般二叉树的顺序存储结构

具体方法如下。

(1)将一般二叉树添上一些"虚结点",使其成为完全二叉树。

(2)为了用结点在向量中的相对位置来表示结点之间的逻辑关系,按完全二叉树形式给结点编号。

(3)将结点按编号存入向量对应分量,其中"虚结点"用Φ表示。

3. 二叉树的顺序存储结构的优缺点

优点是存储结构简单;缺点是可能浪费大量的存储空间。在最坏的情况下,一个深度为k的且只有k个结点的右单支树,需要2^k-1个结点的存储空间,浪费了2^k-1-k个存储空间。

例如,如图6.12所示的三个结点的添加上4个虚结点右单支树的存储结构,如图6.13所示。

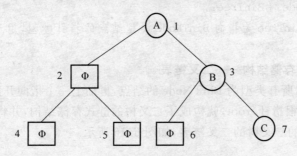

图6.12 添加虚结点右单支树

图6.13 右单支树的顺序存储结构

4. 二叉树顺序存储结构的描述

```
#define MAXSIZE 50            //设置二叉树的最大结点数
typedefchar ElemType;        //定义结点类型
typedef struct{              //定义二叉树结构
    ElemType  bt[MAXSIZE];   //存放二叉树的结点
    int num;                 //存放二叉树的结点数
}SqBTree;
```

注:如果使用元素 bt[0]存放二叉树的结点数,成员 num 可省略或不定义结构而只定义数组。

6.3.2 链式存储结构

1. 结点的结构

二叉树的每个结点最多有两个孩子。用链接方式存储二叉树时,每个结点除了存储结点本身的数据外,还应设置两个指针域 lchild 和 rchild,分别指向该结点的左孩子和右孩子。

结点的结构,如图 6.14 所示。

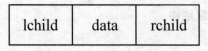

| lchild | data | rchild |

图 6.14　结点的结构

2. 结点的类型说明

```
typedefchar DataType;           //定义结点数据域类型
typedef struct node{            //定义结点结构
    ElemType data;
    struct node * lchild, * rchild;  //左右孩子指针
}BinTNode;                      //结点类型
typedef  BinTNode *BinTree;
```

/ *定义新类型 BinTree 为指向 BinTNode 类型结点的指针类型,用于定义指向根结点的指针 * /

3. 二叉树的链式存储结构——二叉链表

在一棵二叉树中,所有类型为 BinTNode 的结点,再加上一个指向开始结点(即根结点)的 BinTree 型头指针(即根指针)root,就构成了二叉树的链式存储结构,并将其称为二叉链表。

例如,如图 6.15 的二叉树的二叉链表,如图 6.16 所示。

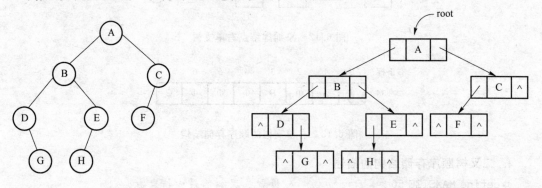

图 6.15　二叉树二叉链式结构　　　　图 6.16　二叉树二叉链式存储结构

说明:

(1) 一个二叉链表由根指针 root 唯一确定。若二叉树为空,则 root==NULL;若结点的某个孩子不存在,则相应的指针为空。

(2) 具有 n 个结点的二叉链表中,共有 $2n$ 个指针域。其中只有 $n-1$ 个用来指示结点的左、右孩子,其余的 $n+1$ 个指针域为空。

证明：因为二叉树中结点总数 n 等于 0 度结点数 n_0、1 度结点数 n_1 和 2 度结点数 n_2 之和：

$$n = n_0 + n_1 + n_2$$

由二叉树的性质 3：$n_0 = n_2 + 1$，所以，$n_1 + 2 \cdot n_2 = n - 1$。而在二叉链表中，度为 1 的结点有一个指针域不空，度为 2 的结点的两个指针域都不空，即 n 个结点的二叉链表中共有 $n_1 + 2n_2$ 个指针域不空，即 $n-1$ 个指针域不空，分别指向左右孩子。因此，其余的 $n+1$ 个指针域为空。

4. 带双亲指针的二叉链表——三叉链表

经常要在二叉树中寻找某结点的双亲时，可在每个结点上再加一个指向其双亲的指针 parent，形成一个带双亲指针的二叉链表，也称为三叉链表。

例如，图 6.15 的二叉树的三叉链表，如图 6.17 所示。

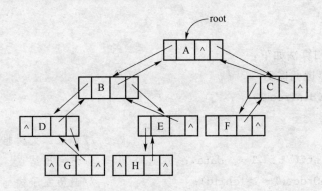

图 6.17　三叉链式存储结构

6.4　二叉树的遍历

6.4.1　二叉树的遍历方法及递归实现

二叉树遍历是二叉树上最重要的运算之一，是二叉树上进行其他运算之基础。

遍历定义：是指从根开始沿着某条搜索路线，依次对树中每个结点均做一次且仅做一次访问。访问结点所做的操作依赖于具体的应用问题。

1. 遍历方案

由于二叉树中每个结点可能有两个后继结点，所以遍历二叉树存在多条遍历路线。从二叉树的递归定义可知，一棵非空的二叉树由根结点及左、右子树这三个基本部分组成。因此，在任一给定结点上，可以按某种次序执行三个操作。

(1) 访问结点本身（**D**）；

(2) 遍历该结点的左子树（**L**）；

(3) 遍历该结点的右子树（**R**）。

以上三种操作有六种遍历方案：DLR、LDR、LRD、DRL、RDL、RLD。如果规定每次遍历左子树都在右子树之前访问，则只讨论先左后右的前三种次序。

2. 三种遍历的命名

(1) 前(先)序遍历 **DLR**：访问根(子树根)结点的操作发生在遍历其左右子树之前，又称为先根遍历。

（2）中序遍历 **LDR**：访问根（子树根）结点的操作发生在遍历其左右子树之中（间），又称为中根遍历。

（3）后序遍历 **LRD**：访问根（子树根）结点的操作发生在遍历其左右子树之后，又称为后根遍历。

在上述三种遍历方法中，中序遍历应用最为广泛。

3. 遍历规则及算法

（1）先序遍历的递归算法

若二叉树非空，则依次执行如下操作。

① 访问根结点；

② 遍历左子树；

③ 遍历右子树。

先序遍历的递归算法如下：

算法 6.1　先序递归遍历

```
void PreOrder(BinTree T)
{
    if(T) {                              //如果二叉树非空
        printf("%c",T->data);           //访问根结点
        PreOrder(T->lchild);            //遍历左子树
        reOrder(T->rchild);             //遍历右子树
    }
}
```

（2）中序遍历的递归算法

若二叉树非空，则依次执行如下操作。

① 遍历左子树；

② 访问根结点；

③ 遍历右子树。

中序遍历的递归算法如下：

算法 6.2　中序递归遍历

```
void InOrder(BinTree T)
{
    if(T) {                              //如果二叉树非空
        InOrder(T->lchild);             //遍历左子树
        printf("%c",T->data)            //访问根结点
        InOrder(T->rchild);             //遍历右子树
    }
}
```

（3）后序遍历得递归算法

若二叉树非空，则依次执行如下操作。

① 访问根结点；

② 遍历左子树；

③ 遍历右子树。

后序遍历的递归算法如下：

算法 6.3　后序递归遍历

```
void PostOrder(BinTree T)
{
    if(T) { //如果二叉树非空
        PostOrder(T->lchild);          //遍历左子树
        PostOrder(T->rchild);          //遍历右子树
        printf("%c",T->data);          //访问根结点
    }
}
```

4. 层次遍历

所谓二叉树的层次遍历，是指从二叉树的第一层（根结点）开始，从上至下逐层遍历，在同一层中，则按从左到右的顺序对结点逐个访问。对于图 6.15 所示的二叉树，按层次遍历所得到的结果序列为

A B C D E F G

下面讨论层次遍历的算法。

由层次遍历的定义可以推知，在进行层次遍历时，对一层结点访问完后，再按照它们的访问次序对各个结点的左孩子和右孩子顺序访问，这样一层一层进行，先遇到的结点先访问，这与队列的操作原则比较吻合。因此，在进行层次遍历时，可设置一个队列结构，遍历从二叉树的根结点开始，首先将根结点指针入队列，然后从队头取出一个元素，每取一个元素，执行下面两个操作。

（1）访问该元素所指结点；

（2）若该元素所指结点的左、右孩子结点非空，则将该元素所指结点的左孩子指针和右孩子指针顺序入队。

此过程不断进行，当队列为空时，二叉树的层次遍历结束。

在下面的层次遍历算法中，二叉树以二叉链表存放，一维数组 Queue[MAXNODE]用以实现队列，变量 front 和 rear 分别表示当前对首元素和队尾元素在数组中的位置。

MAXNODE 为二叉树的结点数。

算法 6.4　层次遍历二叉树

```
void LevelOrder(BinTree bt)
/* 层次遍历二叉树 bt */
{BinTree Queue[MAXNODE];
  int front,rear;
  if (bt == NULL) return;
  front = -1;
  rear = 0;
  queue[rear] = bt;
  while(front!= rear)
    {front ++;
     printf("%c", queue[front]->data);/* 访问队首结点的数据域 */
```

```
    if (queue[front]->lchild!=NULL)  /*将队首结点的左孩子结点入队列*/
     { rear++ ;
        queue[rear]=queue[front]->lchild;
     }
    if (queue[front]->rchild!=NULL)  /*将队首结点的右孩子结点入队列*/
     { rear++ ;
        queue[rear]=queue[front]->rchild;
     }
    }
}
```

6.4.2 二叉树非递归遍历

前面给出的二叉树先序、中序和后序三种遍历算法都是递归算法。当给出二叉树的链式存储结构以后,用具有递归功能的程序设计语言很方便就能实现上述算法。然而,并非所有程序设计语言都允许递归;另一方面,递归程序虽然简洁,但可读性一般不好,执行效率也不高。因此,就存在如何把一个递归算法转化为非递归算法的问题。解决这个问题的方法可以通过对三种遍历方法的实质过程的分析得到。一般情况下从递归转化为非递归算法,需要借用堆栈。

如图 6.15 所示的二叉树,对其进行先序、中序和后序遍历都是从根结点 A 开始的,且在遍历过程中经过结点的路线是一样的,只是访问的时机不同而已。图 6.18 中所示的从根结点左外侧开始,由根结点右外侧结束的曲线,为遍历图 6.15 的路线。沿着该路线按△标记的结点读得的序列为先序序列,按 * 标记读得的序列为中序序列,按⊕标记读得的序列为后序序列。

然而,这一路线正是从根结点开始沿左子树深入下去,当深入到最左端,无法再深入下去时,则返回,再逐一进入刚才深入时遇到结点的右子树,再进行如此的深入和返回,直到最后从根结点的右子树返回到根结点为止。先序遍历是在深入时遇到结点就访问,中序遍历是在从左子树返回时遇到结点访问,后序遍历是在从右子树返回时遇到结点访问。

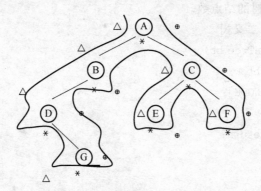

图 6.18　遍历图 6.15 的路线示意图

在这一过程中,返回结点的顺序与深入结点的顺序相反,即后深入先返回,正好符合栈结构后进先出的特点。因此,可以用栈来帮助实现这一遍历路线。其过程如下。

在沿左子树深入时，深入一个结点入栈一个结点，若为先序遍历，则在入栈之前访问；当沿左分支深入不下去时，则返回，即从堆栈中弹出前面压入的结点，若为中序遍历，则此时访问该结点，然后从该结点的右子树继续深入；若为后序遍历，则将此结点再次入栈，然后从该结点的右子树继续深入，与前面类同，仍为深入一个结点入栈一个结点，深入不下去再返回，直到第二次从栈里弹出该结点，才访问。

（1）先序遍历的非递归实现

在下面算法中，二叉树以二叉链表存放，一维数组 S[MAXNODE]用以实现栈，变量 top 用来表示当前栈顶的位置。

算法 6.5　先序非递归遍历

```
#define MAXNODE 100
void preorderf(BinTree T)              //先序遍历二叉树非递归算法
{
     int top = 0;
     BinTree p, S[MAXNODE];
     p = T;
     while (p || top)                  //p 所指向树不空或栈不空
       {while (p!= null)
             {printf("%c", p->data);
                  //假设元素类型为整数
              if (p->rchild!= null)
                s[top++] = p->rchild;  //右子树根地址进栈
              p = p->lchild;           //继续搜索 p 的左子树
              }
         if (top>0)
             p = s[--top];             //右子树根地址出栈赋给 p,即去搜索右子树
       }
}
```

（2）中序遍历的非递归实现

在下面算法中，二叉树以二叉链表存放，一维数组 S[MAXNODE]用以实现栈，变量 top 用来表示当前栈顶的位置。

算法 6.6　中序非递归遍历

```
#define MAXNODE 100
void inorder(BinTree T)
//中序遍历二叉树非递归算法
{
   int top = 0, h = 0;
   BinTree p,s[M];
   p = T;
   while (p != NULL|| top!==0)
   //p 所指向树不空或栈不空
```

```
{
    while (p!= null)
    {
        s[top++] = p;
        //左子树所遇结点 p 进栈
        p = p->lchild;
        //继续搜索 p 的左子树
    }
    if (top>0)
    {
        p = s[--top];                        //出栈,栈顶元素赋给 p
        printf("%d\t", p->data);
        //访问结点
        p = p->rchild;
        //继续搜索 p 的右子树
    }
}
```

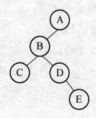

图 6.19　二叉树

用表 6.1 跟踪整个中序遍历过程。

表 6.1　二叉树中序遍历非递归过程

步　骤	访问结点	栈 S 内容	P 的指向
初　态			A
1		A	B
2		AB	C
3		ABC	空(C 的左孩子)
4	C	AB	空(C 的右孩子)
5	B	A	D
6		AD	空(D 的左孩子)
7	D	A	E
8		AE	空(E 的左孩子)
9	E	A	空(E 的右孩子)
10	A	空	空(A 的右孩子)

（3）后序遍历的非递归实现

由前面的讨论可知,后序遍历与先序遍历和中序遍历不同,在后序遍历过程中,结点在第一次出栈后,还需再次入栈,也就是说,结点要入两次栈,出两次栈,而访问结点是在第二次出栈时访问。因此,为了区别同一个结点指针的两次出栈,设置一标志 flag,令:

$$flag = \begin{cases} 1 & \text{第一次出栈,结点不能访问} \\ 2 & \text{第二次出栈,结点可以访问} \end{cases}$$

当结点指针进、出栈时,其标志 flag 也同时进、出栈。因此,可将栈中元素的数据类型定义为指针和标志 flag 合并的结构体类型。定义如下。

```
typedef struct {
    BinTree  link;
    int  flag;
}stacktype;
```

后序遍历二叉树的非递归算法如下。在算法中,一维数组 stack[MAXNODE]用于实现栈的结构,指针变量 p 指向当前要处理的结点,整型变量 top 用来表示当前栈顶的位置,整型变量 sign 为结点 p 的标志量。

算法 6.7　后序非递归遍历

```
void PostOrder(BinTree  bt)
/*非递归后序遍历二叉树 bt*/
{ stacktype stack[MAXNODE];
  BinTree p;
  int top,sign;
  if (bt == NULL) return;
  top = -1                        /*栈顶位置初始化*/
  p = bt;
  while (! (p == NULL && top == -1))
    { if (p!=NULL)               /*结点第一次进栈*/
      { top++;
      stack[top].link = p;
      stack[top].flag = 1;
      p = p->lchild;            /*找该结点的左孩子*/
    }
    else { p = stack[top].link;
      sign = stack[top].flag;
      top--;
      if (sign = = 1)           /*结点第二次进栈*/
      {top++;
        stack[top].link = p;
        stack[top].flag = 2;    /*标记第二次出栈*/
        p = p->rchild;
```

```
        }
        else { Visite(p->data);          /* 访问该结点数据域值 */
           p = NULL;
        }
      }
    }
}
```

6.4.3　二叉树的基本操作

给定一棵二叉树,要对它进行操作必须先把它存储到计算机中,二叉树的存储可以采用顺序存储结构,也可以采用链式存储结构,链式存储结构有二叉链表和带双亲指针的二叉链表等,这里采用的是二叉链表。

1. 二叉链表的构造

(1) 基本思想

基于先序遍历构造二叉链表,即以二叉树的先序遍历序列为输入构造二叉链表。

注:先序遍历序列中须加入虚结点以示空指针的位置。

如图 6.16 所示的二叉树的带虚结点的先序序列为

$$ABΦDGΦΦΦCEΦHΦΦFΦΦ$$

(2) 构造算法

以二叉树的先序序列为输入构造二叉链表,假设虚结点输入时以空格字符表示,算法如下。

二叉树的建立

算法 6.8　先序递归的二叉树建立

```
void CreateBinTree (BinTree&T)
{ //构造二叉链表。T是指向根指针
  char ch;
  if((ch = getchar()) == ´ ´)
     T = NULL;                          //读入空格,将相应指针置空
  else
  { //读入非空格
     T = (BinTNode * )malloc(sizeof(BinTNode));
     T->data = ch;
     CreateBinTree(T->lchild);     //构造左子树
     CreateBinTree(T->rchild);     //构造右子树
  }
}
```

注意:调用该算法时,应将待建立的二叉链表的根指针作为实参。

2. 二叉链表的其他操作

二叉树的其他操作包括:遍历二叉树、计算二叉树深度、计算所有结点总数、计算叶子结点数、计算双孩子结点个数、计算单孩子结点个数等。

说明:下面给出的是基本操作的算法,在进行算法设计时,需要把二叉树的五种基本形态

的各种情况考虑周到。

以下操作均用二叉链表作为存储结构。

（1）计算二叉树深度

分析如下。

如果二叉树 BT 为空，即 BT == NULL，则 BT 的深度为 0；

如果二叉树 BT 不空，则分别计算其左、右子树的深度，左、右子树深度的最大者加 1 就是该二叉树的深度。

算法步骤如下。

① 如果二叉树 BT 为空，返回 0，否则执行②。

② 分别计算 BT 的左右子树的深度。

③ 如果左子树深度大，返回左子树深度+1，否则返回右子树深度+1。

递归算法如下。

算法 6.9 递归求二叉树深度

```
int BinTreeDepth(BinTNode * BT)
{
    int leftdep, rightdep;              //分别记录左右子树深度
    if (BT == NULL)
    return(0);
    else
    {
        leftdep = BinTreeDepth(BT->lchild);
        rightdep = BinTreeDepth(BT->rchild);
    }
    if (leftdep>rightdep)
        return(leftdep + 1);
    else
        return(rightdep + 1);
}
```

算法 6.10 非递归求二叉树深度

中序遍历的非递归算法求二叉树深度

```
intinorder(BinTree T)
//中序遍历二叉树非递归算法
{
    int top = 0,depth = 0,temp = 0;
    BinTree p,s[M];
    p = T;
    while (p != NULL|| top!==0)
    //p 所指向树不空或栈不空
    {
        while (p!= null)
```

```
    {
      s[top++] = p;              //左子树所遇结点 p 进栈
      temp++;                    //统计单分支的深度
      p = p->lchild;             //继续搜索 p 的左子树
    }
    if (top>0)
    {
    p = s[--top];                //出栈,栈顶元素赋给 p
    p = p->rchild;               //继续搜索 p 的右子树
    if(p == NULL)
    { //单分支结束
      if(temp>depth)
      depth = temp;
      --temp;
    }
  }//else
}//end while
return depth;
}
```

(2) 计算双孩子结点个数

分析如下。

如果二叉树 BT 为空,即 BT==NULL,则 BT 无双孩子。

如果二叉树 BT 不空,但左、右子树至少有一个为空,即 BT->lchild==NULL || BT->rchild==NULL,则分别计算其左、右子树双孩子结点的个数,此时,左、右子树双孩子结点个数的和就是该二叉树的双孩子结点的个数。

如果二叉树 BT 不空,且左、右子树都不空,此时,根结点本身是一个双孩子结点,因此,左、右子树双孩子结点个数的和再加 1 就是该二叉树的双孩子结点的个数。

算法步骤如下。

① 如果二叉树 BT 为空,返回 0。

② 如果左右子树至少有一个为空,返回左子树双孩子结点数与右子树双孩子结点数之和。

③ 如果左右子树都不空,返回左子树双孩子结点数与右子树双孩子结点数之和+1。

算法 6.11 计算双孩子结点个数的递归算法

```
intTwoSonCount(BinTNode * BT)
{
  if (BT == NULL)
    return(0);
  else if (BT->lchild == NULL || BT->rchild == NULL)
      return(TwoSonCount (BT->lchild) + TwoSonCount (BT->rchild));
  else
    return(TwoSonCount (BT->lchild) + TwoSonCount (BT->rchild) + 1);
```

```
}
```

（3）计算结点总数

分析如下。

如果二叉树 BT 为空，即 BT==NULL，则 BT 无结点。

如果二叉树 BT 不空，则左、右子树结点的个数之和加 1 就是该二叉树的结点的个数。

算法步骤如下。

① 如果二叉树 BT 为空，返回 0。

② 如果二叉树 BT 不空，返回左子树结点数与右子树结点数之和加 1。

算法 6.12　计算结点总数的递归算法

```
int NodeCount(BinTNode * BT)
{
    if (BT == NULL)
        return(0);
    else
        return(NodeCount (BT ->lchild) + NodeCount (BT ->rchild) + 1);
}
```

（4）判断二叉树是否为完全二叉树

算法 6.13　判断二叉树是否为完全二叉树

```
int IsFullTree(BinTree bt)   /* 判断是否为完全二叉树,返回值 1 为真,否则为假 */
{ BinTree Queue[MAXNODE];
    int p, front,rear,flag = 0;
    if (bt = = NULL) return  1;
    front = - 1;
    rear = 0;
    queue[rear] = bt;
    while(front!= rear)
    {
        front ++ ;
        p = queue[front];
        if(p == NULL)
            flag = 1;
        else if(flag == 1)
            return 0;
        else
        {
            rear ++ ;
            queue[rear] = p ->lchild;
            rear ++ ;
            queue[rear] = p ->rchild;
        }//end if
```

```
        }//end while
   return 1;
}
```

6.4.4 遍历线性序列恢复二叉树

从前面讨论的二叉树的遍历知道,任意一棵二叉树结点的先序序列和中序序列都是唯一的。反过来,若已知结点的先序序列和中序序列,能否确定这棵二叉树呢? 这样确定的二叉树是否是唯一的呢? 回答是肯定的。

根据定义,二叉树的先序遍历是先访问根结点,其次再按先序遍历方式遍历根结点的左子树,最后按先序遍历方式遍历根结点的右子树。这就是说,在先序序列中,第一个结点一定是二叉树的根结点。另一方面,中序遍历是先遍历左子树,然后访问根结点,最后再遍历右子树。这样,根结点在中序序列中必然将中序序列分割成两个子序列,前一个子序列是根结点的左子树的中序序列,而后一个子序列是根结点的右子树的中序序列。根据这两个子序列,在先序序列中找到对应的左子序列和右子序列。在先序序列中,左子序列的第一个结点是左子树的根结点,右子序列的第一个结点是右子树的根结点。这样,就确定了二叉树的三个结点。同时,左子树和右子树的根结点又可以分别把左子序列和右子序列划分成两个子序列,如此递归下去,当取尽先序序列中的结点时,便可以得到一棵二叉树。

同样的道理,由二叉树的后序序列和中序序列也可唯一地确定一棵二叉树。因为,依据后序遍历和中序遍历的定义,后序序列的最后一个结点,就如同先序序列的第一个结点一样,可将中序序列分成两个子序列,分别为这个结点的左子树的中序序列和右子树的中序序列,再拿出后序序列的倒数第二个结点,并继续分割中序序列,如此递归下去,当倒着取取尽后序序列中的结点时,便可以得到一棵二叉树。

下面通过一个例子,来给出右二叉树的先序序列和中序序列构造唯一的一棵二叉树的实现算法。

例如,已知一棵二叉树的中序遍历序列和先序遍历序列分别是:BGDAEHCF 和 AB-DGCEHF,画出这棵二叉树。

由先序遍历序列得到根结点为 A,再由中序遍历序列得到以 A 为根的左子树上有结点 BGD,以 A 为根的右子树上有结点 EHCF。

下面确定左子树上的结点 BGD 以谁为根,由先序遍历序列知,在这三个结点中,B 在最左边,所以 B 为子树的根,再由中序遍历序列知,结点 B 只有右子树,没有左子树,即 GD 都在 B 的右子树上。

接下来确定右子树上的结点 GD 以谁为根,由先序遍历序列知,以 D 为根,再由中序遍历序列知,G 在以 D 为根的左子树上。

由此,以 A 为根的左子树确定完毕。

同样的方法,可以确定 A 为根的右子树。

因此,所确定的二叉树如图 6.20 所示。

上述过程是一个递归过程,其递归算法的思想是:先根据先序序列的第一个元素建立根结点;然后在中序序列中找到该元素,确定根结点的左、右子树的中序序列;再在先序序列中确定左、右子树的先序序列;最后由左子树的先序序列与中序序列建立左子树,由右子树的先序序列与中序序列建立右子树。

下面给出用 C 语言描述的该算法。假设二叉树的先序序列和中序序列分别存放在一维数组 preod[ ]与 inod[ ]中,并假设二叉树各结点的数据值均不相同。

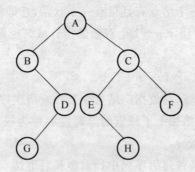

图 6.20 一棵二叉树的恢复过程

算法 6.14

```
void ReBinTree(char preod[ ],char inod[ ],int n,BinTree root)
/* n 为二叉树的结点个数,root 为二叉树根结点的存储地址 */
{ if (n≤0) root = NULL;
  else PreInOd(preod,inod,1,n,1,n,&root);
}
```

算法 6.15

```
void PreInOd(char preod[ ],char inod[ ],int i,j,k,h,BinTree * t)
{ * t = (BiTNode * )malloc(sizeof(BiTNode));
  * t - >data = preod[i];
  m = k;
  while (inod[m]!= preod[i])  m ++ ;
  if (m == k) * t - >lchild = NULL
  else PreInOd(preod,inod,i + 1,i + m - k,k,m - 1,&t - >lchild);
  if (m == h) * t - >rchild = NULL
  else PreInOd(preod,inod,i + m - k + 1,j,m + 1,h,&t - >rchild);
}
```

　　需要说明的是,数组 preod 和 inod 的元素类型可根据实际需要来设定,这里设为字符型。另外,如果只知道二叉树的先序序列和后序序列,则不能唯一地确定一棵二叉树。

6.5 线索二叉树

6.5.1 线索二叉树的定义及结构

　　用二叉链表作为二叉树的存储结构时,因为每个结点中只有指向其左右孩子结点的指针域,所以从任一结点出发只能直接找到该结点的左右孩子结点,而无法直接找到该结点在某种遍历序列中的前驱和后继结点。

1. 线索二叉树的概念

结论:n 个结点的二叉链表中含有 $n+1$ 个空指针域。

证明:用二叉链表存储包含 n 个结点的二叉树,结点必有 $2n$ 个链域。

除根结点外,二叉树中每一个结点有且仅有一个双亲,意即每个结点地址占用了双亲的一个直接后继,n 个结点地址共占用了 $n-1$ 个双亲的指针域。也就是说,只会有 $n-1$ 个结点的链域存放指针。

所以,空指针数目 $=2n-(n-1)=n+1$ 个。

利用二叉链表中的空指针域,存放指向结点在某种遍历次序下的前驱和后继结点的指针,这种附加的指针称为"线索"。把加上了线索的二叉链表称为线索链表,相应的二叉树称为线索二叉树(Threaded Binary Tree)。

说明:线索链表解决了在某种遍历序列中找前驱和后继结点困难的问题。

2. 线索二叉树的结构

一个具有 n 个结点的二叉树若采用二叉链表存储结构,在 $2n$ 个指针域中只有 $n-1$ 个指针域是用来存储结点孩子的地址,而另外 $n+1$ 个指针域存放的都是 NULL。因此,可以利用某结点空的左指针域(lchild)指出该结点在某种遍历序列中的直接前驱结点的存储地址,利用结点空的右指针域(rchild)指出该结点在某种遍历序列中的直接后继结点的存储地址;对于那些非空的指针域,则仍然存放指向该结点左、右孩子的指针。这样,就得到了一棵线索二叉树。

由于序列可由不同的遍历方法得到,因此,线索树有先序线索二叉树、中序线索二叉树和后序线索二叉树三种。把二叉树改造成线索二叉树的过程称为线索化。

那么,下面的问题是在存储中,如何区别某结点的指针域内存放的是指针还是线索? 通常可以采用下面这种方法来实现。

为每个结点增设两个标志位域 ltag 和 rtag,令:

$$ltag=\begin{cases}0 & \text{lchild 指向结点的左孩子}\\1 & \text{lchild 指向结点的前驱结点}\end{cases}$$

$$rtag=\begin{cases}0 & \text{rchild 指向结点的右孩子}\\1 & \text{rchild 指向结点的后继结点}\end{cases}$$

每个标志位令其只占一个 bit,这样就只需增加很少的存储空间。这样结点的结构为

rtag	rchild	data	lchild	ltag

为了将二叉树中所有空指针域都利用上,以及操作便利的需要,在存储线索二叉树时往往增设一头结点,其结构与其他线索二叉树的结点结构一样,只是其数据域不存放信息,其左指针域指向二叉树的根结点,右指针域指向自己。而原二叉树在某序遍历下的第一个结点的前驱线索和最后一个结点的后继线索都指向该头结点。

在线索二叉树中,结点的结构定义为如下形式。

```
typedef enum { Link,Thread} PointerTag;     //枚举值 Link 和 Thread 分别为 0,1
typedef struct node{
    ElemType data;
    PointerTag ltag,rtag;                    //左右标志
    struct node * lchild, * rchild;
}BinThrNode;                                 //线索二叉树的结点类型
typedef BinThrNode * BinThrTree;
BinThrNode pre = NULL;                       //全局量
```

下面以中序线索二叉树为例,讨论线索二叉树的建立、线索二叉树的遍历以及在线索二叉树上查找前驱结点、查找后继结点、插入结点和删除结点等操作的实现算法。

3. 线索二叉树和线索链表的图形表示

(1) 中序线索二叉树和中序线索链表

如图 6.21 所示的二叉树的中序线索二叉树和中序线索链表,如图 6.22 所示。

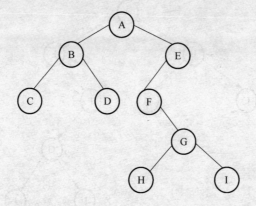

图 6.21 一棵二叉树

如图 6.22 所示的二叉树的中序遍历序列为 CBDAFHGIE,图中实线箭头表示指针,虚线箭头表示线索。中序线索链表,如图 6.23 所示。

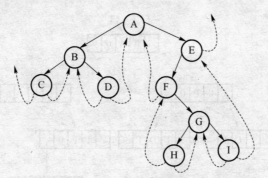

图 6.22 中序线索二叉树

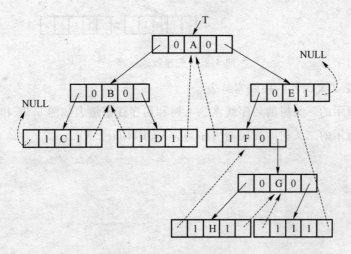

图 6.23 中序线索链表

说明:线索二叉链表中,结点是叶结点的充要条件为左、右标志均是1。

(2) 先序线索二叉树和先序线索链表

如图 6.21 所示的二叉树的先序线索二叉树和先序线索链表,如图 6.24 和图 6.25 所示。

如图 6.21 所示的二叉树的先序遍历序列为 ABCDEFGHI。

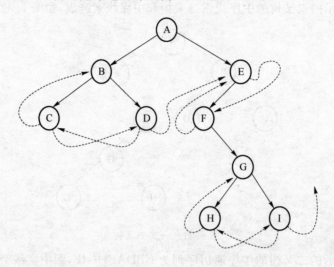

图 6.24 先序线索二叉树

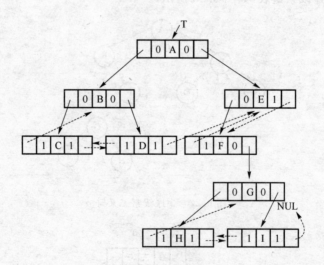

图 6.25 先序线索链表

(3) 后序线索二叉树和后序线索链表

如图 6.21 所示的二叉树的后序线索二叉树和后序线索链表如图 6.26 和图 6.27 所示。

如图 6.21 所示的二叉树的先序遍历序列为 CDBHIGFEA。

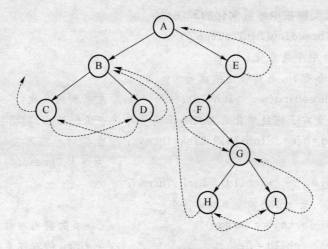

图 6.26 后序线索二叉树

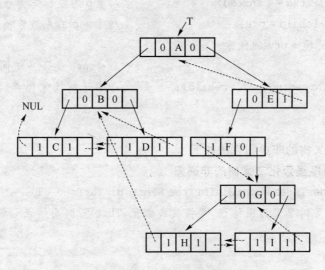

图 6.27 后序线索链表

6.5.2 线索二叉树的基本运算

1. 中序线索二叉树的建立

(1) 分析

将二叉树变为线索二叉树的过程称为线索化。

按某种次序将二叉树线索化的实质是：**按该次序遍历二叉树,在遍历过程中用线索取代空指针**。

算法与中序遍历算法类似。只需要将遍历算法中访问结点的操作具体化为建立正在访问的结点与其非空中序前驱或中序后继结点间的线索。

该算法应附设一个指针 pre 始终指向刚刚访问过的结点(pre 的初值应为 NULL),而指针 p 指示当前正在访问的结点。结点 * pre 是结点 * p 的前驱,而 * p 是 * pre 的后继。

(2) 将二叉树按中序线索化的算法

递归中序线索化二叉树

算法 6.16   二叉树按中序线索化的算法

```
void InorderThreading(BinThrTree p)
{//将二叉树 p 中序线索化
  if(p){//p 非空时,当前访问结点是 * p
    InorderThreading(p->lchild);           //左子树线索化
    //以下直至右子树线索化之前相当于遍历算法中访问结点的操作
    p->ltag = (p->lchild)? Link:Thread; //左指针非空时左标志为 Link(即 0),
                                            否则为 Thread(即 1)
    p->rtag = (p->rchild)? Link:Thread;
    if(pre){ //若 * p 的前驱 * pre 存在
      if(pre->rtag == Thread)          //若 * p 的前驱右标志为线索
        pre->rchild = p;               //令 * pre 的右线索指向中序后继
      if(p->ltag == Thread)            // * p 的左标志为线索
        p->lchild = pre;               //令 * p 的左线索指向中序前驱
    } //完成处理 * pre 的线索
    pre = p;                            //令 pre 是下一访问结点的中序前驱
    InorderThreeding(p->rehild);       //右子树线索化
  }//endif
}
```

中序线索化二叉树的非递归算法如下:

算法 6.17   中序线索化二叉树的非递归

```
Status  InOrderThreading (BinThrTree &Thrt,BinThrTree  T)
//中序遍历二叉树 T,T 为根结点,并将其线索化,Thrt 指向头结点
{
  int top = 0;
  BiThrTree p,s[M];
  if(! (Thrt = (BiThrTree)malloc(sizeof(BiThrNode))))
  exit(OVERFLOW);
Thrt->ltag = Link;
Thrt->rtag = Link;
Thrt->rchild = Thrt;                    //右指针回指
//初始化头结点
if(! T) Thrt->lchild = Thrt;
else
{
  Thrt->lchild = T; pre = Thrt;
  p = T;
  while (p != NULL|| top!== 0)
  //p 所指向树不空或栈不空
    {
```

中序线索化二叉树

```
      while (p! = null)
        {
          s[top + + ] = p;
          //左子树所遇结点 p 进栈
          p = p - >lchild;
          /继续搜索 p 的左子树
          }   //end while
        if (top>0)
          {
            p = s[ - - top];
            //出栈,栈顶元素赋给 p
            if(pre - >rchild =  = NULL)
            {
              pre - >rchild = p;
              pre - >rtag = Thread;
            }
            if(p - >lchild =   = NULL)
            {
              p - >lchild = pre;
              p - >Ltag = Thread;
            }
            pre = p;
            p = p - >rchild;
            //继续搜索 p 的右子树
          }// end if
        }//end while
      pre - >rchild = thrt;
    }//end if
}
```

2. 查找某结点 p 在指定次序下的前驱和后继结点

(1) 在中序线索二叉树中,查找结点 p 的中序后继结点

在中序线索二叉树中,查找结点 p 的中序后继结点分两种情形。

① 若 p 的右子树为空(即 p->rtag 为 Thread),则 p->rchild
为右线索,即右孩子指针直接指向 p 的中序后继。

寻找中序线索化二叉树
指定结点的后继

如图 6.22 所示的中序线索链表中,结点 D 的中序后继是 A。

② 若 p 的右子树非空(即 p->rtag 为 Link),则 p 的中序后继必是其右子树中第一个中序遍历到的结点。也就是从 p 的右孩子开始,沿该孩子的左链往下查找,直至找到一个没有左孩子的结点为止,该结点是 p 的右子树中"最左下"的结点,即 p 的中序后继结点。

如图 6.22 所示的中序线索链表中,结点 A 的中序后继是 F,它有右孩子;F 的中序后继是 H,它无右孩子;B 的中序后继是 D,它是 B 的右孩子。

查找结点 p 的中序后继结点的算法如下：

算法 6.18 查找结点 p 的中序后继结点

```
BinThrNode * InorderSuccessor(BinThrTree p)
{//在中序线索树中找结点 p 的中序后继,设 p 非空
  BinThrTree q;
  if (p->rtag == Thread)              //p 的右子树为空
    return p->rchild;                 //返回右线索所指的中序后继
   else
   {
     q = p->rchild;                   //从 p 的右孩子开始查找
     while (q->ltag == Link)
        q = q->lchild;                //左子树非空时,沿左链往下查找
     return q;                        //当 q 的左子树为空时,它就是最左下结点
   } //end if
}
```

(2) 在中序线索二叉树中,查找结点 p 的中序前驱结点

中序是一种对称序,故在中序线索二叉树中查找结点 p 的中序前驱结点与找中序后继结点的方法完全对称。具体情形如下。

① 若 p 的左子树为空,则 p->lchild 为左线索,即左孩子指针直接指向 p 的中序前驱结点;如图 6.22 所示的中序线索链表中,结点 D 的中序前驱是 B。

② 若 p 的左子树非空,则从 p 的左孩子出发,沿右指针链往下查找,直到找到一个没有右孩子的结点为止。该结点是 p 的左子树中"最右下"的结点,它是 p 的左子树中最后一个中序遍历到的结点,即 p 的中序前驱。

如图 6.22 所示的中序线索链表中,结点 A 和 E 的中序前驱是 D 和 I,都是左子树中"最右下"的结点,没有右孩子。

查找结点 p 的中序前驱结点的算法如下：

寻找中序线索化二叉树
指定结点的前驱

算法 6.19 查找结点 p 的中序前驱结点

```
BinThrNode * Inorderpre(BinThrNode p)
{//在中序线索树中找结点 p 的中序前驱,设 p 非空
BinThrTree q;
  if (p->ltag == Thread)              //p 的左子树为空
    return p->lchild;                 //返回左线索所指的中序前驱
  else
  {
    q = p->lchild;                    //从 p 的左孩子开始查找
    while (q->rtag == Link)
      q = q->rchild;                  //右子树非空时,沿右链往下查找
    return q;                         //当 q 的右子树为空时,它就是最右下结点
  } //end if
}
```

注意:对于非线索二叉树,仅从 p 出发无法找到其中序前驱(或后继),而必须从根结点开始中序遍历。线索二叉树中的线索使得查找中序前驱和后继变得简单有效。

(3)在后序线索二叉树中,查找指定结点 p 的后序前驱结点

在后序线索二叉树中,查找指定结点 p 的后序前驱结点的具体规律是:

① 若 p 的左子树为空,则 p->lchild 是前驱线索,即左孩子指针直接指向其后序前驱结点。

如图 6.27 所示的后序线索链表中,H 的后序前驱是 B,F 的后序前驱是 G。

② 若 p 的左子树非空,则 p->lchild 不是前驱线索。由于后序遍历时,根是在遍历其左右子树之后被访问的,故 p 的后序前驱必是两子树中最后一个遍历结点。

当 p 的右子树非空时,p 的右孩子必是其后序前驱。

当 p 无右子树时,p 的左孩子必是其后序前驱。

如图 6.27 的后序线索链表中,A 的后序前驱是 E,E 的后序前驱是 F。

(4) 在后序线索二叉树中,查找指定结点 p 的后序后继结点。

在后序线索二叉树中,查找指定结点 p 的后序后继结点的具体规律是:

① 若 p 是根,则 p 是该二叉树后序遍历过程中最后一个访问到的结点,p 的后序后继为空。

② 若 p 是其双亲的右孩子,则 p 的后序后继结点就是其双亲结点。

如图 6.27 的后序线索链表中,E 的后序后继是 A 。

③ 若 p 是其双亲的左孩子,但 p 无右兄弟,p 的后序后继结点是其双亲结点。

如图 6.27 的后序线索链表中,F 的后序后继是 E 。

④ 若 p 是其双亲的左孩子,但 p 有右兄弟,则 p 的后序后继是其双亲的右子树中第一个后序遍历到的结点,它是该子树中"最左下的叶结点"。

如图 6.27 的后序线索链表中,B 的后序后继是双亲 A 的右子树中最左下的叶结点 H,而不是 F。

3. 遍历线索二叉树

遍历某种次序的线索二叉树,只要从该次序下的开始结点出发,反复找到结点在该次序下的后继,直至终端结点。

遍历中序线索二叉树算法如下:

算法 6.20 遍历中序线索二叉树

```
void TraverseInorderThrTree(BinThrTreeT)
{ //遍历中序线索二叉树,T 为头结点
  p = T->lchild;
while(p! = T)
  {   //穷举左子树
    while(p->ltag == Link)
      p = p->lchild;          //从根往下找最左下结点,即中序序列的开始结点
      printf("%c",p->data);  //访问结点
      while(p->rtag == thread)
      {
        printf("%c",p->data);//访问结点
```

```
        p = p - >rchild;            //找 p 的中序后继
    }
    p = p - >rchild;
}while(p);
}//endif
}
```

分析:该算法的时间复杂性为 $O(n)$。因为是非递归算法,常数因子上小于递归的遍历算法。因此,若对一棵二叉树要经常遍历,或查找结点在指定次序下的前驱和后继,则应采用线索链表作为存储结构为宜。

6.6 哈夫曼树—最优二叉树

6.6.1 哈夫曼树的有关概念

1. 树的路径长度

从根结点到树中每一结点的路径长度之和称为树的路径长度。

说明:在结点数目相同的二叉树中,完全二叉树的路径长度最短。

2. 树的带权路径长度

(1) 结点的权:赋予树中某结点的一个有某种意义的实数,称为该结点的权。

(2) 结点的带权路径长度:结点到树根之间路径长度与该结点上权的乘积,称为结点的带权路径长度。

(3) 树的带权路径长度:树中所有叶结点的带权路径长度之和,称为树的带权路径长度,亦称为树的代价。记为 $\mathrm{WPL} = \sum_{i=1}^{n} w_i l_i$,$n$ 表示叶子结点的数目,w_i 和 l_i 表示叶结点 k_i 的权值和根到 k_i 之间的路径长度。

3. 哈夫曼树

在权为 w_1, w_2, $\cdots$, w_n 的 n 个叶子所构成的所有二叉树中,带权路径长度最小(即代价最小)的二叉树称为哈夫曼树或最优二叉树。

说明:

(1) 叶子上的权值均相同时,完全二叉树一定是最优二叉树,否则完全二叉树不一定是最优二叉树。

(2) 哈夫曼树中,权越大的叶子离根越近。

(3) 哈夫曼树的形态不唯一,但 WPL 值相同且最小。

(4) 4n 个叶子结点构建的哈夫曼树总共有 $2n-1$ 个结点,没有度为 1 的结点。

例如,给定 5 个叶子结点 a,b,c, d 和 e,分别带权 7,6,12,15 和 10。可构造出许多棵二叉树,如图 6.28(a)、(b)所示的是其中两棵二叉树。

它们的带权路径长度分别为

① $\mathrm{WPL} = 7 \times 2 + 6 \times 3 + 12 \times 3 + 15 \times 3 + 10 \times 3 = 143$

② $\mathrm{WPL} = 7 \times 3 + 6 \times 3 + 12 \times 2 + 15 \times 2 + 10 \times 2 = 113$

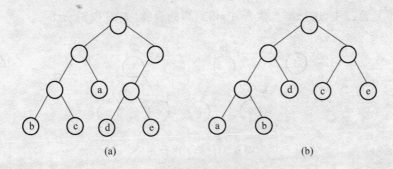

图 6.28　两棵二叉树

实际上图(b)的二叉树是所有以 a,b,c,d 和 e 为叶子的二叉树中 WPL 最小的二叉树,它就是哈夫曼树。

6.6.2　哈夫曼树的构造

1. 哈夫曼算法

哈夫曼首先给出了对于给定的叶子数目及其权值构造最优二叉树的方法,故称其为哈夫曼算法。

基本思想如下。

(1) 根据给定的 n 个权值 w_1, w_2,…, w_n 构成 n 棵二叉树的森林 $F=\{T_1,T_2,…,T_n\}$,其中每棵二叉树 T_i 中都只有一个权值为 w_i 的根结点,其左右子树均空。

(2) 在森林 F 中选出两棵根结点权值最小的树(当这样的树不止两棵树时,可以从中任选两棵),将这两棵树合并成一棵新树,为了保证新树仍是二叉树,需要增加一个新结点作为新树的根,并将所选的两棵树的根分别作为新根的左右孩子(谁左,谁右无关紧要),将这两个孩子的权值之和作为新树根的权值。

(3) 对新的森林 F 重复②,直到森林 F 中只剩下一棵树为止。这棵树便是哈夫曼树。

用哈夫曼算法构造哈夫曼树的过程:给定 5 个叶子结点 a,b,c,d 和 e,分别带权 7,6,12,15 和 10。用哈夫曼算法构造哈夫曼树的过程如下。

第一步:根据给定的 5 个权值 7,6,12,15 和 10 构成 5 棵二叉树的森林 $F=\{T_1,T_2,T_3,T_4,T_5\}$,如图 6.29 所示。

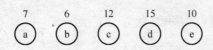

图 6.29　5 棵二叉树的森林　　　　　　　构造哈夫曼树过程

第二步:在森林 F 中选出两棵根结点权值最小的树,将这两棵树合并成一棵新树,并添加到森林中,得到新的森林,如图 6.30 所示。

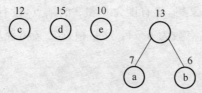

图 6.30　两棵二叉树合并后的森林

第三步：重复第二步，进行第二次合并，得到新的森林，如图6.31所示。

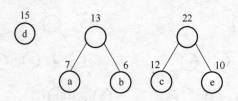

图 6.31 第二次合并

第四步：重复第二步，进行第三次合并，得到新的森林，如图6.32所示。

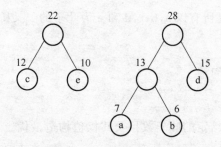

图 6.32 第三次合并

第五步：重复第二步，进行第四次合并，由于森林 F 中只剩下一棵树，所以它就是哈夫曼树，如图6.33所示。

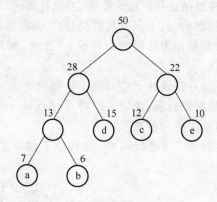

图 6.33 第四次合并

说明：

(1) 初始森林中的 n 棵二叉树，每棵树是一个孤立的结点，它们既是根，又是叶子。

(2) n 个叶子的哈夫曼树要经过 $n-1$ 次合并，产生 $n-1$ 个新结点。所以 n 个字符进行哈夫曼编码时所构建的哈夫曼树中共有 $2n-1$ 个结点。

(3) 哈夫曼树是严格的二叉树，只有度为 0 和 2 的结点，没有 1 度的分支结点。以 n 个叶子构建的哈夫曼树度为 2 的结点数为 $n-1$，这是根据二叉树性质 $n_2=n_0-1$，这里 $n_0=n$，所以 $n_2=n-1$。

6.6.3 哈夫曼算法的实现

1. 哈夫曼树结点的结构

哈夫曼树的结点用一个大小为 $2n-1$ 的向量来存储,每个结点包含权值域 weight 、指示左右孩子结点在向量中下标的整型量 lchild 和 rchild、指示双亲结点在向量中下标的整型量 parent。结点结构,如图 6.34 所示。

weight	lchild	rchild	parent

图 6.34 结点结构

2. 哈夫曼树的描述

```
#define n 100                       //叶子数目
#define m 2 * n - 1                 //树中结点总数
typedef struct {                    //定义结点类型
    float weight;                   //定义权值域
    int lchild, rchild, parent;     //定义左右孩子及双亲指针
}HTNode;
```

typedef HTNode HuffmanTree[m]; //定义 HuffmanTree 为新的类型标识符,用该标识符定义的变量是具有 HTNode 类型的含有 m 个元素的向量

注意:

(1)因为 C 数组的下界为 0,故用 −1 表示空指针。树中某结点的 lchild、rchild 和 parent 不等于 −1 时,它们分别是该结点的左、右孩子和双亲结点在向量中的下标。

(2)这里设置 parent 域有两个作用:其一是使查找某结点的双亲变得简单;其二是可通过判定 parent 的值是否为 −1 来区分根与非根结点。

3. 哈夫曼树 T 算法实现的步骤

(1)初始化:将 T[$0\cdots m-1$]中 $2n-1$ 个结点里的三个指针均置为空(即置为 −1),权值置为 0。

(2)输入:读入 n 个叶子的权值存于向量的前 n 个分量(即 T[$0\cdots n-1$])中。它们是初始森林中 n 个孤立的根结点上的权值。

(3)合并:对森林中的树共进行 $n-1$ 次合并,所产生的新结点依次放入向量 T 的第 i 个分量中($n \leqslant i \leqslant m-1$)。每次合并分两步。

1)在当前森林 T[$0 \cdots i-1$]的所有结点中,选取权最小和次小的两个根结点 T[p1]和 T[p2]作为合并对象,这里 $0 \leqslant p1, p2 \leqslant i-1$。

2)将根为 T[p1]和 T[p2]的两棵树作为左右子树合并为一棵新的树,新树的根是新结点 T[i]。具体操作如下。

① 将 T[p1]和 T[p2]的 parent 置为 i。

② 将 T[i]的 lchild 和 rchild 分别置为 p1 和 p2。

③ 新结点 T[i]的权值置为 T[p1]和 T[p2]的权值之和。

说明:合并后 T[pl]和 T[p2]在当前森林中已不再是根,因为它们的双亲指针均已指向了 T[i],所以下一次合并时不会被选中为合并对象。

4. 哈夫曼树 T 算法实现的程序

（1）初始化函数

```
void InitHuffmanTree(HuffmanTree T)
{//初始化
    int i;
    for (i = 0; i<m; i++)
    {
    T[i].weight = 0;
    T[i].lchild = -1;
    T[i].rchild = -1;
    T[i].parent = -1;
    }
}
```

构造哈夫曼树的算法模拟

（2）输入权值函数

```
void InputWeight(HuffmanTree T)
{//输入权值
  float w;
  int i;
  for (i = 0; i<n;i++){
      printf("\n 输入第%d个权值：",i+1);
      scanf("%f",&w);
      T[i].weight = w;
  }
}
```

（3）选择两个权最小的根结点函数

```
void SelectMin(HuffmanTree T, int i, int&p1,int &p2)
{//选择两个小的结点
  float min1 = 999999;          //定义并初始化最小权值
  float min2 = 999999;          //定义并初始化次小权值
  int j;
  for (j = 0;j< = i;j++)
    if(T[j].parent == -1)
    if(T[j].weight<min1)
      {
      min2 = min1;             //改变最小权,次小权及其位置
      min1 = T[j].weight;      //找出最小的权值
      p2 = p1;
      p1 = j;
```

```
    }
    else if(T[j].weight<min2)
    {
        min2 = T[j].weight;          //改变次小权及位置
        p2 = j;
    }
}
```

(4) 建立哈夫曼树函数

算法 6.21 建立哈夫曼树函数

```
void CreateHuffmanTree(HuffmanTree T)
{//构造哈夫曼树,T[m-1]为其根结点
    int i,p1,p2;
    InitHuffmanTree(T);              //将 T 初始化
    InputWeight(T);                  //输入叶子权值至 weight 域
    for(i = n;i<m;i++){              //共 n-1 次合并,新结点存于 T[i]中
        SelectMin(T,i-1,p1,p2);      //选择权最小的根结点
        T[p1].parent = T[p2].parent = i;
        T[i].lchild = p1;            //最小权根结点是新结点左孩子
        T[i].rchild = p2;            //次小权根结点是新结点右孩子
        T[i].weight = T[p1].weight + T[p2].weight;
    }
}
```

6.6.4 哈夫曼编码

1. 编码和解码

数据压缩过程称为编码。即将文件中的每个字符均转换为一个唯一的二进制位串。

数据解压过程称为解码。即将二进制位串转换为对应的字符。

2. 等长、变长编码方案

给定的字符集 C,可能存在多种编码方案。

(1) 等长编码方案

等长编码方案将给定字符集 C 中每个字符的码长定为 $\lceil \log_2 |C| \rceil$,$|C|$ 表示字符集的大小。

例如,设待压缩的数据文件共有 1 000 个字符,这些字符均取自字符集 $C=\{a,b,c,d,e,f\}$,等长编码需要 3 位二进制数字来表示 6 个字符,因此,整个文件的编码长度为 3 000 位。

(2) 变长编码方案

变长编码方案将频度高的字符编码设置较短,将频度低的字符编码设置较长。

例如,设待压缩的数据文件共有 1 000 个字符,这些字符均取自字符集 $C=\{a,b,c,d,e,f\}$,其中每个字符在文件中出现的次数(简称频度),如表 6.2 所示。

表 6.2　字符编码

字　符	a	b	c	d	e	f
频度(千次)	45	13	12	16	9	5
定长编码	000	001	010	011	100	101
变长编码	0	100	101	110	1 110	1 111

根据计算公式:

$$(45\times1+13\times3+12\times3+16\times3+9\times4+5\times4)/100\times1000=2240$$

整个文件被编码为 2240 位,比定长编码方式节约了约 25% 的存储空间。

注意:变长编码可能使解码产生二义性。原因是某些字符的编码可能与其他字符的编码开始部分(称为前缀)相同。

例如,设 E、T、W 分别编码为 00、01、0001,则解码时无法确定信息串 0001 是 ET 还是 W。

3. 前缀码方案

对字符集进行编码时,要求字符集中任一字符的编码都不是其他字符的编码的前缀,这种编码称为前缀(编)码。

注意:等长码是前缀码。

4. 最优前缀码

平均码长或文件总长最小的前缀编码称为最优的前缀码。最优的前缀码对文件的压缩效果亦最佳。

$$平均码长 = \sum_{i=1}^{n} p_i l_i$$

式中,p_i 为第 i 个字符的概率,l_i 为码长。

例如,若将前表所示的文件作为统计的样本,则 a 至 f 六个字符的概率分别为 0.45,0.13,0.12,0.16,0.09,0.05,对变长编码求得的平均码长为 2.24,优于定长编码(平均码长为 3)。

5. 根据最优二叉树构造哈夫曼编码

利用哈夫曼树很容易求出给定字符集及其概率(或频度)分布的最优前缀码。哈夫曼编码正是一种应用广泛且非常有效的数据压缩技术。该技术一般可将数据文件压缩掉 20% 至 90%,其压缩效率取决于被压缩文件的特征。

(1) 编码构造方法

1) 用字符 c_i 作为叶子,概率 p_i 或频度 f_i 作为叶子 c_i 的权,构造一棵哈夫曼树,并将树中左分支和右分支分别标记为 0 和 1。

2) 将从根到叶子的路径上的标号依次相连,作为该叶子所表示字符的编码。该编码即为最优前缀码(也称哈夫曼编码)。

例如,设字符集 C={a,b,c,d,e,f}其中每个字符在文件中出现的频度分别为 45,13,12,16,9,5(千次)。求一个哈夫曼编码。

先构造哈夫曼树并将树中左分支和右分支分别标记为 0 和 1,如图 6.35 所示。

再将从根到叶子的路径上的标号依次相连,得到如下哈夫曼编码。

　　a:0　　b:100　　c:101　　d:110　　e:1110　　f:1111

(2) 哈夫曼编码为最优前缀码

由哈夫曼树求得编码为最优前缀码的原因。

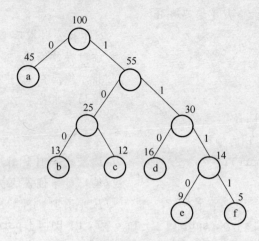

图 6.35 哈夫曼树

① 每个叶子字符 c_i 的码长恰为从根到该叶子的路径长度 l_i，平均码长（或文件总长）又是二叉树的带权路径长度 WPL。而哈夫曼树是 WPL 最小的二叉树，因此编码的平均码长（或文件总长）亦最小。

② 树中没有一片叶子是另一叶子的祖先，每片叶子对应的编码就不可能是其他叶子编码的前缀。即上述编码是二进制的前缀码。

（3）求哈夫曼编码的算法

1）思想方法

给定字符集的哈夫曼树生成后，求哈夫曼编码的具体实现过程是：依次以叶子 T[i]（$0 \leqslant i \leqslant n-1$）为出发点，向上回溯至根为止。上溯时走左分支则生成代码 0，走右分支则生成代码 1。

注意：

① 由于生成的编码与要求的编码反序，将生成的代码先从后往前依次存放在一个临时向量中，并设一个指针 start 指示编码在该向量中的起始位置（start 初始时指示向量的结束位置）。

② 当某字符编码完成时，从临时向量的 start 处将编码复制到该字符相应的位串 bits 中即可。

③ 因为字符集大小为 n，故变长编码的长度不会超过 n，加上一个结束符 $'\backslash 0'$，bits 的大小应为 $n+1$。

2）字符集编码的存储结构及其算法描述

```
typedef struct {
    char ch;                      //存储字符
    char * bits;                  //存放编码位串
}CodeNode;
typedef CodeNode HuffmanCode[n];
```

（3）算法描述

算法 6.22 求哈夫曼编码的算法

```
void CharSetHuffmanEncoding(HuffmanTree T,HuffmanCode H)
```

```
{//根据哈夫曼树 T 求哈夫曼编码表 H
  int c,p,i;                          //c 和 p 分别指示 T 中孩子和双亲的位置
  char cd[n];                         //临时存放编码
  int start;                          //指示编码在 cd 中的起始位置
  cd[n-1] = '\0';                     //编码结束符
  for(i = 0,i<n,i++)
  { //依次求叶子 T[i]的编码
    H[i].ch = getchar();              //读入叶子 T[i]对应的字符
    start = n;                        //编码起始位置的初值
    c = i;                            //从叶子 T[i]开始上溯
    for(c = i,f = HT[i].parent; f!= -1; c = f, f = HT[f].parent)
        //从叶子到根逆向求编码
         if(HT[f].lchild = = c)
        cd[--start] = '0';
        else
        cd[--start] = '1';
        H[i].bits = (char * )malloc((n-start) * sizeof(char));
        strcpy(H[i].bits,&cd[start]);  //复制编码位串
  }//end for
}//CharSetHuffmanEncoding
```

6. 文件的编码和解码

有了字符集的哈夫曼编码表之后,对数据文件的编码过程是:依次读入文件中的字符 c,在哈夫曼编码表 H 中找到此字符,若 H[i].ch=c,则将字符 c 转换为 H[i].bits 中存放的编码串。

对压缩后的数据文件进行解码则必须借助于哈夫曼树 T,其过程是:依次读入文件的二进制码,从哈夫曼树的根结点(即 T[m-1])出发,若当前读入 0,则走向左孩子,否则走向右孩子。一旦到达某一叶子 T[i]时便译出相应的字符 H[i].ch。然后重新从根出发继续译码,直至文件结束。

算法 6.23 文件的编码和解码

```
voidDecode(char * s,huffmantree T, int n,char &ch[])
/ * 哈夫曼解码,n 为叶子数,s 为编码之后的二进制序列 ,T 为构建的哈夫曼树,ch 用以
存放解码之后的字符 * /
{
int j = 0,p;
unsigned int i = 0;
while(i<strlen(s))
{
  p = 2n-1;
  while(T[p].lchild!= 0)              //得到一个字符
  {
```

```
        if(s[ i ]= ='0')
        p = T[p].lchild;
        else
         p = T[p].rchild;
         i + + ;
      }
     ch[j] = T[p].ch;
     j + + ;
   }
  ch[j] = '\0';
  puts(ch);
}
```

6.7 树与森林

6.7.1 树、森林到二叉树的转换

1. 将树转换为二叉树

树中每个结点最多只有一个最左边的孩子(长子)和一个右邻的兄弟。按照这种关系很自然地就能将树转换成相应的二叉树。

转换方法如下。

(1) 加线:在所有兄弟结点之间加一连线。

(2) 去线:对每个结点,除了保留与其长子的连线外,去掉该结点与其他孩子的连线。

(3) 调整:按树的层次进行调整,将原来的右兄弟变成其右孩子,原来的无兄弟结点变成左孩子。

例如,将如图 6.36 (a)的树转换为二叉树的详细过程,如图 6.36(b),(c)和(d)所示。

图注:在兄弟之间所加的线用虚线表示。

注意:调整时将虚线变成实线。

说明:由于树根没有兄弟,故树转化为二叉树后,二叉树的根结点的右子树必为空。

2. 将一个森林转换为二叉树

转换方法如下。

(1) 树转换为二叉树:将森林中的每棵树转换为二叉树。

(2) 连接根结点:再将各二叉树的根结点视为兄弟从左至右连在一起。

(3) 调整:按树的层次进行调整,将原来的右兄弟变成其右孩子,原来的无兄弟结点变成左孩子。

例如,将图 6.37 (a)的森林转换为二叉树的详细程,如图 6.37(b),(c)和(d)所示。

树、森林和二叉树的转换

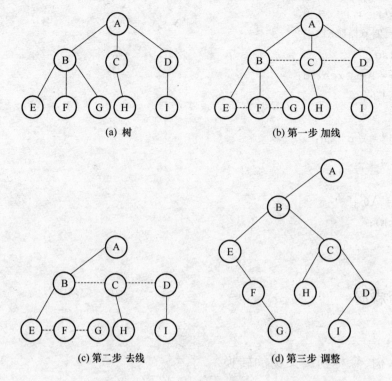

(a) 树　　　　　　　　(b) 第一步 加线

(c) 第二步 去线　　　　　(d) 第三步 调整

图 6.36　将树转换为二叉树

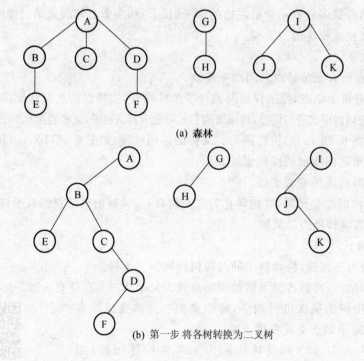

(a) 森林

(b) 第一步 将各树转换为二叉树

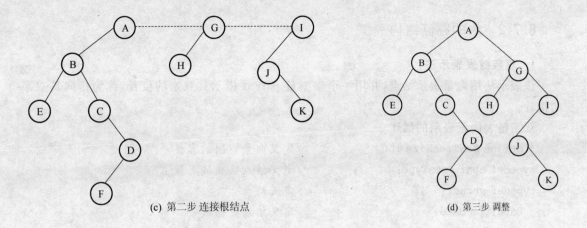

(c) 第二步 连接根结点　　　　　　　　(d) 第三步 调整

图 6.37　将森林转换为二叉树

3．二叉树到树、森林的转换

转换方法如下。

（1）加线：在左孩子结点的双亲与左孩子结点的右孩子、右孩子的右孩子等等之间加一连线。

（2）去线：去掉所有双亲与右孩子之间的连线。

（3）调整：按树的层次进行调整，将原来根结点的右孩子、右孩子的右孩子等等变成森林中树的根，其他结点的右孩子、右孩子的右孩子等等变成兄弟。

例如，将如图 6.38（a）的二叉树转换为树或森林的全过程，如图 6.38(b)、(c)和(d)所示。

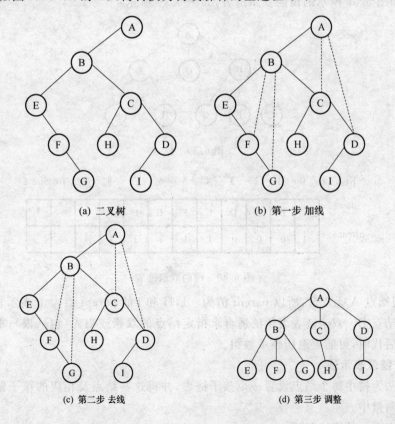

(a) 二叉树　　　　　　　　　　(b) 第一步 加线

(c) 第二步 去线　　　　　　　　(d) 第三步 调整

图 6.38　将二叉树转换为树或森林

6.7.2 树的存储结构

1. 双亲链表表示法

该表示法用向量表示结点,并用一个整型量 parent 指示其双亲的位置,称为指向其双亲的指针。

双亲链表向量表示的描述

```
#define MaxTreeSize 100          //定义向量空间的容量
typedef char DataType;          //定义结点数据域类型
typedef struct{                 //定义结点
  DataType data;                //定义结点数据域
  int parent;                   //双亲指针,指示双亲的位置
}PTreeNode;
typedef struct{                 //定义链表
  PTreeNode nodes[MaxTreeSize];
  int n;                        //结点总数
}PTree;
PTree T;                        //T是双亲链表
```

注意:若 T.nodes[i].parent=j,则 T.nodes[i]的双亲是 T.nodes[j]。

例如,如图 6.39 所示的树的双亲链表,如图 6.40 所示。

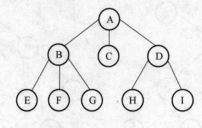

图 6.39 树

图 6.40 树的双亲链表

说明:根结点 A 无双亲,所以 parent 值为－1,H 和 I 的 parent 值为 3,表示它们的双亲为下标为 3 的结点 D。双亲链表表示法适合求指定结点的双亲或祖先(包括根);求指定结点的孩子或其他后代时,可能要遍历整个数组。

2. 孩子链表表示法

该表示法为树中每个结点设置一个孩子链表,并将这些结点及相应的孩子链表的头指针存放在一个向量中。

孩子链表表示的描述如下:

```
#define MaxTreeSize 100          //定义向量空间的容量
typedef char DataType;          //定义结点数据域类型
typedef struct CNode{           //孩子链表结点
  int child;                    //孩子结点在向量中对应的序号
  struct CNode * next;
}CNode;
typedef struct{
  DataType data;                //存放树中结点数据
  CNode * firstchild;           //孩子链表的头指针
}PTNode;
typedef struct{
  PTNode nodes[MaxTreeSize];
  int n,root;                   //n 为结点总数,root 指出根在向量中的位置
}CTree;
CTree T;                        //T 为孩子链表表示
```

注意:当结点 T.nodes[i]为叶子时,其孩子链表为空,即 T.nodes[i].firstchild=NULL。
例如,如图 6.39 的树的孩子链表,如图 6.41 所示。

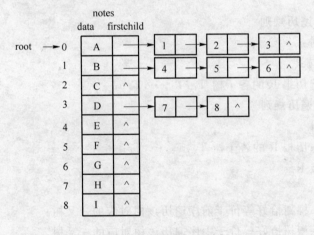

图 6.41 树的孩子链表

说明:结点 A 有三个孩子 B,C,D,它们在向量中的序号分别为 1,2,3,所以结点 A 的孩子
链表中各结点的数据域分别存放 1,2,3,由指针 firstchild 指向其孩子链表。

孩子链表表示便于实现涉及孩子及其子孙的运算,但不便于实现与双亲有关的运算。

3. 孩子兄弟链表表示法

(1) 结点的结构:与二叉链表类似,在存储结点信息的同时,附加两个分别指向该结点最
左孩子和右邻兄弟的指针域 leftmostchild 和 rightsibling,即可得树的孩子兄弟链表表示。

(2) 孩子兄弟链表表示的描述

```
typedef char DataType;          //定义结点数据域类型
typedef struct node{            //定义结点结构
  DataType data;
  struct node * leftmostchild, * rightsibling;
```

```
}CSTNode;                              //结点类型
CSTNode *T;                            //指向树的开始结点的指针
```

注意:这种存储结构的最大优点是:它和二叉树的二叉链表表示完全一样。可利用二叉树的算法来实现对树的操作。

例如,如图 6.39 的树的孩子兄弟链表,如图 6.42 所示。

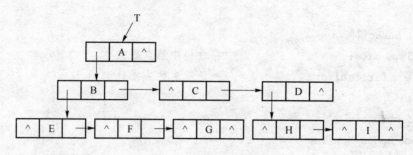

图 6.42　树的孩子兄弟链表

6.7.3　树的遍历

设树 T 的根结点是 R,根的子树从左到右依次为 $T_1, T_2, \cdots, T_k$。树的遍历分为先序遍历和后序遍历两种。

1. 树 T 的先序遍历规则

若树 T 非空,则

(1) 访问根结点 R。

(2) 依次先序遍历根 R 的各子树 $T_1, T_2, \cdots, T_k$。

2. 树 T 的后序遍历规则

若树 T 非空,则

(1) 依次后序遍历根 R 的各子树 $T_1, T_2, \cdots, T_k$;

(2) 访问根结点 R。

说明:

(1) 前序遍历一棵树恰好等价于前序遍历该树对应的二叉树;

(2) 后序遍历一棵树恰好等价于中序遍历该树对应的二叉树。

将如图 6.38 (a)的二叉树转换为树或森林的全过程,如图 6.38(b)~(d)所示。

该树的先序序列为 ABEFGCHDI。

该二叉树的先序序列为 ABEFGCHDI。

该树的后序序列为 EFGBHCIDA。

该二叉树的中序序列为 EFGBHCIDA。

该二叉树的后序序列为 GFEHIDCBA。

显然,前序遍历一棵树恰好等价于前序遍历该树对应的二叉树,后序遍历一棵树恰好等价于中序遍历该树对应的二叉树。

6.8 习　　题

1. 分别编写递归和非递归算法,计算二叉树中叶子结点的数目。

2. 写出求二叉树深度的算法,先定义二叉树的抽象数据类型。

或编写递归算法,求二叉树中以元素值为 x 的结点为根的子树的深度。

3. 编写按层次顺序(同一层自左至右)遍历二叉树的算法。

或按层次输出二叉树中所有结点。

4. 已知一棵具有 n 个结点的完全二叉树被顺序存储于一维数组 A 中,试编写一个算法打印出编号为 i 的结点的双亲和所有的孩子。

5. 编写算法判别给定二叉树是否为完全二叉树。

6. 一棵 n 个结点的完全二叉树以数组作为存储结构,试写一非递归算法实现对该树的前序遍历。

7. 判断二叉树是否为二叉排序树。

第**7**章 图

图状结构是一种比树形结构更复杂的非线性结构。在树状结构中,结点间具有分支层次关系,每一层上的结点只能和上一层中的至多一个结点相关,但可能和下一层的多个结点相关。而在图状结构中,对结点的直接前驱和直接后继的个数没有任何限制,结点之间的关系是任意的,图中任意两个结点之间都可能有关系。因此,图状结构被用于描述各种复杂的数据对象图结构,在计算机科学、人工智能、工程、数学、物理等领域中,有着广泛的应用。

7.1 图的概念与相关术语

图(Graph)是由欧拉(L. Euler)在 1763 年首先引进的另一类重要的非线性结构,可称为图形结构或网状结构。它比线性结构和树形结构更复杂、更一般化,前面讲到的线性结构和树形结构都可以看成是简单的图形结构。

1. 图的二元组定义

图(Graph)是由非空的顶点集合和一个描述顶点之间关系——边(或者弧)的集合组成,其形式化定义为

$$G=(V,E)$$

式中,G 表示一个图,V 是图 G 中顶点的集合,E 是图 G 中边的集合,集合 E 中 $P(v_i,v_j)$ 表示顶点 v_i 和顶点 v_j 之间有一条直接连线,即偶对 (v_i,v_j) 表示一条边。图 7.1 中 G_1 给出了一个无向图的示例,在该图中:

集合 $V=\{v_1,v_2,v_3,v_4,v_5\}$;

集合 $E=\{(v_1,v_2),(v_1,v_4),(v_2,v_3),(v_3,v_4),(v_3,v_5),(v_2,v_5)\}$。

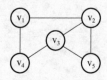 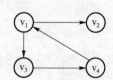

图 7.1 无向图 G_1 图 7.2 有向图 G_2

2. 无向图和有向图

（1）无向图

在一个图中，如果任意两个顶点构成的偶对$(v_i，v_j)\in E$是无序的，即顶点之间的连线是没有方向的，则称该图为无向图。如图7.1所示图G_1是一个无向图。

（2）有向图

在一个图中，如果任意两个顶点构成的偶对$(v_i，v_j)\in E$是有序的，即顶点之间的连线是有方向的，则称该图为有向图。如图7.2所示图G_2是一个有向图。

$$G_2=(V_2，E_2)$$
$$V_2=\{v_1，v_2，v_3，v_4\}$$
$$E_2=\{<v_1,v_2>，<v_1,v_3>，<v_3,v_4>，<v_4,v_1>\}$$

3. 完全图

（1）无向完全图：若G是具有n个顶点e条边的无向图，则顶点数与边数的关系为$0\leqslant e\leqslant n(n-1)/2$。把恰有$n(n-1)/2$条边的无向图称为无向完全图。

（2）有向完全图：若G是具有n个顶点e条边的有向图，则顶点数与边数的关系为$0\leqslant e\leqslant n(n-1)$。把恰有$n(n-1)$条边的有向图称为有向完全图。

说明：完全图具有最多的边数。任意一对顶点间均有边直接相连。

4. 图的边和顶点的关系

（1）无向边和顶点关系

若(v_i,v_j)是一条无向边，则称顶点v_i和v_j互为邻接顶点，或称v_i和v_j相邻接；并称(v_i,v_j)依附或关联于顶点v_i和v_j，或称(v_i,v_j)与顶点v_i和v_j相关联。

（2）有向边和顶点关系

若$<v_i，v_j>$是一条有向边，则称顶点v_i邻接到v_j，顶点v_i邻接于顶点v_j；并称边$<v_i，v_j>$关联于v_i和v_j或称$<v_i，v_j>$与顶点v_i和v_j相关联。

5. 顶点的度

（1）无向图中顶点v的度：无向图中顶点v的度是关联于该顶点的边的数目，记为$D(v)$。

（2）有向图顶点v的入度：有向图中，以顶点v为终点的边的数目称为v的入度，记为$ID(v)$。

（3）有向图顶点v的出度：有向图中，以顶点v为始点的边的数目，称为v的出度，记为$OD(v)$

（4）有向图顶点v的度：有向图中，顶点v的度定义为该顶点的入度和出度之和，即$D(v)=ID(v)+OD(v)$。

（5）无论有向图还是无向图，顶点数n、边数e和度数之间有如下关系。

$$e=\frac{1}{2}\sum_{i=1}^{n}D(v_i)$$

例如，在图7.1无向图G_1中有

$D(v_1)=2$　　$D(v_2)=3$　　$D(v_3)=3$　　$D(v_4)=2$　　$D(v_5)=2$

在图7.2有向图G_2中有：

$ID(v_1)=1$　　$OD(v_1)=2$　　$D(v_1)=3$

$ID(v_2)=1$　　$OD(v_2)=0$　　$D(v_2)=1$

$ID(v_3)=1$　　$OD(v_3)=1$　　$D(v_3)=2$

$ID(v_4)=1 \quad OD(v_4)=1 \quad D(v_4)=2$

6. 子图

设 $G=(V,E)$ 是一个图,若 V' 是 V 的子集,E' 是 E 的子集,且 E' 中的边所关联的顶点均在 V' 中,则 $G'=(V',E')$ 也是一个图,并称其为 G 的子图。图 G_1 和 G_2 的子图,如图 7.3 所示。

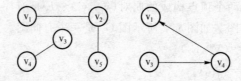

图 7.3　图 G_1 和 G_2 的两个子图

7. 路径

(1) 无向图的路径

在无向图 G 中,若存在一个顶点序列 $v_p, v_{i1}, v_{i2}, \cdots, v_{im}, v_q$,使得 $(v_p, v_{i1}), (v_{i1}, v_{i2}), \cdots, (v_{im}, v_q)$ 均属于 $E(G)$,则称该序列为顶点 v_p 到 v_q 的一条路径。

(2) 有向图的路径

在有向图 G 中,若存在一个顶点序列 $v_p, v_{i1}, v_{i2}, \cdots, v_{im}, v_q$,使得有向边 $<v_p, v_{i1}>, <v_{i1}, v_{i2}>, \cdots, <v_{im}, v_q>$ 均属于 $E(G)$,则称该序列为顶点 v_p 到 v_q 的一条路径。

(3) 路径长度

路径长度定义为该路径上边的数目总和。

(4) 简单路径

若一条路径除两端顶点可以相同外,其余顶点均不相同,则称此路径为一条简单路径。

(5) 回路

起点和终点相同的路径称为回路。

(6) 简单回路或简单环

起点和终点相同的简单路径称为简单回路或简单环。

(7) 有根图和图的根

在一个有向图中,若存在一个顶点 v,该顶点出发,均有路径可以到达图中其他所有顶点,则称此有向图为有根图,v 称作图的根。

8. 连通图和连通分量

(1) 顶点间的连通性

在无向图 G 中,若从顶点 v_i 到顶点 v_j 有路径,则称 v_i 和 v_j 是连通的。

(2) 连通图

针对的是无向图。若在无向图 G 中,任意两个不同的顶点 v_i 和 v_j 都连通(即有路径),则称 G 为连通图。

(3) 连通分量

无向图 G 的极大连通子图称为 G 的连通分量。示意图如图 7.4 所示。

说明:

① 任何连通图的连通分量只有一个,即是其自身。

② 非连通的无向图有多个连通分量。

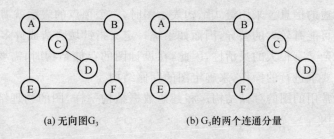

(a) 无向图G_3　　　　　　(b) G_3的两个连通分量

图 7.4　无向图及连通分量

9. 强连通图和强连通分量

（1）强连通图

针对的是有向图。在有向图 G 中,若对于 V(G)中任意两个不同的顶点 v_i 和 v_j,都存在从 v_i 到 v_j 以及从 v_j 到 v_i 的路径,则称 G 是强连通图。

（2）强连通分量

有向图的极大强连通子图称为 G 的强连通分量。

说明:

① 强连通图只有一个强连通分量,即是其自身。

② 非强连通的有向图有多个强连通分量。

有向图 G_2 的强连通分量,如图 7.5 所示。

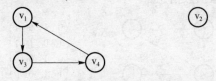

图 7.5　有向图 G_2 的两个强连通分量

10. 网络(有权图)

若将图的每条边都赋上一个权,则称这种带权图为网络(Network),如图 7.6 所示。

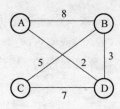

图 7.6　一个无向网

说明:权是表示两个顶点之间的距离、耗费等具有某种意义的数。

7.2 图的存储表示

由于图是一种较线性表和树更复杂的数据结构,而且任意两个顶点之间都可以存储直接关系,因此,不可能像线性表那样存在顺序映像,所以就没有顺序映像的存储结构。在存储图的数据元素时,可以利用一维数组保存顶点信息(信息元素),用一个二维数组保存边的信息,或用链表方法保存边的信息。采用链式结构表示图时,一个顶点的表示就需要多个指针域,而图中各个顶点的度可能有较大的差异,因而如果统一定义指针域会造成许多存储空间的浪费。图的存储结构既复杂又有很大的灵活性,因此,在设计图的存储结构时,需要根据图的具体情况即图的结构以及要求进行的操作,来确定图的存储结构。

下面介绍几种常用的图的存储结构。和其他数据结构一样,图的物理结构主要分为顺序存储和链式存储结构。

7.2.1 邻接矩阵

邻接矩阵是用数组来表示顶点之间相邻关系的存储方法,在这种存储结构中可以用两个数组,一个是一维数组,用来存储数据元素;另一个是二维数组,用来存储数据元素之间的边关系。

1. 图的邻接矩阵

设 $G=(V,E)$ 是具有 n 个顶点的图,则 G 的邻接矩阵是元素具有如下性质的 n 阶方阵。

$$A(i,j)=\begin{cases} 1 & (v_i,v_j)或<v_i,v_j>是\ E(G)中的边 \\ 0 & (v_i,v_j)或<v_i,v_j>不是\ E(G)中的边 \end{cases}$$

2. 图的邻接矩阵表示法

(1) 用邻接矩阵表示顶点间的相邻关系。

(2) 用一个顺序表来存储顶点信息。

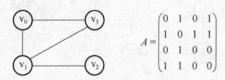

$$A=\begin{pmatrix} 0 & 1 & 0 & 1 \\ 1 & 0 & 1 & 1 \\ 0 & 1 & 0 & 0 \\ 1 & 1 & 0 & 0 \end{pmatrix}$$

图 7.7 一个无向图的邻接矩阵表示

3. 网络的邻接矩阵

若 G 是网络,则邻接矩阵可定义为

$$A(i,j)=\begin{cases} w_{ij} & (v_i,v_j)或<v_i,v_j>是\ E(G)中的边 \\ 0\ 或\infty & (v_i,v_j)或<v_i,v_j>不是\ E(G)中的边 \end{cases}$$

式中,w_{ij} 表示边上的权值;∞ 表示一个计算机允许的、大于所有边上权值的数。网络的邻接矩阵,如图 7.8 所示。

$$A=\begin{pmatrix} \infty & 9 & 6 & 3 & \infty \\ 9 & \infty & 4 & 5 & \infty \\ 6 & 4 & \infty & \infty & 7 \\ 3 & 5 & \infty & \infty & 8 \\ \infty & \infty & 7 & 8 & \infty \end{pmatrix}$$

图 7.8 一个网络的邻接矩阵表示

从图的邻接矩阵存储方法容易看出这种表示具有以下特点。

(1) 无向图的邻接矩阵一定是一个对称矩阵。因此,在具体存放邻接矩阵时只需存放上(或下)三角矩阵的元素即可。

(2) 对于无向图,邻接矩阵的第 i 行(或第 i 列)非零元素(或非∞元素)的个数正好是第 i 个顶点的度 $TD(v_i)$。

(3) 对于有向图,邻接矩阵的第 i 行(或第 i 列)非零元素(或非∞元素)的个数正好是第 i 个顶点的出度 $OD(v_i)$(或入度 $ID(v_i)$)。

(4) 用邻接矩阵方法存储图,很容易确定图中任意两个顶点之间是否有边相连;但是,要确定图中有多少条边,则必须按行、按列对每个元素进行检测,所花费的时间代价很大。这是用邻接矩阵存储图的局限性。

4. 图的邻接矩阵存储结构的描述

```
#define VertexNum 20                              //最大顶点数
typedef char VertexType;                          //顶点类型定义
typedef int EdgeType;                             //权值类型定义
typedef struct{
   VertexType vexs[VertexNum];                     //顶点表,存储顶点信息
   EdgeType edges[VertexNum][VertexNum];           //邻接矩阵,可看作边表
   int n,e;                                        //图中当前的顶点数和边数
}MGraph;
```

5. 建立无向网络的算法

算法 7.1 建立无向网络图矩阵算法

```
void CreateMGraph(MGraph *G)
{//建立无向网(图)的邻接矩阵表示
   int i,j,k,w;
   scanf("%d%d",&G->n,&G->e);                     //输入顶点数边数
   getchar();
   printf("读入顶点信息,建立顶点表:");
   for(i=0;i<G->n;i++)                            //读入顶点信息,建立顶点表
      G->vexs[i]=getchar();
   getchar();
   for(i=0;i<G->n;i++)
      for(j=0;j<G->n;j++)
         G->edges[i][j]=0;                         //邻接矩阵初始化
   for(k=0;k<G->e;k++){                           //读入 e 条边,建立邻接矩阵
      scanf("%d%d%d",&i,&j,&w);                    //输入权 w
      G->edges[i][j]=w;
      G->edges[j][i]=w;
   }
}
```

6. 建立一个无权图的邻接矩阵存储的算法

算法 7.2 建立一个无权图的邻接矩阵存储的算法

```
void CreateMGraph(MGraph *G)
{/*建立有向图 G 的邻接矩阵存储*/
```

```
    int i,j,k,w;
    char ch;
    printf("请输入顶点数和边数(输入格式为:顶点数,边数):\n");
    scanf("%d,%d",&(G->n),&(G->e));  /*输入顶点数和边数*/
    printf("请输入顶点信息(输入格式为:顶点号<CR>):\n");
    for (i = 0;i<G->n;i++)
      scanf("\n%c",&(G->vexs[i]));          /*输入顶点信息,建立顶点表*/
    for (i = 0;i<G->n;i++)
    for (j = 0;j<G->n;j++)
      G->edges[i][j] = 0;                    /*初始化邻接矩阵*/
    printf("请输入每条边对应的两个顶点的序号(输入格式为:i,j):\n");
    for (k = 0;k<G->e;k++)
    {scanf("\n%d,%d",&i,&j);                 /*输入 e 条边,建立邻接矩阵*/
      G->edges[i][j] = 1;                    /*若加入 G->edges[j][i] = 1;, */
                                             /*则为无向图的邻接矩阵存储建立*/

    }
}/* CreateMGraph */
```

7.2.2 邻接表

1. 邻接表定义

对于图 G 中的每个顶点 v_i,把所有邻接于 v_i 的顶点 v_j 链成一个带头结点的单链表,这个单链表就称为顶点 v_i 的邻接表(Adjacency List)。

2. 邻接表的结点结构

邻接表是图或网的一种顺序分配和链式分配相结合的存储结构。它包括两个部分:一部分是向量,另一部分是链表。

在邻接表中,为图中每个顶点建立一个单链表,第 i 个单链表中的结点表示和顶点 v_i 相邻接的顶点,称为边结点。每个边结点包括两个域,其中邻接点域(adjvex)存储与顶点 v_i 邻接的顶点在图中的位置(或序号),指针域(nextarc)用来指向下一条边(或弧)的结点。

每个链表依附于一个表头结点:顶点域(vertex)存储顶点 v_i 有关信息,指针域(firstarc)指向链表中的第一个结点。

表头结点与边结点的结构,如图 7.9 所示。

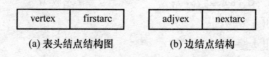

(a)表头结点结构图   (b)边结点结构

图 7.9 表头结点与边结点结构图

(1)边结点结构

邻接表中每个边结点均有两个域。

① 邻接点域 adjvex,存放与 v_i 相邻接的顶点 v_j 的序号 j。

② 链域 next,将邻接表的所有表结点链在一起。

注意:若要表示边上的信息(如权值),则在表结点中还应增加一个数据域。

(2) 表头结点结构

顶点 v_i 邻接表的表头结点包含两个域。

① 顶点域 vertex,存放顶点 v_i 的信息;

② 指针域 firstedge,v_i 的邻接表的头指针,指向 v_i 的第一条边(无向图),或者是指向第一条出边(有向图)。

3. 无向图的邻接表

对于无向图,v_i 的邻接表中每个边结点都对应于与 v_i 相关联的一条边。因此,将邻接表的表头向量称为顶点表。将无向图的邻接表称为边表。图 7.7 的无向图的邻接表,如图 7.10 所示。

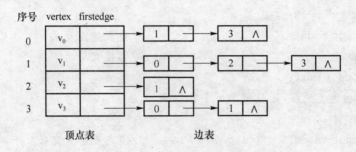

图 7.10 图的邻接表表示

注意:n 个顶点 e 条边的无向图的邻接表表示中有 n 个顶点表头结点和 $2e$ 个边结点。

4. 有向图的邻接表

对于有向图,v_i 的邻接表中每个表结点都对应于以 v_i 为始点射出的一条边,也就是以 v_i 为起始点的出边。因此,将有向图的邻接表称为出边表。图 7.2 的有向图 G_2 的邻接表如图 7.11(a)所示。

注意:n 个顶点 e 条边的有向图,它的邻接表表示中有 n 个顶点表结点和 e 个边表结点。

5. 有向图的逆邻接表

在邻接表表示中,对于无向图,顶点的度很容易计算,第 i 个单链表中的结点个数就是顶点 v_i 的度。对于有向图,第 i 个单链表中的结点个数就是顶点 v_i 的出度,要想计算顶点的入度,就需要访问每一条单链表。

而在某些情况下,可能需要大量计算有向图顶点的入度。为了方便地解决后一个问题,这里引进逆邻接表的概念。

逆邻接表的概念和邻接表的概念基本一样,唯一的差别在于:邻接表表示中,如果是有向图,是把所有邻接自某顶点的所有顶点串起来,构成一条单链表;而在逆邻接表表示中,是把所有邻接至某顶点的所有顶点串起来,构成一条单链表。

在有向图中,为图中每个顶点 v_i 建立一个入边表的方法称逆邻接表表示法。入边表中的每个表结点均对应一条以 v_i 为终点(即射入 v_i)的边。图 7.2 的有向图 G_2 的邻接表与逆邻接表如图 7.11 (a)与图 7.11 (b)所示。

值得注意的是,一个图的邻接矩阵表示是唯一的,但其邻接表表示是不唯一的。这是因为邻接表表示中,各个边结点的链接次序取决于建立邻接表的算法以及输入次序。也就是说,在邻接表的每个线性链表中,各结点的顺序是任意的。

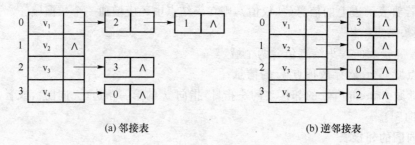

(a) 邻接表   (b) 逆邻接表

图 7.11 图 7.2 中 G_2 的邻接表和逆邻接表

6. 图的邻接表存储结构的描述

图的邻接表存储结构的描述如下。

```
typedef VertexNum 10;
typedef struct node{                        //边表结点定义
  int adjvex;                               //邻接点域
  struct node * next;                       //链域
  //若要表示边上的权,则应增加一个数据域
}ArcNode
typedef struct vnode{                       //顶点表结点定义
  VertexType vertex;                        //顶点域
  ArcNode * firstedge;                      //边表头指针
}VertexNode;
typedef VertexNode AdjList[VertexNum];      //AdjList 是邻接表类型
typedef struct{                             //邻接表定义
  AdjList adjlist;                          //邻接表
  int n,e;                                  //图中当前顶点数和边数
}ALGraph;
```

7. 建立无向图的邻接表算法

建立无向图的邻接表算法如下。

算法 7.3 建立无向图的邻接表算法

```
void CreateALGraph(ALGraph * G)
{//建立无向图的邻接表表示
  int i,j,k;
  ArcNode * s
  scanf("%d%d",&G->n,&G->e);       //读入顶点数和边数,顶点数小于 VertexNum
  getchar();
  for(i = 0;i<G->n;i++){           //建立顶点表
    G->adjlist[i].vertex = getchar();   //读入顶点信息
    G->adjlist[i].firstedge = NULL;     //边表置为空表
  }
  for(k = 0;k<G->e;k++){           //建立边表
    scanf("%d%d",&i,&j);          //读入边(v_i,v_j)顶点对序号
```

```
s = (ArcNode * )malloc(sizeof(ArcNode));   //生成边表结点
s - >adjvex = j;                           //邻接点序号为 j
s - >next = G - >adjlist[i]. firstedge;
G - >adjlist[i]. firstedge = s;            //将新结点 * s 插入顶点 vᵢ 的边表头部
s = (ArcNode * )malloc(sizeof(ArcNode));
s - >adjvex = i;                           //邻接点序号为 i
s - >next = G - >adjlist[j]. firstedge;
G - >adjlist[j]. firstedge = s;            //将新结点 * s 插入顶点 vⱼ 的边表头部
  }
}
```

邻接表的特点如下。

(1) 邻接表的表示不唯一,这是因为在每个顶点对应的单链表中,各边结点的链接次序可以是任意的,取决于建立邻接表的算法及边的输入次序。

(2) 对于有 n 个顶点和 e 条边的无向图,其邻接表有一个长度为 n 的向量和 $2e$ 个边结点。显然,对于边很少的图,用邻接表比用邻接矩阵要节省存储空间。

(3) 对于无向图,邻接表的顶点 v_i 对应的第 i 个链表的边结点数目正好是顶点 v_i 的度。对于有向图,邻接表的顶点 v_i 对应的第 i 个链表的边结点数目仅是顶点 v_i 的出度。其入度为邻接表中所有邻接点域为 i 的边结点的数目。

7.2.3 十字链表

十字链表(Orthogonal List)是有向图的一种存储方法,它实际上是邻接表与逆邻接表的结合,即把每一条边的边结点分别组织到以弧尾顶点为头结点的链表和以弧头顶点为头结点的链表中。在十字链表表示中,顶点表和边表的结点结构分别如图 7.12 的(a)和(b)所示。

顶点值域	指针域	指针域
vertex	firstin	firstout

(a)十字链表顶点表结点结构

弧尾结点	弧头结点	弧上信息	指针域	指针域
tailvex	headvex	info	hlink	tlink

(b)十字链表边表的弧结点结构

图 7.12 十字链表顶点表、边表的弧结点结构示意

在弧结点中有五个域:其中弧尾域(tailvex)和弧头域(headvex)分别指示弧尾和弧头这两个顶点在图中的位置,链域 hlink 指向弧头相同的下一条弧,链域 tlink 指向弧尾相同的下一条弧,info 域指向该弧的相关信息。弧头相同的弧在同一链表上,处在竖直方向;弧尾相同的弧也在同一链表上,一般处在水平方向。它们的头结点即为顶点结点,它由三个域组成:其中 vertex 域存储和顶点相关的信息,如顶点的名称等;firstin 和 firstout 为两个链域,分别指向以该顶点为弧头或弧尾的第一个弧结点。例如,图 7.13(a)中所示图的十字链表如图 7.13(b)所

示。若将有向图的邻接矩阵看成是稀疏矩阵的话,则十字链表也可以看成是邻接矩阵的链表存储结构,在图的十字链表中,弧结点所在的链表是非循环链表,结点之间相对位置自然形成,不一定按顶点序号有序,表头结点即顶点结点,它们之间而是顺序存储。

有向图的十字链表存储表示的形式描述如下:

```
#define  MAX_VERTEX_NUM 20
typedef struct ArcBox {
int tailvex, headvex;              /*该弧的尾和头顶点的位置*/
struct  ArcBox  * hlink, * tlink; /*分别为弧头相同和弧尾相财的弧的链域*/
InfoType   info;                   /*该弧相关信息的指针*/
}ArcBox;
typedef struct VexNode {
VertexType vertex:
ArcBox    * firstin, * firstout;   /*分别指向该顶点第一条入弧和出弧*/
}VexNode;
typedef struct {
VexNode xlist[MAX_VERTEX_NUM];     /*表头向量*/
int   vexnum,arcnum;               /*有向图的顶点数和弧数*/
}OLGraph;
```

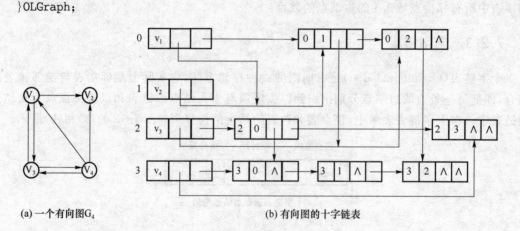

(a) 一个有向图G₄   (b) 有向图的十字链表

图 7.13   有向图及其十字链表表示示意

下面给出建立一个有向图的十字链表存储的算法。通过该算法,只要输入 n 个顶点的信息和 e 条弧的信息,便可建立该有向图的十字链表,其算法内容如下:

算法 7.4   有向图的十字链表存储算法

```
void CreateDG(OLGraph * G)
{//采用十字链表表示,构造有向图 G(G.kind = DG)
   printf("请输入顶点数和边数(输入格式为:顶点数,边数):\n");
   scanf("%d,%d",&(G->  vexnum), &(G->arcnum));
   for (i = 0;i<G->vexnum; ++ i)              //构造表头向量
   {
      scanf("%d",&( G->xlist[i].vertex));     //输入顶点值
```

```
    G->xlist[i].firstin = NulL;G->xlist[i].firstout = NULL；  //初始化指针
}
printf("请输入每条弧对应的始点和终点的序号(输入格式为:i,j):\n");
for(k = 0;k<G.arcnum;++k)                      //输入各弧并构造十字链表
{
    scanf("%d,%d",&v1,&v2);
    i = LocateVex(G,v1); j = LocateVex(G,v2);   //确定 v1 和 v2 在 G 中位置
    p = (ArcBox * ) malloc (sizeof(ArcBox));    //假定有足够空间
    p->tailvex = i; p->headvex = j;
    p->tlink = G->xlist[i].firstout;
    p->hlink = G->xlist[j].fistin;
                        //{tailvex,headvex,hlink,tlink,info} 弧结点信息初始化
    G->xlist[j].firstin = G->xlist[i].firstout = p;
                                     //完成在入弧和出弧链头的插入
    if (IncInfo) Input( p->info);              //若弧含有相关信息,则输入
}
}//CreateDG
```

在十字链表中既容易找到以为尾的弧,也容易找到以 v_i 为头的弧,因而容易求得顶点的出度和入度(或需要,可在建立十字链表的同时求出)。同时,由算法 7.4 可知,建立十字链表的时间复杂度和建立邻接表是相同的。在某些有向图的应用中,十字链表是很有用的工具。

7.2.4 邻接多重表

邻接多重表(Adjacency Multilist)主要用于存储无向图。因为,如果用邻接表存储无向图,每条边的两个边结点分别在以该边所依附的两个顶点为头结点的链表中,这给图的某些操作带来不便。例如,对已访问过的边做标记,或者要删除图中某一条边等,都需要找到表示同一条边的两个结点。因此,在进行这一类操作的无向图的问题中采用邻接多重表作存储结构更为适宜。

邻接多重表的存储结构和十字链表类似,也是由顶点表和边表组成,每一条边用一个结点表示,其顶点表结点结构和边表结点结构,如图 7.14 所示。

(a) 邻接多重表顶点表结点结构

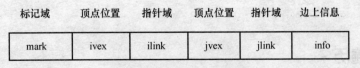

(b) 邻接多重表边表结点结构

图 7.14 邻接多重表顶点表、边表结构示意

　　其中,顶点表由两个域组成,vertex 域存储和该顶点相关的信息 firstedge 域指示第一条依附于该顶点的边;边表结点由六个域组成,mark 为标记域,可用以标记该条边是否被搜索过;ivex 和 jvex 为该边依附的两个顶点在图中的位置;ilink 指向下一条依附于顶点 ivex 的边;jlink 指向下一条依附于顶点 jvex 的边,info 为指向和边相关的各种信息的指针域。

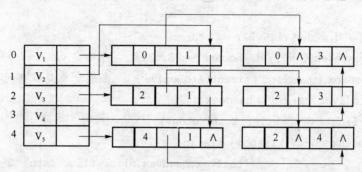

图 7.15　无向图 G_1 的邻接多重表

　　例如,图 7.15 所示为无向图 7.1 的邻接多重表。在邻接多重表中,所有依附于同一顶点的边串联在同一链表中,由于每条边依附于两个顶点,则每个边结点同时链接在两个链表中。可见,对无向图而言,其邻接多重表和邻接表的差别,仅仅在于同一条边在邻接表中用两个结点表示,而在邻接多重表中只有一个结点。因此,除了在边结点中增加一个标志域外,邻接多重表所需的存储量和邻接表相同。在邻接多重表上,各种基本操作的实现亦和邻接表相似。邻接多重表存储表示的形式描述如下:

```
#define MAX_VERTEX_NUM 20
typedef emnu{ unvisited,visited} VisitIf;
typedef struct EBox{
VisitIf mark;                /* 访问标记 */
int ivex,jvex;              /* 该边依附的两个顶点的位置 */
struct EBox ilink, jlink;   /* 分别指向依附这两个顶点的下一条边 */
InfoType  info;             /* 该边信息指针 */
}EBox;
typedef struct VexBox{
VertexType data;
EBox  fistedge;            /* 指向第一条依附该顶点的边 */
}VexBox;
typedef struct{
VexBox adjmulist[MAX_VERTEX_NUM];
int vexnum,edgenum;        /* 无向图的当前顶点数和边数 */
}AMLGraph;
```

7.3　图的遍历

　　从图的某个顶点出发,沿着某条搜索路径对图中每个顶点各做一次且仅做一次访问,这一过程称为图的遍历。它是许多图的算法的基础。深度优先遍历和广度优先遍历是最为重要的两种遍历图的方法。它们对无向图和有向图均适用。

由于图结构本身的复杂性,所以图的遍历操作也较复杂,主要表现在以下四个方面。

(1) 在图结构中,没有一个"自然"的首结点,图中任意一个顶点都可作为第一个被访问的结点。

(2) 在非连通图中,从一个顶点出发,只能够访问它所在的连通分量上的所有顶点,因此,还需考虑如何选取下一个出发点以访问图中其余的连通分量。

(3) 在图结构中,如果有回路存在,那么一个顶点被访问之后,有可能沿回路又回到该顶点。为此,可设一向量 visited[0…n−1],该向量的每个元素的初值均为 0,如果访问了顶点 V_i,就将 visited[i]置为 1,这样便可通过 visited[i]的值来标志顶点 V_i 是否被访问过。

(4) 在图结构中,一个顶点可以和其他多个顶点相连,当这样的顶点访问过后,存在如何选取下一个要访问的顶点的问题。

图的遍历通常有深度优先搜索和广度优先搜索两种方式,下面分别介绍。

7.3.1 深度优先搜索

深度优先搜索(Depth_First Search)遍历类似于树的先根遍历,是树的先根遍历的推广。

假设初始状态是图中所有顶点未曾被访问,则深度优先搜索可从图中某个顶点发 v 出发,访问此顶点,然后依次从 v 的未被访问的邻接点出发深度优先遍历图,直至图中所有和 v 有路径相通的顶点都被访问到;若此时图中尚有顶点未被访问,则另选图中一个未曾被访问的顶点作起始点,重复上述过程,直至图中所有顶点都被访问到为止。

以图 7.16 的无向图 G 为例,进行图的深度优先搜索。假设从顶点 v_2 出发进行搜索,在访问了顶点 v_2 之后,选择邻接点 v_1。因为 v_1 未曾访问,则从 v_1 出发进行搜索。依次类推,接着从 v_3、v_5 出发进行搜索。在访问了 v_5 之后,由于 v_5 的邻接点都已被访问,则搜索回到 v_3,再回到 v_1。由于同样的理由,由于 v_1 邻接点 v_4 未曾访问过,从 v_4 出发进行搜索,此时由于 v_4 的另一个邻接点 v_6 未被访问,在访问 v_4 之后就访问 v_6,此时图中所有结点都访问完毕,得到的顶点访问序列为

$$v_2 \rightarrow v_1 \rightarrow v_3 \rightarrow v_5 \rightarrow v_4 \rightarrow v_6$$

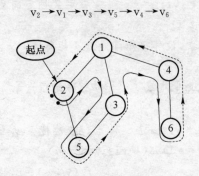

图 7.16 一个无向图 G

图 7.16 所示的无向图 G 邻接矩阵的 DFS 遍历结果为 $v_2 \rightarrow v_1 \rightarrow v_3 \rightarrow v_5 \rightarrow v_4 \rightarrow v_6$,图 7.17 (a)所示了遍历过程在邻接矩阵中的搜索轨迹,图 7.17(b)所示了每次访问到一个顶点,对应的访问标志设为 TRUE,当所有标志为 TRUE 时遍历结束。图 7.18 给出了无向图 G 邻接表的 DFS 遍历过程。

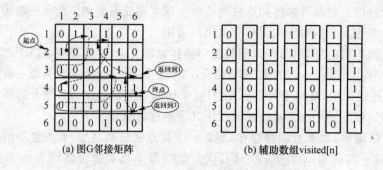

图 7.17　图 G 邻接矩阵 DFS 遍历示例图

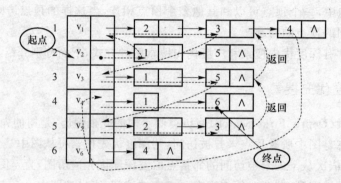

图 7.18　图 G 邻接表 DFS 遍历示例图

无向图 G 邻接表的 DFS 遍历结果为 $v_2 \rightarrow v_1 \rightarrow v_3 \rightarrow v_5 \rightarrow v_4 \rightarrow v_6$，辅助数组 visited[n]变化过程与图 7.17(b)相似。

显然，这是一个递归的过程。为了在遍历过程中便于区分顶点是否已被访问，需附设访问标志数组 visited[0:n-1]，其初值为 FALSE，一旦某个顶点被访问，则其相应的分量置为 TRUE。

(1) 邻接矩阵表示的深度优先遍历算法

```
int visited[VertexNum] = {0};          //定义标志向量
void DFSM(MGraph * G,int i)
{//以 vi 为出发点进行搜索,设邻接矩阵是 0,1 矩阵
  int j;
  printf("%4c",G->vexs[i]);             //访问顶点 vi
  visited[i] = 1;
  for(j = 0;j<G->n;j++)                 //依次搜索 vi 的邻接点
  if((G->edges[i][j] == 1)&&(! visited[j]))
  DFSM(G,j);                            //(vi,vj)∈E,且 vj 未访问过
}
void DFSTraverse(MGraph * G)
{ //深度优先遍历以邻接矩阵表示 G
  int i;
  for(i = 0;i<G->n;i++)
   visited[i] = 0;                      //标志向量初始化
```

图的深度优先遍历

```
for(i = 0;i<G->n;i++)
    if(! visited[i])                        //vi 未访问过
    DFSM(G,i);                              //以 vi 为源点开始 DFSM 搜索
}
```

从图的某一点 v 出发,递归地进行深度优先遍历的过程,如算法 7.5 所示。

算法 7.5 递归地进行深度遍历

```
void DFS(Graph G,int v )
{ /* 从第 v 个顶点出发递归地深度优先遍历图 G*/
    visited[v] = TRUE;VisitFunc(v);           /* 访问第 v 个顶点 */
    for(w = FisrtAdjVex(G,v);w; w = NextAdjVex(G,v,w))
    if (! visited[w]) DFS(G,w);/* 对 v 的尚未访问的邻  接顶点 w 递归调用 DFS * /
}
```

（2）邻接表表示的深度优先搜索递归算法

算法 7.6   邻接表表示的深度优先搜索递归算法

```
int visited[VertexNum] = {0};//定义标志向量
void DFS(ALGraph * G,int i)
{//以 vi 为出发点进行深度优先搜索
    ArcNode * p;
    printf("%4c",G->adjlist[i].vertex); //访问顶点 vi
    visited[i] = 1;                        //标记 vi 已访问
    p = G->adjlist[i].firstedge;           //取 vi 边表的头指针
    while(p){//依次搜索 vi 的邻接点 vj,这里 j = p->adjvex
        if (! visited[p->adjvex])          //若 vj 尚未被访问
DFS(G,p->adjvex);                          //则以 vj 为出发点向纵深搜索
        p = p->next;                       //找 vi 的下一邻接点
    }
}

void DFSTraverse(ALGraph * G)
{//深度优先遍历以邻接表表示 G
    int i;
    for(i = 0;i<G->n;i++)
        visited[i] = 0;                    //标志向量初始化
    for(i = 0;i<G->n;i++)
        if(! visited[i])                   //vi 未访问过
        DFS(G,i);                          //以 vi 为源点开始 DFS 搜索
}
```

邻接表表示的图的深度优先遍历

（3）邻接表表示的深度优先搜索非递归算法

算法 7.7   邻接表表示的深度优先搜索非递归算法

```
struct ArcNode
```

```
{
  int adjvex;
  struct ArcNode * nextarc;
};
struct Vnode
{
  int     data;
  struct ArcNode * firstarc;
};
typedef  struct Vnode AdjList[MaxSize];
void dfs(struct Vnode A[MaxSize])
{
  struct ArcNode * p, * s[MaxSize];
  int x,i,y,top = -1;
  int visited[MaxSize];
  for(i = 0;i<n;i++)
  visited[i] = 0;
  printf("\ninput x");
  scanf("%d",&x);
  printf("%d",x);
  visited[x-1] = 1;
  p = A[x-1].firstarc;

  while(p||top> = 0)
  {
    if(! p)
    //当前寻找的边不存在,出栈
    {
      p = s[top];
      top--;
    }
    y = p->adjvex;
    //当前边存在,得到邻结点
    if(visited[y-1] = = 0)
    //寻找的邻结点没有访问
    {
      visited[y-1] = 1;//访问邻结点
      printf("->%d",y);
      p = p->nextarc;
      //寻找当前邻结点下一条边
```

```
    if(p)
    //如果存在并且未访问将该边入堆栈
    {
        top++;
        s[top] = p;
    }
    p = A[y-1].firstarc;
    //以刚深度寻找到的邻结点为起点进行深度遍历
    }
    else
    p = p->nextarc;
    //当前边已访问,寻找下一条边
    }
}
```

分析上述算法,在遍历时,对图中每个顶点至多调用一次 DFS 函数,因为一旦某个顶点被标志成已被访问,就不再从它出发进行搜索。因此,遍历图的过程实质上是对每个顶点查找其邻接点的过程。其耗费的时间则取决于所采用的存储结构。当用二维数组表示邻接矩阵图的存储结构时,查找每个顶点的邻接点所需时间为 $O(n^2)$,其中 n 为图中顶点数。而当以邻接表作图的存储结构时,找邻接点所需时间为 $O(e)$,其中 e 为无向图中边的数或有向图中弧的数。由此,当以邻接表作存储结构时,深度优先搜索遍历图的时间复杂度为 $O(n+e)$ 。

7.3.2 广度优先搜索

广度优先搜索(Breadth_First Search)遍历类似于树的按层次遍历的过程。

1. 概念

宽度或广度优先搜索遍历(Breadth_First Search,BFS)是按照如下步骤进行的:在图 G 中任选一顶点 V_i 为初始出发点,首先访问出发点 v_i ,接着依次访问 V_i 的所有邻接点 Q_1 , Q_2 ,…,然后,再依次访问与 Q_1 , Q_2 ,…邻接的所有未曾访问过的顶点,依次类推,直至图中所有和初始出发点 V_i 有路径相通的顶点都已访问到为止。

这种方法的特点就是以出发点为中心,一层层地扩展开去,先对横向进行搜索,所以称为宽度优先搜索。

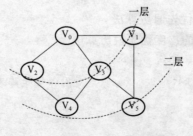

图 7.19 图 G_2

如图 7.19 所示,假定从顶点 V_0 出发开始搜索,标志数组的初值全为 FALSE,访问顶点 V_0 后置其标志为 TRUE;与顶点 V_0 邻接的顶点有三个: V_1 、 V_2 和 V_3 ,它们对应的标志数组元素都为 FALSE,按照任意的顺序访问顶点 V_1、V_2 和 V_3,然后置其标志为 TRUE;与顶点 V_1、V_2 和 V_3 邻接的顶点有三个:V_0、V_4 和 V_5,只有顶点 V_4 和 V_5 对应的标志数组元素为 FALSE,按照任意的顺序访问顶点 V_4 和 V_5,然后置其标志为 TRUE;与顶点 V_4 和 V_5 邻接的顶点中,没有未被访问过的顶点,搜索到此结束。下面给出一个访问的序列:

$$V_0、V_1、V_2、V_3、V_4、V_5$$

当访问某个层次的顶点时,访问的顺序是任意的,所以宽度优先搜索得到的访问序列可能是不唯一的。图 7.20 给出图 G_2 的邻接表表示,下面给出程序实现 BFS 的流程图。

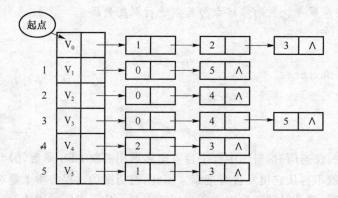

图 7.20 图 G_2 邻接表

图 7.21 的 BFS 遍历结果为 V_0、V_1、V_2、V_3、V_5、V_4,思考下为什么与上述的遍历结果不一样。

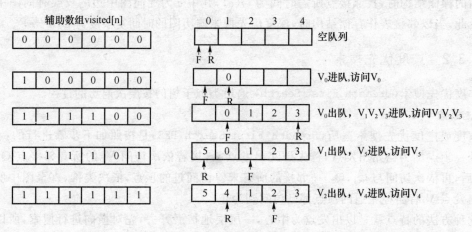

图 7.21 图 G_2 邻接表的 BFS 遍历过程

(1) 邻接矩阵表示的广度优先遍历算法

算法 7.8 邻接矩阵表示的广度优先遍历算法

```
int visited[VertexNum] = {0};                      //定义标志向量
void BFSM(MGraph * G,int k){//以 v_k 为源点对用邻接矩阵表示的图 G 进行广度优先搜索
   int i,j;
   CirQueue Q;
   InitQueue(&Q);
   printf("%4c",G->vexs[k]);                        //访问源点 v_k
   visited[k] = 1;
```

```
    EnQueue(&Q,k);
    while(! QueueEmpty(&Q)){
      i = DeQueue(&Q);                          //v_i 出队
    for(j = 0;j<G->n;j++)                       //依次搜索 v_i 的邻接点 v_j
      if(G->edges[i][j] = = 1&&! visited[j]){   //v_j 未访问
        printf("%4c",G->vexs[j]);               //访问 v_j
        visited[j] = 1;
         EnQueue(&Q,j);                         //访问过的 v_j 入队
      }
    }
  }
  void DFSTraverse(MGraph * G){                 //广度优先遍历以邻接矩阵表示 G
    int i;
    for(i = 0;i<G->n;i++)
           visited[i] = 0;                      //标志向量初始化
    for(i = 0;i<G->n;i++)
        if(! visited[i])                        //v_i 未访问过
    BFSM(G,i);                                  //以 v_i 为源点开始 DFSM 搜索
  }
```

(2)邻接表表示的广度优先遍历算法

算法 7.9 邻接表表示的广度优先遍历算法

```
int visited[VertexNum] = {0};                  //定义标志向量
void BFS(ALGraph * G,int k)
{//以 v_k 为源点对用邻接表表示的图 G 进行广度优先搜索
  int i;
  CirQueue Q;                                  //须将队列定义中 ElemType 改为 int
  ArcNode * p;
  InitQueue(&Q);                               //队列初始化
  printf("%4c",G->adjlist[k].vertex);          //访问源点 v_k
  visited[k] = 1;
  EnQueue(&Q,k);           //v_k 已访问,将其入队。(实际上是将其序号入队)
  while(! QueueEmpty(&Q)){                      //队非空则执行
    i = DeQueue(&Q);                            //相当于 v_i 出队
    p = G->adjlist[i].firstedge;                //取 v_i 的边表头指针
    while(p){//依次搜索 v_i 的邻接点 v_j(令 p->adjvex = j)
        if(! visited[p->adjvex]){               //若 v_j 未访问过
            printf("%4c",G->adjlist[p->adjvex].vertex);  //访问 v_j
            visited[p->adjvex] = 1;
            EnQueue(&Q,p->adjvex);              //访问过的 v_j 入队
        }//endif
```

邻接表表示的图
的广度优先遍历

```
        p = p - >next;                    //找 vᵢ 的下一邻接点
    }//endwhile
 }//endwhile
}
```

分析上述算法,每个顶点至多进一次队列。遍历图的过程实质是通过边或弧找邻接点的过程,因此广度优先搜索遍历图的时间复杂度和深度优先搜索遍历相同,两者不同之处仅仅在于对顶点访问的顺序不同。

7.4　图的连通性

判定一个图的连通性是图的一个应用问题,可以利用图的遍历算法来求解这一问题。本节将重点讨论无向图的连通性、有向图的连通性、由图得到其生成树或生成森林以及连通图中是否有关节点等几个有关图的连通性的问题。

7.4.1　无向图的连通性

在对无向图进行遍历时,对于连通图,仅需从图中任一顶点出发,进行深度优先搜索或广度优先搜索,便可访问到图中所有顶点。对非连通图,则需从多个顶点出发进行搜索,而每一次从一个新的起始点出发进行搜索过程中得到的顶点访问序列恰为其各个连通分量中的顶点集。

例如,图 7.22 是一个非连通图,进行深度优先搜索遍历时,DFSTraverse()需调用两次DFS(即分别从顶点 V_1 和 V_4 出发),得到的顶点访问序列分别为:$\{V_1、V_2、V_3\}$ 和 $\{V_4、V_5\}$

这两个顶点集分别加上所有依附于这些顶点的边,便构成了非连通图的两个连通分量,如图 7.22 所示。

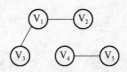

图 7.22　非连通图

因此,要想判定一个无向图是否为连通图,或有几个连通分量,就可设一个计数变量count,初始时取值为 0,在 DFS 递归实现算法的 for 循环中,每调用一次 DFS,就给 count 增1。这样,当整个算法结束时,依据 count 的值,就可确定图的连通性了。

判定一个无向图是否为连通图的实现算法如下:

算法 7.10

```
void DFSTraverse(AdjGraph g)
{
    int * visited,i;
    int count = 0;                    //计数变量
    visited = (int * )malloc(g.vertex_num * sizeof(int));
```

```
memset(visited,0,sizeof(int) * g.vertex_num);
for(i = 0;i<g.vertex_num;i ++ )
if(! visited[i])
{
  count ++ ;                       //每调用一次 DFS,就给 count 增 1
  DFS(g,i,visited);
}
}
```

7.4.2 有向图的连通性

有向图的连通性不同于无向图的连通性,可分为弱连通、单侧连通和强连通。这里仅就有向图的强连通性以及强连通分量的判定进行介绍。

深度优先搜索是求有向图的强连通分量的一个有效方法。假设以十字链表作有向图的存储结构,则求强连通分量的步骤如下。

(1) 在有向图 G 上,从某个顶点出发沿以该顶点为尾的弧进行深度优先搜索遍历,并按其所有邻接点的搜索都完成(即退出 DFS 函数)的顺序将顶点排列起来。此时需对 7.4 中的算法作如下两点修改:①在进入 DFSTraverseAL 函数时首先进行计数变量的初始化,即在入口处加上 count＝0 的语句;②在退出函数之前将完成搜索的顶点号记录在另一个辅助数组 finished[vexnum]中,即在函数 DFSAL 结束之前加上 finished[++count]＝v 的语句。

(2) 在有向图 G 上,从最后完成搜索的顶点(即 finished[vexnum－1]中的顶点)出发,沿着以该顶点为头的弧作逆向的深度搜索遍历,若此次遍历不能访问到有向图中所有顶点,则从余下的顶点中最后完成搜索的那个顶点出发,继续作逆向的深度优先搜索遍历,依次类推,直至有向图中所有顶点都被访问到为止。此时调用 DFSTraverseAL 时需作如下修改:函数中第二个循环语句的边界条件应改为 v 从 finished[vexnum－1]至 finished[0]。

由此,每一次调用 DFSAL 作逆向深度优先遍历所访问到的顶点集便是有向图 G 中一个强连通分量的顶点集。

例如,图 7.13(a) 所示的有向图,假设从顶点 v_1 出发作深度优先搜索遍历,得到 finished 数组中的顶点号为(1,3,2,0);则再从顶点 v_1 出发作逆向的深度优先搜索遍历,得到两个顶点集{v_1,v_3,v_4}和{v_2},这就是该有向图的两个强连通分量的顶点集。

上述求强连通分量的第二步,其实质为

(1) 构造一个有向图 Gr,设 G＝(V,{A}),则 Gr＝(Vr,{Ar})对于所有< v_i,v_j>∈A,必有< v_j,v_i>∈Ar。即 Gr 中拥有和 G 方向相反的弧。

(2) 在有向图 Gr 上,从顶点 finished[vexnum－1] 出发作深度优先遍历。可以证明,在 Gr 上所得深度优先生成森林中每一棵树的顶点集即为 G 的强连通分量的顶点集。

显然,利用遍历求强连通分量的时间复杂度亦和遍历相同。

7.4.3 生成树和生成森林

在这一小节里,将给出通过对图的遍历,得到图的生成树或生成森林的算法。

例如,图 7.23 是一个连通图 G 和它的生成树。

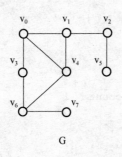
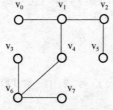
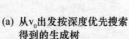
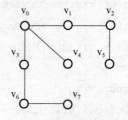

G　　　　　　　(a) 从v_0出发按深度优先搜索　　　(b) 从v_4出发按深度优先搜索
　　　　　　　　　　得到的生成树　　　　　　　　　　得到的生成树

图 7.23　连能图 G 和它的生成树

对于非连通图,通过这样的遍历,将得到的是生成森林。例如,图 7.24(b) 所示为图 7.24 (a)的深度优先生成森林,它由三棵深度优先生成树组成。

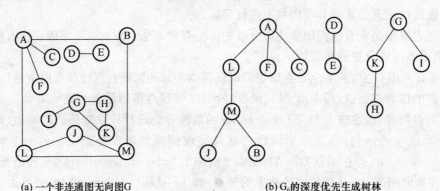

(a)一个非连通图无向图G　　　　　　　　　　(b) G_6的深度优先生成树林

图 7.24　非连通图 G_6 及其生成树林

假设以孩子兄弟链表作生成森林的存储结构,则算法 7.11 生成非连通图的深度优先生成森林,其中 DFSTree 函数如算法 7.12 所示。显然,算法 7.11 的时间复杂度和遍历相同。

算法 7.11　生成非连通图的深度优先生成森林

```
void DESForest(Graph G, CSTree T)
{ /* 建立无向图 G 的深度优先生成森林的孩子兄弟链表 T*/
  T = NULL;
  for (v = 0;v<G.vexnum; ++v)
    if (! visited[v] = FALSE;
  for(v = 0;v<G.vexnum; ++v)
    if (! visited[v])                    /*顶点 v 为新的生成树的根结点 */
      {p =(CSTree)malloc(sixeof(CSNode));  /* 分配根结点 */
      p = {GetVex(G,v). NULL,NULL};       /*给根结点赋值 */
      if (! T)
        T = p;                           /*T 是第一棵生成树的根*/
      else q - >nextsibling = p;         /* 前一棵的根的兄弟是其他生成树的根 * /
      q = p;                             /*q 指示当前生成树的根 */
      DFSTree(G,v,&p);                   /* 建立以 p 为根的生成树 */
      }
}
```

算法 7.12 DFS Tree 函数

```
void  DFSTree(Graph G,int v ,CSTreeT)
{/* 从第 v 个顶点出发深度优先遍历图 G,建立以 * T 为根的生成树 */
  visited[v] = TRUE;
  first = TRUE;
  for(w = FirstAdjVex(G,v); w;  w = NextAdjVex(G,v,w))
    if(! visited[w])
      { p = (CSTree)malloc(sizeof)CSNode));        /* 分配孩子结点 */
       * p = {GetVex(G,w),NULL,NULL};
        if (first)  /* w 是 v 的第一个未被访问的邻接顶点,作为根的左孩子结点 */
        { T->lchild = p;
          first = FALSE;
        }
        else { /* w 是 v 的其他未被访问的邻接顶点,作为上一邻接顶点的右兄弟 */
             q->nextsibling = p;
             }
        q = p;
        DFSTree(G,w,q);    /* 从第 w 个顶点出发深度优先遍历图 G,建立生成子树 * q */
      }
}
```

7.4.4 关结点和重连通分量

假若在删去顶点 v 以及和 v 相关联的各边之后,将图的一个连通分量分割成两个或两个以上的连通分量,则称顶点 v 为该图的一个关结点(articulation point)。一个没有关结点的连通图称为重连通图(biconnected graph)。在重连通图上,任意一对顶点之间至少存在两条路径,则在删去某个顶点以及依附于该顶点的各边时也不破坏图的连通性。若在连通图上至少删去 k 个顶点才能破坏图的连通性,则称此图的连通度为 k。关结点和重连通图在实际中较多应用。显然,一个表示通信网络的图的连通度越高,其系统越可靠,无论是哪一个站点出现故障或遭到外界破坏,都不影响系统的正常工作;又如,一个航空网若是重连通的,则当某条航线因天气等某种原因关闭时,旅客仍可从别的航线绕道而行;再如,若将大规模的集成电路的关键线路设计成重连通的话,则在某些元件失效的情况下,整个片子的功能不受影响,反之,在战争中,若要摧毁敌方的运输线,仅需破坏其运输网中的关结点即可。

例如,图 7.25(a)中图 G_7 是连通图,但不是重连通图。图中有四个关结点 A、B 和 G。若删去顶点 B 以及所有依附顶点 B 的边,G_7 就被分割成三个连通分量{A、C、F、L、M、J}、{G、H、I、K}和{D、E}。类似地,若删去顶点 A 或 B 或 G 以及所依附于它们的边,则 G_7 被分割成两个连通分量,由此,关结点亦称为割点。

利用深度优先搜索便可求得图的关结点,并由此可判别图是否是重连通的。

图 7.25(b)所示为从顶点 A 出发深优先生成树,图中实线表示树边,虚线表示回边(即不在生成树上的边)。对树中任一顶点 v 而言,其孩子结点为在它之后搜索到的邻接点,而其双亲结点和由回边连接的祖先结点是在它之前搜索到的邻接点。由深度优先生成树可得出两类

关结点的特性。

（1）若生成树的根有两棵或两棵以上的子树，则此根顶点必为关结点。因为图中不存在联结不同子树中顶点的边，因此，若删去根顶点，生成树便变成生成森林。如图 7.25(b) 中的顶点 A。

（2）若生成树中某个非叶子顶点 v，其某棵子树的根和子树中的其他结点均没有指向 v 的祖先的回边，则 v 为关结点。因为，若删去 v，则其子树和图的其他部分被分割开来。如图 7.25(b) 中的顶点 B 和 G 。

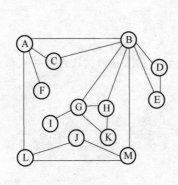
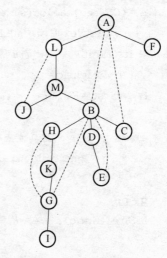

(a) 一个连通图无向图 G_7　　　　　　　　(b) G_7 的深度优先生成树

图 7.25　无向连通图 G_7 及其生成树

若对图 Graph＝(V,{Edge}) 重新定义遍历时的访问函数 visited，并引入一个新的函数 low，则由一次深度优先遍历便可求得连通图中存在的所有关结点。

定义 visited[v] 为深度优先搜索遍历连通图时访问顶点 v 的次序号；定义：

$$low(v)=Min\left\{\begin{array}{l} visied[v],low[w],visited[k] \\ \end{array}\left|\begin{array}{l} w\text{是}v\text{在 DFS 生成树上的孩子结点；} \\ k\text{是}v\text{在 DFS 生成树上由回边联结的祖先结点；} \\ (v,w)\in Edge; \\ (v,k)\in Edge, \end{array}\right.\right.$$

若对于某个顶点 v，存在孩子结点 w 且 low[w] ≥ visited[v]，则该顶点 v 必为关结点。因为当 w 是 v 的孩子结点时，low[w] ≥ visited[v]，表明 w 及其子孙均无指向 v 的祖先的回边。

由定义可知，visited[v] 值即为 v 在深度优先生成树的前序序列的序号，只需将 DFS 函数中头两个语句改为 visited[v0]＝＋＋count(在 DFSTraverse 中设初值 count=1)即可；low[v] 可由后序遍历深度优先生成树求得，而 v 在后序序列中的次序和遍历时退出 DFS 函数的次序相同，由此修改深度优先搜索遍历的算法便可得到求关结点的算法(见算法 7.13 和算法 7.14)。

算法 7.13　求关结点的算法(1)

```
void FindArticul(ALGraph G)
{ /＊连通图 G 以邻接表作存储结构，查找并输出 G 上全部关结点＊/
    count = 1;                    /＊全局变量 count 用于对访问计数＊/
    visited[0] = 1;               /＊设定邻接表上 0 号顶点为生成树的根＊/
```

```
for(i = 1;i<G.vexnum; ++ i)              /* 其余顶点尚未访问 */
visited[i] = 0;
p = G.adjlist[0].first;
v = p->adjvex;
DFSArticul(g,v);                          /* 从顶点 v 出发深度优先查找关结点 */
if(count<G.vexnum)                        /* 生成树的根至少有两棵子树 */
{printf(0,G.adjlist[0].vertex);           /* 根是关结点,输出 */
  while(p->next)
  { p = p->next;
    v = p->adjvex;
     if(visited[v] == 0) DFSArticul(g,v);
  }
 }
}/* FindArticul */
```

算法 7.14 求关结点的算法(2)

```
void DFSArticul(ALGraph G,int v0)
/* 从顶点 v0 出发深度优先遍历图 G,查找并输出关结点 */
{ visited[v0] = min = ++ count;           /* v0 是第 count 个访问的顶点 */
  for(p=G.adjlist[v0].firstedge; p; p=p->next;) /* 对 v0 的每个邻接点检查 */
  { w=p->adjvex;                          /* w 为 v0 的邻接点 */
    if(visited[w] == 0)                   /* 若 w 未曾访问,则 w 为 v0 的孩子 */
    { DFSArticul(G,w);                    /* 返回前求得 low[w] */
      if(low[w]<min)min = low[w];
      if(low[w]>= visited[v0]) printf(v0,G.adjlist[v0].vertex); /* 输出关结点 */
    }
    else if(visited[w]<min) min = visited[w]; /* w 已访问,w 是 v0 在生成树上的祖先 */
  }
  low[v0] = min;
}
```

例如,图 G_7 中各顶点计算所得 visited 和 low 的函数值如下表格所列。

i	0	1	2	3	4	5	6	7	8	9	10	11	12
G.adjlist[i].vertex	A	B	C	D	E	F	G	H	I	J	K	L	M
visited[i]	1	5	12	10	11	13	8	6	9	4	7	2	3
low[i]	1	1	1	5	5	5	5	5	5	2	5	1	1
求得 low 值的顺序	13	9	8	7	6	12	3	5	2	1	4	11	10

其中,J 是第一个求得 low 值的顶点,由于存在回边(J,L),则 low[J]=Min{visited[J]、visited[L]}=2。顺便提一句,上述算法中将指向双亲的树边也看成是回边,由于不影响关结点的判别,因此,为使算法简明起见,在算法中没有区别它。

由于上述算法的过程就是一个遍历的过程,因此,求关结点的时间复杂度仍为 $O(n+e)$。

7.5 最小生成树

7.5.1 最小生成树的基本概念

连通图的极小连通子图,就是原图的生成树。由生成树的定义可知,无向连通图的生成树不是唯一的。连通图的一次遍历所经过的边的集合及图中所有顶点的集合就构成了该图的一棵生成树,对连通图的不同遍历,就可能得到不同的生成树。

假设图 G 有 n 个顶点,图 T 是图 G 的生成树,那么图 T 肯定具备 n 个顶点和 $n-1$ 条边。如果图 T 少于 $n-1$ 条边,那么它肯定不是连通的;如果图 T 有多于 $n-1$ 条的边,那么它肯定不是极小连通子图,图中存在回路;但是也不能说,只要具备 n 个顶点和 $n-1$ 条边的图都是图 G 的生成树,因为它们不一定是图 G 的极小连通子图。

求连通图的生成树,可以用前面介绍的深度优先搜索、宽度优先搜索算法来实现,得到的分别称为深度优先生成树、宽度优先生成树。

一个连通图的生成树可能不是唯一的。图 7.26 列举出了一个深度优先生成树和宽度优先生成树。

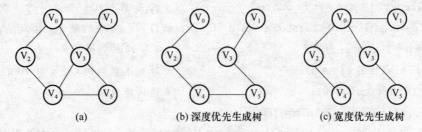

(a)　　　　　(b) 深度优先生成树　　　　　(c) 宽度优先生成树

图 7.26　生成树

可以证明,对于有 n 个顶点的无向连通图,无论其生成树的形态如何,所有生成树中都有且仅有 $n-1$ 条边。

如果无向连通图是一个网,那么,它的所有生成树中必有一棵边的权值总和最小的生成树,一般称这棵生成树为最小生成树。

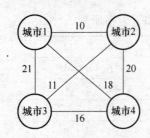

图 7.27　几个城市之间的直线距离

最小生成树的概念可以应用到许多实际问题中。例如有这样一个问题:以尽可能低的总造价建造城市间的通信网络,把四个城市联系在一起。在这四个城市中,任意两个城市之间都可以建造通信线路,通信线路的造价依据城市间的距离不同而有不同的造价,可以构造一个通信线路造价网络,在网络中,每个顶点表示城市,顶点之间的边表示城市之间可构造通信线路,每条边的权值表示该条通信线路的造价,要想使总的造价最低,实际上就是寻找该网络的最小生成树。

下面介绍两种常用的构造最小生成树的方法。

7.5.2 普利姆(Prim)算法

假设 G=(V,E)为一网图,其中 V 为网图中所有顶点的集合,E 为网图中所有带权边的集合。设置两个新的集合 U 和 T,其中集合 U 用于存放 G 的最小生成树中的顶点,集合 T 存放 G 的最小生成树中的边。令集合 U 的初值为 U={u1}(假设构造最小生成树时,从顶点 u1 出发),集合 T 的初值为 T={}。Prim 算法的思想是,从所有 u∈U,v∈V−U 的边中,选取具有最小权值的边(u,v),将顶点 v 加入集合 U 中,将边(u,v)加入集合 T 中,如此不断重复,直到 U=V 时,最小生成树构造完毕,这时集合 T 中包含了最小生成树的所有边。

Prim 算法可用下述过程描述,其中用 w_{uv} 表示顶点 u 与顶点 v 边上的权值。

算法实现步骤如下。

(1) 初始状态:U ={u_0},(u_0∈V),TE={   }。

(2) 从 E 中选择顶点分别属于 U、V−U 两个集合、且权值最小的边(u_i,v_j),将顶点 v_j 归并到集合 U 中,边(u_i,v_j)归并到 TE 中。

(3) 直到 U=V 为止。此时 TE 中必有 $n-1$ 条边,T=(V,{TE})就是最小生成树。

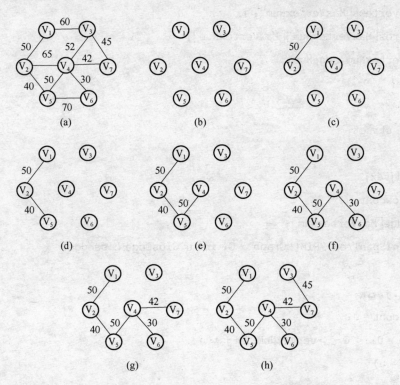

图 7.28   Prim 算法构造最小生成树的过程示意

图 7.28 (a)所示的一个网图,按照 Prim 方法,从顶点 1 出发,该网的最小生成树的产生过程如图 7.28 (b)、(c)、(d)、(e)、(f)和(g)所示。

为实现 Prim 算法,需设置一个辅助一维结构体数组 closedge,包含 2 个成员,分别为 adjvex 和 lowcost。其中 adjvex 为未归并邻接点,lowcost 用来保存集合 V−U 中各顶点与集合 U 中各顶点构成的边中具有最小权值的边的权值,即 Colsedge [i].
lowcost = min((u ,vi)) ,u ∈U,vi ∈V－U。adjvex 用来保存依附于该边的在集合 U 中
的顶点。假设初始状态时,U＝{u₁}(u₁为出发的顶点),这时有 lowcost[0]＝0,它表示顶点 u₁
已加入集合 U 中,lowcost 值是顶点 u₁到其余各顶点所构成的直接边的权值。然后不断选取
权值最小的边(u_j,u_i)(u_j∈U,u_i∈V－U),每选取一条边,就将 Closedge[i]. lowcost 置为 0,表
示顶点 u_i 已加入集合 U 中。由于顶点 u_i 从集合 V－U 进入集合 U 后,这两个集合的内容发生
了变化,就需依据具体情况更新数组 Closedge[ ]数组中的成员变量 adjvex 和 lowcost 的值。
最后 Closedge[ ]中的内容即为所建立的最小生成树。

当无向网采用二维数组存储的邻接矩阵存储时,Prim 算法的 C 语言实现为

算法 7.15　Prim 算法的 C 语言实现

```
#define MaxVertexNum 30
#define INFINITY 3000
typedef struct
{
  char vertexs[MaxVertexNum];
  int arcs[MaxVertexNum][MaxVertexNum];
  int vertexNum,edgeNum;
}MGraph;

typedef struct
{
  intadjvex;
  int lowcost;
}ClosEdge[MaxVertexNum];
void MiniSpanTree_PRIM(MGraph * G, int u,ClosEdge closedge)
{
  int i,j,w,k;
  int count = 0;
  for(i = 0;i<G - >vertexNum;i ++ )
  if(i!= u)
  {
    closedge[i].adjvex = u;
    closedge[i].lowcost = G - >arcs[u][i];
  }
  closedge[u].lowcost = 0;
  //初始化工作
```

```
for(i = 1;i<G->vertexNum;i++)
{
   w = INFINITY;
   for(j = 0;j<G->vertexNum;j++)
   if(closedge[j].lowcost!= 0 &&closedge[j].lowcost<w)
   {
       w = closedge[j].lowcost;
       k = j;
       //求得未归并顶点到 U 集合中的距离最短的顶点
   }
   closedge[k].lowcost = 0;
   for(j = 0;j<G->vertexNum;j++)
   if(G->arcs[k][j]<closedge[j].lowcost)
   {
       closedge[j].adjvex = k;
       closedge[j].lowcost = G->arcs[k][j];
   }
   //更新未归并顶点到 U 集合中的最短距离
}// end for
for(i = 1;i<G->vertexNum;i++)
if(i!= u)
{
   printf("输出构建的最小生成树为:");
   printf("%d->%d,%d\n",i,
   closedge[i].adjvex,G->arcs[i][closedge[i].adjvex]);
   count += G->arcs[i][closedge[i].adjvex];
}
printf("\n");
printf("此最小生成树的代价为:%d",count);
printf("\n");
}
```

图 7.29 给出了在用上述算法构造网图 7.28 (a)的最小生成树的过程中,数组Closedge[ ]及集合 U,V−U 的变化情况,读者可进一步加深对 Prim 算法的了解。

在 Prim 算法中,第一个 for 循环的执行次数为 $n-1$,第二个 for 循环中又包括了一个 while 循环和一个 for 循环,执行次数为 $2(n-1)^2$,所以 Prim 算法的时间复杂度为 $O(n^2)$。

顶点 closedge	v₂	v₃	v₄	v₅	v₆	v₇	u	v－u
adjvex	1	1	1	1	1	1	v₁	v₂, v₃, v₄, v₅, v₆, v₇
lowcost	50	60	∞	∞	∞	∞		
adjvex		1	2	2	1	1	v₁, v₂	v₃, v₄, v₅, v₆, v₇
lowcost	0	60	65	40	∞	∞		
adjvex		1	5		5	1	v₁, v₂, v₅	v₃, v₄, v₆, v₇
lowcost	0	60	50	0	70	∞		
adjvex		4			4	4	v₁, v₂, v₅, v₄	v₃, v₆, v₇
lowcost	0	52	0	0	30	42		
adjvex		4				4	v₁, v₂, v₅, v₄, v₆	v₃, v₇
lowcost	0	52	0	0	0	42		
adjvex		7					v₁, v₂, v₅, v₄, v₆, v₇	v₃
lowcost	0	45	0	0	0	0		
adjvex							v₁, v₂, v₅, v₄, v₆, v₇, v₃	
lowcost	0	0	0	0	0	0		

图 7.29　用 Prim 算法构造最小生成树过程中各参数的变化示意

7.5.3　Kruskal 算法

Kruskal 算法是一种按照网中边的权值递增的顺序构造最小生成树的方法。其基本思想是：设无向连通网为 G＝(V,E)，令 G 的最小生成树为 T，其初态为 T＝(V,{})，即开始时，最小生成树 T 由图 G 中的 n 个顶点构成，顶点之间没有一条边，这样 T 中各顶点各自构成一个连通分量。然后，按照边的权值由小到大的顺序，考查 G 的边集 E 中的各条边。若被考查的边的两个顶点属于 T 的两个不同的连通分量，则将此边作为最小生成树的边加入到 T 中，同时把两个连通分量连接为一个连通分量；若被考查边的两个顶点属于同一个连通分量，则舍去此边，以免造成回路，如此下去，当 T 中的连通分量个数为 1 时，此连通分量便为 G 的一棵最小生成树。

对于图 7.30(a)所示的网，按照 Kruskal 方法构造最小生成树的过程如图 7.30 所示。在构造过程中，按照网中边的权值由小到大的顺序，不断选取当前未被选取的边集中权值最小的边。依据生成树的概念，n 个结点的生成树，有 n－1 条边，故反复上述过程，直到选取了 n－1 条边为止，就构成了一棵最小生成树。

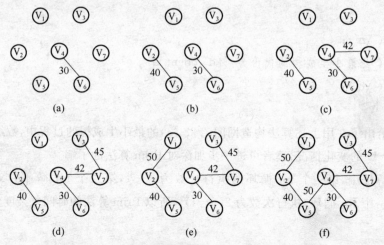

图 7.30　Kruskal 算法构造最小生成树的过程示意

下面介绍 Kruskal 算法的实现。

设置一个结构数组 Edges 存储网中所有的边,边的结构类型包括构成的顶点信息和边权值,定义如下。

```
#define MAXEDGE 10  <图中的最大边数>
typedef struct {
    elemtype v1;
    elemtype v2;
    int cost;
} EdgeType;
EdgeType edges[MAXEDGE];
```

在结构数组 edges 中,每个分量 edges[i] 代表网中的一条边,其中 edges[i].v1 和 edges[i].v2 表示该边的两个顶点,edges[i].cost 表示这条边的权值。为了方便选取当前权值最小的边,事先把数组 edges 中的各元素按照其 cost 域值由小到大的顺序排列。在对连通分量合并时,采用 7.5.2 节所介绍的集合的合并方法。对于有 n 个顶点的网,设置一个数组 father[n],其初值为 father[i]$=-1(i=0,1,\cdots,n-1)$,表示各个顶点在不同的连通分量上,然后,依次取出 edges 数组中的每条边的两个顶点,查找它们所属的连通分量,假设 vf_1 和 vf_2 为两顶点所在的树的根结点在 father 数组中的序号,若 vf_1 不等于 vf_2,表明这条边的两个顶点不属于同一分量,则将这条边作为最小生成树的边输出,并合并它们所属的两个连通分量。

下面用 C 语言实现 Kruskal 算法,其中函数 Find 的作用是寻找图中顶点所在树的根结点在数组 father 中的序号。需说明的是,在程序中将顶点的数据类型定义成整型,而在实际应用中,可依据实际需要来设定。

算法 7.16 用 C 语言实现 Kruskal 算法

Kruskal 算法构造
最小生成树

```
typedef int elemtype;
typedef struct {
    elemtype v1;
    elemtype v2;
    int cost;
}EdgeType;
void Kruskal(EdgeType edges[ ],int n)
/* 用 Kruskal 方法构造有 n 个顶点的图 edges 的最小生成树 */
{ int father[MAXEDGE];
    int i,j,vf1,vf2;
    for (i = 0;i<n;i++) father[i] = -1;
    i = 0;j = 0;
    while(i<MAXEDGE && j<n-1)
    { vf1 = Find(father,edges[i].v1);
      vf2 = Find(father,edges[i].v2);
      if (vf1!= vf2)
      { father[vf2] = vf1;
        j++;
```

```
        printf("%3d%3d\n",edges[i].v1,edges[i].v2);
      }
    i++;
  }
}
```

算法 7.17   用 C 语言实现 Kruskal 算法

```
int Find(int father[ ],int v)
/*寻找顶点 v 所在树的根结点*/
{ int t;
  t = v;
  while(father[t]>=0)
    t = father[t];
  return(t);
}
```

在 Kruskal 算法中,第二个 while 循环是影响时间效率的主要操作,其循环次数最多为 MAXEDGE 次数,其内部调用的 Find 函数的内部循环次数最多为 n,所以 Kruskal 算法的时间复杂度为 $O(n * \text{MAXEDGE})$。

7.6   最短路径

交通网络中常常提出这样的问题:从甲地到乙地之间是否有公路连通? 在有多条通路的情况下,哪一条路最短? 交通网络可用带权图来表示。顶点表示城市名称,边表示两个城市有路连通,边上权值可表示两城市之间的距离、交通费或途中所花费的时间等。求两个顶点之间的最短路径,不是指路径上边数之和最少,而是指路径上各边的权值之和最小。

另外,若两个顶点之间没有边,则认为两个顶点无通路,但有可能有间接通路(从其他顶点达到))。路径上的开始顶点(出发点)称为源点,路径上的最后一个顶点称为终点,并假定讨论的权值不能为负数。

下面讨论两个算法:一个是求从某个源点到其他各顶点的最短路径的迪杰斯特拉 (Dijkstra)算法,另一个是求任意每一对顶点之间的最短路径的弗洛伊德(Floyed)算法。

7.6.1   从一个源点到其他各点的最短路径

本节先来讨论单源点的最短路径问题:给定带权有向图 $G=(V,E)$ 和源点 $v \in V$,求从 v 到 G 中其余各顶点的最短路径。在下面的讨论中假设源点为 v_0。

对于带权有向图及其邻接矩阵,如何求从其中一个顶点 v_0 出发,到其他各顶点的最短路径呢? 1959 年,荷兰人迪杰斯特拉 (Dijkstra)提出了按路径长度递增的次序产生最短路径的算法。该算法把网(带权图)中所有顶点分成两个集合。凡以 v_0 为源点并已确定了最短路径的终点并入 S 集合,S 集合的初始状态只包含 v_0;另一个集合 V−S 为尚未确定最短路径的顶点的集合。按各顶点与 v_0 间的最短路径长度递增的次序,逐个把 V−S 集合中的顶点加入到

S 集合中去,使得从 v_0 到 S 集合中各顶点的路径长度始终不大于从 v_0 到 V−S 集合中各顶点的路径长度。直到 S 中包含全部顶点,而 V−S 为空。

下面介绍 Dijkstra 算法的实现。

首先,引进一个辅助向量 D,它的每个分量 D[i] 表示当前所找到的从始点 v 到每个终点 v_i 的最短路径的长度。它的初态为:若从 v 到 v_i 有弧,则 D[i] 为弧上的权值;否则置 D[i] 为 ∞。显然,长度为

$$D[j] = Min\{D[i] \mid v_i \in V\}$$

的路径就是从 v 出发的长度最短的一条最短路径。此路径为 (v, v_j)。

那么,下一条长度次短的最短是哪一条呢? 假设该次短路径的终点是 v_k,则可想而知,这条路径或者是 (v, v_k),或者是 (v, v_j, v_k)。它的长度或者是从 v 到 v_k 的弧上的权值,或者是 D[j] 和从 v_j 到 v_k 的弧上的权值之和。

依据前面介绍的算法思想,在一般情况下,下一条长度次短的最短路径的长度必是

$$D[j] = Min\{D[i] \mid v_i \in V−S\}$$

式中,D[i] 或者弧 (v, v_i) 上的权值,或者是 D[k]($v_k \in S$ 和弧 (v_k, v_i) 上的权值之和。

根据以上分析,可以得到如下描述的算法。

(1) 假设用带权的邻接矩阵 edges 来表示带权有向图,edges[i][j] 表示弧 $\langle v_i, v_j \rangle$ 上的权值。若 $\langle v_i, v_j \rangle$ 不存在,则置 edges[i][j] 为 ∞(在计算机上可用允许的最大值代替)。S 为已找到从 v 出发的最短路径的终点的集合,它的初始状态为空集。那么,从 v 出发到图上其余各顶点(终点)v_i 可能达到最短路径长度的初值为

$$D[i] = edges[Locate\ Vex(G,v)][i]\ v_i \in V$$

(2) 选择 v_j,使得

$$D[j] = Min\{D[i] \mid v_i \in V−S\}$$

v_j 就是当前求得的一条从 v 出发的最短路径的终点。令

$$S = S \cup \{j\}$$

(3) 修改从 v 出发到集合 V−S 上任一顶点 vk 可达的最短路径长度。如果

$$D[j] + edges[j][k] < D[k]$$

则修改 D[k] 为

$$D[k] = D[j] + edges[j][k]$$

重复操作(2)、(3)共 $n−1$ 次。由此求得从 v 到图上其余各顶点的最短路径是依路径长度递增的序列。

下面为用 C 语言描述的 Dijkstra 算法。

算法 7.18 用 C 语言描述的 Dijkstra 算法

最短路径

```
void ShortestPath_1(Mgraph G,int v0,PathMatrix * p, ShortPath-
Table * D)
{ /* 用 Dijkstra 算法求有向网 G 的 v0 顶点到其余顶点 v 的最短路径 P[v] 及其路径长
度 D[v] */
    /* 若 P[v][w] 为 TRUE,则 w 是从 v0 到 v 当前求得最短路径上的顶点 */
    /* final[v] 为 TRUE 当且仅当 v∈S, 即已经求得从 v0 到 v 的最短路径 */
    /* 常量 INFINITY 为边上权值可能的最大值 */
    for (v = 0;v<G.vexnum; ++v)
```

```
{fianl[v] = FALSE; D[v] = G.edges[v0][v];
   for (w = 0; w<G.vexnum; ++w) P[v][w] = FALSE; /*设空路径*/
   if (D[v]<INFINITY) {P[v][v0] = TRUE; P[v][w] = TRUE;}
}
D[v0] = 0; final[v0] = TRUE;                    /*初始化,v0顶点属于S集*/
/*开始主循环,每次求得v0到某个v顶点的最短路径,并加v到集*/
for(i = 1; i<G.vexnum; ++i)                     /*其余G.vexnum-1个顶点*/
{min = INFINITY;                                /*min为当前所知离v0顶点的最近距离*/
   for (w = 0;w<G.vexnum; ++w)
   if (! final[w])                              /*w顶点在V-S中*/
   if (D[w]<min) {v = w; min = D[w];}
   final[v] = TRUE                              /*离v0顶点最近的v加入S集合*/
   for(w = 0;w>G.vexnum; ++w)                   /*更新当前最短路径*/
   if (! final[w]&&(min + G.edges[v][w]<D[w]))  /*修改D[w]和P[w],w∈V-S*/
   { D[w] = min + G.edges[v][w];
     P[w] = P[v]; P[w][v] = TRUE;               /*P[w] = P[v] + P[w]*/
   }
}
}/*ShortestPath._1*/
```

例如,图7.31所示一个有向网图 G_8 的带权邻接矩阵为

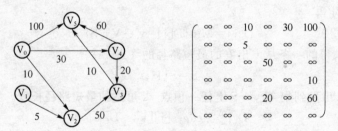

图 7.31 一个有向网图 G_8 及其邻接矩阵

若对 G_8 施行 Dijkstra 算法,则所得从 v_0 到其余各顶点的最短路径,以及运算过程中 D 向量的变化状况,如下所示。

下面分析一下这个算法的运行时间。第一个 for 循环的时间复杂度是 $O(n)$,第二个 for 循环共进行 $n-1$ 次,每次执行的时间是 $O(n)$。所以总是的时间复杂度是 $O(n^2)$。如果用带权的邻接表作为有向图的存储结构,则虽然修改 D 的时间可以减少,但由于在 D 向量中选择最小的分量的时间不变,所以总的时间仍为 $O(n^2)$。

如果只希望找到从源点到某一个特定的终点的最短路径,但是,从上面求最短路径的原理来看,这个问题和求源点到其他所有顶点的最短路径一样复杂,其时间复杂度也是 $O(n^2)$。

终点	从 v_0 到各终点的 D 值和最短路径的求解过程				
	$i=1$	$i=2$	$i=3$	$i=4$	$i=5$
v_1	∞	∞	∞	∞	∞ 无
v_2	10 (v_0,v_2)				
v_3	∞	60 (v_0,v_2,v_3)	50 (v_0,v_4,v_3)		
v_4	30 (v_0,v_4)	30 (v_0,v_4)			
v_5	100 (v_0,v_5)	100 (v_0,v_5)	90 (v_0,v_4,v_5)	60 (v_0,v_4,v_3,v_5)	
v_j	v_2	v_4	v_3	v_5	
S	$\{v_0,v_2\}$	$\{v_0,v_2,v_4\}$	$\{v_0,v_2,v_3,v_4\}$	$\{v_0,v_2,v_3,v_4,v_5\}$	

图 7.32 用 Dijkstra 算法构造单源点最短路径过程中各参数的变化示意

7.6.2 每一对顶点之间的最短路径

两个顶点之间的最短路径是指:对于给定的有向网 $G=(V,E)$,要对 G 中任意一对顶点有序对 V、W(V≠W),找出 V 到 W 的最短距离和 W 到 V 的最短距离。就像造火车票价表一样,假设有一个铁路运输网络,边(v_i,v_j)上的权表示从站点 v_i 到站点 v_j 的票价,造票价就是要标明任意一个站点到另一个站所需的最少票价。

解决此问题的一个有效方法是:轮流以每一个顶点为源点,重复执行迪杰斯特拉算法 n 次,即可求得每一对顶点之间的最短路径,总的时间复杂度为 $O(n^3)$。

1962 年弗洛伊德(Floyd)提出了另外一个求图中任意两顶点之间最短路径的算法,虽然其时间复杂度也是 $O(n^3)$,但其算法的形式更简单,易于理解和编程。

弗洛伊德(Floyd)算法仍从图的带权邻接矩阵出发,其基本思想是:

设立两个矩阵分别记录各顶点间的路径和相应的路径长度。矩阵 P 表示路径,矩阵 D 表示路径长度。初始时,复制网的邻接矩阵 arcs 为矩阵 D,即顶点 v_i 到顶点 v_j 的最短路径长度 D[i][j]就是弧$<v_i,v_j>$所对应的权值,将它记为 $D^{(-1)}$,其数组元素 D[i][j]有可能只是中间结果,要进行 n 次试探才能得到最终结果。

对于从顶点 v_i 到顶点 v_j 的最短路径长度,首先考虑让路径经过顶点 v_0,比较路径$<v_i,v_j>$和$<v_i,v_0,v_j>$的长度,然后取其短者为当前求得的最短路径。对每一对顶点都作这样的试探,可求得 $D^{(0)}$。然后,再考虑在 $D^{(0)}$ 的基础上让路径经过顶点 v_1,于是求得 $D^{(1)}$。以此类推,经过 n 次试探,就把几个顶点都考虑到相应的路径中去了。最后求得的 $D^{(n-1)}$ 就一定是各顶点间的最短路径长度。

综上所述,Floyd 算法的基本思想是递推地产生两个 n 阶的矩阵序列。其中,表示最短路径长度的矩阵序列是 $D^{(-1)},D^{(0)},D^{(1)},D^{(2)},\cdots,D^{(k)},\cdots,D^{(n-1)}$,其递推关系为

$$D^{(-1)}[i][j] = G->arcs[i][j]; /* 初始状态 */$$

$$D^{(k)}[i][j] = \min\{ D^{(k-1)}[i][j], D^{(k-1)}[i][k] + D^{(k-1)}[k][j]\}, 0 \leqslant i,j,k \leqslant n-1;$$

下面来看如何在求得最短路径长度的同时求解最短路径。初始矩阵 P 的各元素都赋值 -1。$P[i][j] = -1$ 表示 v_i 到 v_j 的路径是直接可达的,中间不经过其他顶点。以后,当考虑经过某个顶点 v_k 时,如果是路径更短,则修改 $D^{(k-1)}[i][j]$ 的同时令 $P[i][j] = k$,即 $P[i][j]$ 中存放的是从 v_i 到 v_j 的路径上所经过的某个顶点。

那么,如何求得从 v_i 到 v_j 的路径上的全部顶点呢?因为所有最短路径的信息都包含在矩阵 **P** 中,假设经过 n 次试探后 $P[i][j] = k$,即从 v_i 到 v_j 的最短路径经过顶点 v_k(若 $k \neq -1$),只要去查看 $P[i][k]$ 和 $P[k][j]$ 就知道从 v_i 到 v_j 还经过了哪些顶点,这是一个递归的过程。

弗洛伊德(Floyd)算法如下:

算法 7.19　弗洛伊德算法

```
#define MAXV <顶点数的最大值>
void floyd(MGraph * G)
{ int D[MAXV][MAXV],P[MAXV][MAXV];
   for(i = 0;i<G->n;i++)              //初始化数组 D 与数组 P
     for(j = 0;j<G->n;j++){
       D[i][j] = G->arcs[i][j];
        P[i][j] = -1;
     }
   for(k = 0;k<G->n;k++)              //向 vi 与 vj 之间探测 n 次加入中间顶点 vk
     for(i = 0;i<G->n;i++)
       for(j = 0;j<G->n;j++) //求 min{D^(k-1)[i][j],D^(k-1)[i][k] + D^(k-1)[k][j]}
         if(D[i][j]>(D[i][k] + D[k][j])){
           D[i][j] = D[i][k] + D[k][j];
           P[i][j] = k; }
}
```

以下是输出最短路径的算法 dispath,其中 path( )函数在数组 P 中递归输出从顶点 v_i 到 v_j 的最短路径。

```
void path(intP[][MAXV],int i,int j)    //输出最短路径
{ int k;
   k = P[i][j];
   if(k == -1) return;               //P[i][j] = -1 时,顶点 vi 和 vj 之间无中间顶点
   path(P,i,k);
   printf("%d,",k);
   path(P,k,j);
}
void dispath(MGraph * G ,int D[][MAXV],int P[][MAXV])
{ int i,j;
   for(i = 0;i<G->n;i++)
     for(j = 0;j<G->n;j++)
```

```
    if( P[i][j] == -1 && i!= j ) printf("从顶点%d到顶点%d没有路径\n",i,j);
    else{
      printf("从顶点%d到顶点%d路径为:",i,j);;
      printf("%d,",i);
      path(P,i,j);
      printf("%d",j);
      printf("路径长度为:%d\n",D[i][j]);
    }
}
```

弗洛伊德算法包含一个三重循环，其时间复杂度为 $O(n^3)$。用 Floy 算法求解最短路径允许网中边的权值为负，但不允许网中出现路径长度为负的回路。

图 7.33 给出了一个简单的有向网及其邻接矩阵。图 7.34 给出了用 Floyd 算法求该有向网中每对顶点之间的最短路径过程中，数组 D 和数组 P 的变化情况。

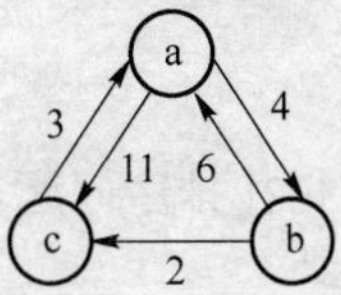

$$\begin{pmatrix} 0 & 4 & 11 \\ 6 & 0 & 2 \\ 3 & \infty & 0 \end{pmatrix}$$

图 7.33　一个有向网图 G_9 及其邻接矩阵

$$\boldsymbol{D}^{-1}=\begin{pmatrix} 0 & 4 & 11 \\ 6 & 0 & 2 \\ 3 & \infty & 0 \end{pmatrix}\quad \boldsymbol{D}^{0}=\begin{pmatrix} 0 & 4 & 11 \\ 6 & 0 & 2 \\ 3 & 7 & 0 \end{pmatrix}\quad \boldsymbol{D}^{1}=\begin{pmatrix} 0 & 4 & 6 \\ 6 & 0 & 2 \\ 3 & 7 & 0 \end{pmatrix}\quad \boldsymbol{D}^{2}=\begin{pmatrix} 0 & 4 & 6 \\ 5 & 0 & 2 \\ 3 & 7 & 0 \end{pmatrix}$$

$$\boldsymbol{P}^{-1}=\begin{pmatrix} & \text{ab} & \text{ac} \\ \text{ba} & & \text{bc} \\ \text{ca} & & \end{pmatrix}\quad \boldsymbol{P}^{0}=\begin{pmatrix} & \text{ab} & \text{ac} \\ \text{ba} & & \text{bc} \\ \text{ca} & \text{cab} & \end{pmatrix}\quad \boldsymbol{P}^{1}=\begin{pmatrix} & \text{ab} & \text{abc} \\ \text{ba} & & \text{bc} \\ \text{ca} & \text{cab} & \end{pmatrix}\quad \boldsymbol{P}^{2}=\begin{pmatrix} & \text{ab} & \text{abc} \\ \text{bca} & & \text{bc} \\ \text{ca} & \text{cab} & \end{pmatrix}$$

图 7.34　弗洛伊德算法执行时数组 D 和 P 取值的变化

7.7 有向无环图及其应用

7.7.1 有向无环图的概念

一个无环的有向图称为有向无环图(Directed Acycline Praph)。简称 DAG 图。DAG 图是一类较有向树更一般的特殊有向图，图 7.35 给出了有向树、DAG 图和有向图的例子。

检查一个有向图是否存在环要比无向图复杂。对于无向图来说，若深度优先遍历过程中遇到回边(即指向已访问过的顶点的边)，则必定存在环；而对于有向图来说，这条回边有可能是指向深度优先生成森林中另一棵生成树上顶点的弧。但是，如果从有向图上某个顶点 v 出发的遍历，在 dfs(v)结束之前出现一条从顶点 u 到顶点 v 的回边，由于 u 在生成树上是 v 的子孙，则有向图必定存在包含顶点 v 和 u 的环。

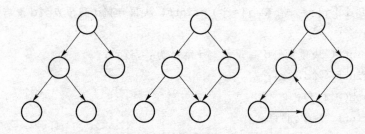

图 7.35 有向树、DAG 图和有向图

利用没有回路的有向图描述一项工程或对工程的进度进行描述是非常方便的,因此有向无环图常用于描述任务安排问题。在安排一系列问题时,任务之间可能存在着一些先后关系,某些任务只有在先决条件具备时才能着手进行。这样,利用图的顶点来代表一项任务,任务之间存在先决条件,顶点之间的关系就有方向性,因此图是有向的。图中必须无回路,因为回路中隐含了相互冲突的条件,所以用有向无环图来模拟任务的安排是比较恰当的。

对于工程,人们普遍关心的是两个问题。

(1) 工程是否顺利进行?

(2) 估算整个工程完成所必须的最短时间。

本节将就这两个问题进行讨论,第一个问题是拓扑排序问题,第二个是关键路径问题。

7.7.2 AOV 网与拓扑排序

1. AOV 网(Activity on Vertex Network)

通常把计划、施工过程、生产流程、程序流程等都当成一个工程,一个大的工程常常被划分成许多较小的子工程,这些子工程称为活动,这些活动完成时,整个工程也就完成了。例如,计算机专业学生的课程开设可看成是一个工程,每一门课程就是工程中的活动,表 7.1 给出了计算机系开设的若干门课程,其中有些课程的开设有先后关系,有些则没有先后关系,有先后关系的课程必须按先后关系开设,如开设数据结构课程之前必须先学完程序设计基础及离散数学,而开设离散数学则必须学完高等数学。下面用一种有向图来表示课程开设,在这种有向图中,顶点表示活动,有向边表示活动的优先关系,这种有向图称为顶点表示活动的网络(Activity On Vertex)简称为 AOV 网。

AOV 网中的弧表示了活动之间存在的制约关系。例如,计算机专业的学生必须完成一系列规定的基础课和专业课才能毕业。学生按照怎样的顺序来学习这些课程呢?这个问题可以被看成是一个大的工程,其活动就是学习每一门课程。这些课程的名称与相应代号,如表 7.1 所示。

表 7.1 计算机专业的课程设置及其关系

课程代号	课程名	先行课程代号	课程代号	课程名	先行课程代号
C_1	程序设计导论	无	C_8	算法分析	C_3
C_2	数值分析	C_1, C_{13}	C_9	高级语言	C_3, C_4
C_3	数据结构	C_1, C_{13}	C_{10}	编译系统	C_9
C_4	汇编语言	C_1, C_{12}	C_{11}	操作系统	C_{10}
C_5	自动机理论	C_{13}	C_{12}	解析几何	无
C_6	人工智能	C_3	C_{13}	微积分	C_{12}
C_7	机器原理	C_{13}			

表 7.1 中, C_1、C_{12} 是独立于其他课程的基础课, 而有的课却需要有先行课程, 比如, 学完程序设计导论和数值分析后才能学数据结构……先行条件规定了课程之间的优先关系。这种优先关系可以用图 7.36 所示的有向图来表示。其中, 顶点表示课程, 有向边表示前提条件。若课程 i 为课程 j 的先行课, 则必然存在有向边 $<i,j>$。在安排学习顺序时, 必须保证在学习某门课之前, 已经学习了其先行课程。

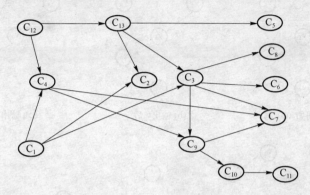

图 7.36 一个 AOV 网实例

在 AOV 网中, 若从顶点 v_i 到顶点 v_j 有一条有向路径, 则 v_i 是 v_j 的前驱, v_j 是 v_i 的后继。若 $<v_i,v_j>$ 是网中的一条弧, 表示活动 i 应先于活动 j 开始, 即活动 i 必须完成后, 活动 j 才可以开始, 这里称 v_i 是 v_j 的直接前驱, v_j 是 v_i 的直接后继。这种前驱与后继的关系有传递性, 此外, 任何活动 i 不能以它自己作为自己的前驱或后继, 这称为反自反性。从前驱和后继的传递性和反自反性来看, AOV 网中不能出现有向回路(或称有向环)。在 AOV 网中如果出现了有向环, 则意味着某项活动应以自己作为先决条件, 这是不可行的, 工程将无法进行。对程序流程而言, 将出现死循环。因此, 对给定的 AOV 网, 应先判断它是否存在有向环。判断 AOV 网是否存在有向环的方法就是对该 AOV 网进行拓扑排序, 将 AOV 网中顶点排列成一个线性有序序列, 若该线性序列中包含 AOV 网全部顶点, 则 AOV 网无环, 否则, AOV 网中存在有向环, 该 AOV 网所代表的工程是不可行的。

2. 拓扑排序与算法

拓扑有序序列: 它是由 AOV 网中的所有顶点构成的一个线性序列, 在这个序列中体现了所有顶点间的优先关系。即若在 AOV 网中从顶点 V_i 到顶点 V_j 有一条路径, 则在序列中 V_i 排在 V_j 的前面, 而且在此序列中使原来没有先后次序关系的顶点之间也建立起人为的先后关系。

拓扑排序: 构造拓扑有序序列的过程称为拓扑排序。

对 AOV 网进行拓扑排序的方法和步骤是:

(1) 在网中选择一个没有前驱的顶点(该顶点的入度为 0)且输出它。

(2) 在网中删去该顶点, 并且删去从该顶点出发的全部有向边。

(3) 重复上述两步, 直到网中不存在没有前驱的顶点为止。

这样操作后的结果有两种: 一种是网中全部顶点均被输出, 说明网中不存在有向回路; 另一种是网中顶点未被全部输出, 剩余的顶点均有前驱顶点, 说明网中存在有向回路。

一个 AOV 网的拓扑有序序列并不是唯一的。并且对于某个 AOV 网, 如果它的拓扑有序序列被构造成功, 则该网中不存在有向回路, 其各子工程可按拓扑有序序列的次序进行安排。

以图 7.36 中的 AOV 网例, 可以得到不止一个拓扑序列, C_1、C_{12}、C_4、C_{13}、C_5、C_2、C_3、C_9、

C_7、C_{10}、C_{11}、C_6、C_8就是其中之一。显然,对于任何一项工程中各个活动的安排,必须按拓扑有序序列中的顺序进行才是可行的。

图 7.37 给出了在一个 AOV 网上实施上述步骤的例子。

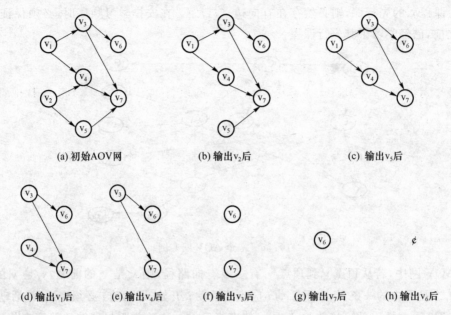

图 7.37　求一拓扑序列的过程

这样得到一个拓扑序列:v_2,v_5,v_1,v_4,v_3,v_7,v_6。

进行拓扑排序后的结果有两种:一种是网中全部顶点均被输出,说明网中不存在有向回路;另一种是网中顶点未被全部输出,剩余的顶点均有前驱顶点,说明网中存在有向回路。

下面讨论拓扑排序的算法实现。采用邻接链表作为给定 AOV 网的存储结构,在表头结点增设一个入度域,用来存放各个顶点的当前入度值,每个顶点的入度都随邻接链表的动态生成过程而累计得到,顶点结构设为

count	vertex	firstedge

其中,vertex、firstedge 的含义如前所述;count 为记录顶点入度的数据域。边结点的结构同 7.2.2 节所述。图 7.37 (a)中的 AOV 网的邻接表,如图 7.38 所示。

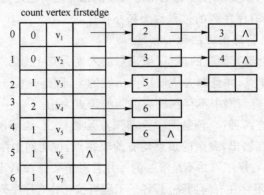

图 7.38　图 7.37 (a)所示的一个 AOV 网的邻接表

顶点表结点结构的描述改为

```
typedef struct vnode{              /* 顶点表结点 */
    int    count                   /* 存放顶点入度 */
    VertexType vertex;             /* 顶点域 */
    ArcNode  * firstedge;          /* 边表头指针 */
    }VertexNode;
```

当然也可以不增设入度域,而另外设一个一维数组来存放每一个结点的入度。

算法中可设置了一个堆栈,凡是网中入度为0的顶点都将其入栈。为此,拓扑排序的算法步骤为

(1) 将没有前驱的顶点(count 域为 0)压入栈。

(2) 从栈中退出栈顶元素输出,并把该顶点引出的所有有向边删去,即把它的各个邻接顶点的入度减 1。

(3) 将新的入度为 0 的顶点再入堆栈。

(4) 重复(2)~(4),直到栈为空为止。此时或者是已经输出全部顶点,或者剩下的顶点中没有入度为 0 的顶点。

下面给出用 C 语言描述的拓扑排序算法的实现。

为了避免在每一步选入度为零的顶点时重复扫描表头数组,可以增设一个栈 stack[ ]用来存放入度为 0 的表头结点。算法如下所示。

算法 7.20 增设一个栈 stack[]用来存放入度为 0 的表头结点

```
void Toposort(ALGraph * G)
{ VertexNode stack[MAXSIZE];       /* 增设的一个栈,用来存放入度为 0 的表头结点 */
  ArcNode * p;
  int top = 0,m = 0,i,k;           /* 设栈顶指针为 top,m 用来记输出顶点的个数 */
  for(i = 0;i<G->n;i++)            /* 入度为 0 的顶点入栈 */
    if(G->adjlist[i].indegree == 0){
    stack[top] = G->adjlist[i];top++;}
  while(top>0){
    top--;
printf("%d",stack[top].vertex);     /* 输出入度为 0 的顶点并删除之 */
m++;
    p = stack[top].firstarc;        /* 现在开始删除从该顶点出发的所有的弧 */
while(p!= NULL){
  k = p->adjvex;G->adjlist[k].indegree--;   /* 使邻接点的入度减 1 */
  if(G->adjlist[k].indegree == 0){
    stack[top] = G->adjlist[k]; top++;}
  p = p->nextarc;
}
  }
  if(m<G->n) printf("\n 此 AOV 网中存在有向环\n");
}
```

为了节省空间,也可以利用表头数组中入度为零的顶点域作为链栈域,将其入度域用来存放下一个入度为零的顶点序号,−1 表示栈底,top 用来标识栈顶,如图 7.21 左图所示的邻接链表中有两个入度为零的表头结点,把它建成栈(初始化栈)后如图 7.21 右图所示。此时 top =1,表示栈顶元素为 G−> adjlist[1],而 G−> adjlist[1].degree=0,表明下一个入度为零的表头顶点序号为 0,依次类推。算法改进如下:

算法 7.21 算法改进

```
void Toposort(ALGraph * G)
{ ArcNode * p;
int top = − 1,m = 0,i,j,k;
  for(i = 0;i<G−>n;i + +)                      /* 入度为 0 的顶点入栈 */
if(G−>adjlist[i].indegree = = 0){
  G−>adjlist[i].indegree = top;top = i;}
while(top> = 0){
j = top;  top = G−>adjlist[top].indegree;
printf("%d",j);                               /* 输出入度为 0 的顶点并删除它 */
m + +;
p = G−>adjlist[j].firstarc;                   /* 现在开始删除从该顶点出发的所有的弧 */
while(p! = NULL){
  k = p−>adjvex;G−>adjlist[k].indegree − −;   /* 使邻接点的入度减 1 */
  if(G−>adjlist[k].indegree = = 0){
    G−>adjlist[k].indegree = top; top = k;}
  p = p−>nextarc;
  }
}
if(m<G−>n) printf("\n 此 AOV 网中存在有向环\n");
}
```

拓扑排序

对一个具有 n 个顶点,e 条边的网来说,初始建立入度为零的顶点栈,要检查所有顶点一次,执行时间为 $O(n)$;排序中,若 AOV 网无回路,则每个顶点入、出栈各一次,每个表结点被检查一次,因而执行时间是 $O(n+e)$。故整个算法的时间复杂度是 $O(n+e)$。

7.7.3 AOE 图与关键路径

1. AOE 网(Activity On Edge Network)

带权有向图中,以顶点表示事件,以弧表示活动,弧上的权表示活动持续的时间,则此带权有向图称为用边表示活动的网(Activity On Edge Network),简称 AOE 网。通常,AOE 网可用来估算工程的完成时间。AOE 网是一个带权的有向无环图。

如果用 AOE 网来表示一项工程,那么,仅仅考虑各个子工程之间的优先关系还不够,更多的是关心整个工程完成的最短时间是多少;哪些活动的延期将会影响整个工程的进度,而加速这些活动是否会提高整个工程的效率。因此,通常在 AOE 网中列出完成预定工程计划所需要进行的活动,每个活动计划完成的时间,要发生哪些事件以及这些事件与活动之间的关系,从而可以确定该项工程是否可行,估算工程完成的时间以及确定哪些活动是影响工程进度的关键。

AOE 网具有以下两个性质。

(1) 只有在某顶点所代表的事件发生后，从该顶点出发的各有向边所代表的活动才能开始。

(2) 只有在进入一某顶点的各有向边所代表的活动都已经结束，该顶点所代表的事件才能发生。

图 7.39 给出了一个具有 15 个活动、11 个事件的假想工程的 AOE 网。$v_1, v_2, \cdots, v_{11}$ 分别表示一个事件；$<v_1, v_2>, <v_1, v_3>, \cdots, <v_{10}, v_{11}>$ 分别表示一个活动；用 $a_1, a_2, \cdots, a_{15}$ 代表这些活动。其中，v_1 称为源点，是整个工程的开始点，其入度为 0；v_{11} 为终点，是整个工程的结束点，其出度为 0。

对于 AOE 网，可采用与 AOV 网一样的邻接表存储方式。其中，邻接表中边结点的域为该边的权值，即该有向边代表的活动所持续的时间。

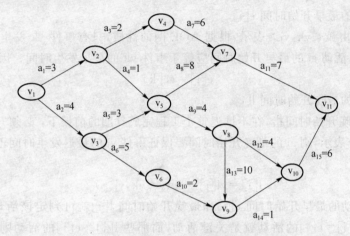

图 7.39 一个 AOE 网实例

2. 关键路径

AOE 网络在某些工程估算方面非常有用。例如，可以使人们了解：

(1) 完成整个工程至少需要多少时间（假设网络中没有环）？

(2) 为缩短完成工程所需的时间，应当加快哪些活动？

在 AOE 网络中，有些活动顺序进行，有些活动并行进行。从源点到各个顶点，以至从源点到汇点的有向路径可能不止一条。这些路径的长度也可能不同。完成不同路径的活动所需的时间虽然不同，但只有各条路径上所有活动都完成了，整个工程才算完成。

因此，完成整个工程所需的时间取决于从源点到汇点的最长路径长度，即在这条路径上所有活动的持续时间之和。这条路径长度最长的路径就称为关键路径（Critical Path）。

显然若想加快工程的进度，就必须缩短关键活动的完成时间，提前完成非关键活动是无济于事的。

3. 关键路径的确定

为了在 AOE 网中找出关键路径，需要定义几个参量，并且说明其计算方法。

(1) 事件的最早发生时间 ve[k]

ve[k]是指从源点到顶点的最大路径长度代表的时间。这个时间决定了所有从顶点发出的有向边所代表的活动能够开工的最早时间。根据 AOE 网的性质，只有进入 vk 的所有活动 $<vj, vk>$ 都结束时，vk 代表的事件才能发生；而活动 $<vj, vk>$ 的最早结束时间为 ve[j]＋

dut($<vj$,$vk>$)。所以计算 vk 发生的最早时间的方法如下：

$$\begin{cases} ve[1]=0 \\ ve[k]=Max\{ve[j]+dut(<vj,vk>)\} \quad <vj,vk>\in p[k] \end{cases} \quad (7\text{-}1)$$

式中，p[k]表示所有到达 vk 的有向边的集合；dut($<vj$,$vk>$)为有向边$<vj$,$vk>$上的权值。

（2）事件的最迟发生时间 vl[k]

vl[k]是指在不推迟整个工期的前提下，事件 vk 允许的最晚发生时间。设有向边$<vk$,$vj>$代表从 vk 出发的活动，为了不拖延整个工期，vk 发生的最迟时间必须保证不推迟从事件 vk 出发的所有活动$<vk$,$vj>$的终点 vj 的最迟时间 vl[j]。vl[k]的计算方法如下。

$$\begin{cases} vl[n]=ve[n] \\ vl[k]=Min\{vl[j]-dut(<vk-vj>)\} \quad <vk,vj>\in s[k] \end{cases} \quad (7\text{-}2)$$

式中，s[k]为所有从 vk 发出的有向边的集合。

（3）活动 ai 的最早开始时间 e[i]

若活动 ai 是由弧$<vk$,$vj>$表示，根据 AOE 网的性质，只有事件 vk 发生了，活动 ai 才能开始。也就是说，活动 ai 的最早开始时间应等于事件 vk 的最早发生时间。因此，有

$$e[i]=ve[k] \quad (7\text{-}3)$$

（4）活动 ai 的最晚开始时间 l[i]

活动 ai 的最晚开始时间指，在不推迟整个工程完成日期的前提下，必须开始的最晚时间。若由弧$<vk$,$vj>$表示，则 ai 的最晚开始时间要保证事件 vj 的最迟发生时间不拖后。因此，应该有

$$l[i]=vl[j]-dut(<vk,vj>) \quad (7\text{-}4)$$

根据每个活动的最早开始时间 e[i]和最晚开始时间 l[i]就可判定该活动是否为关键活动，也就是那些 l[i]=e[i]的活动就是关键活动，而那些 l[i]>e[i]的活动则不是关键活动，l[i]-e[i]的值为活动的时间余量。关键活动确定之后，关键活动所在的路径就是关键路径。

下面以图 7.39 所示的 AOE 网为例，求出上述参量，来确定该网的关键活动和关键路径。

首先，按照式(7-1)求事件的最早和最晚发生时间 ve[k]和 vl[k]。

事件	v_1	v_2	v_3	v_4	v_5	v_6	v_7	v_8	v_9	v_{10}	v_{11}
ve	0	3	4	5	7	9	15	11	21	222	28
vl	0	6	4	15	7	19	21	11	21	22	28

再按照式(7-3)和式(7-4)求活动 a_i 的最早开始时间 e[i]和最晚开始时间 l[i]。

活动 a_1 e (1)=ve (1)=0   l (1)=vl (2) - 3 =3

活动 a_2 e (2)=ve (1)=0   l (2)=vl (3) - 4=0

活动 a_3 e (3)=ve (2)=3   l (3)=vl (4) - 2=13

活动 a_4 e (4)=ve (2)=3   l (4)=vl (5) - 1=6

活动 a_5 e (5)=ve (3)=4   l (5)=vl (5) - 3=4

活动 a_6 e (6)=ve (3)=4   l (6)=vl (6) - 5=14

活动 a_7 e (7)=ve (4)=5   l (7)=vl (7) - 6=15

活动 a_8 e (8)=ve (5)=7   l (8)=vl (7) - 8=13

活动 a_9 e (9)=ve (5)=7   l (9)=vl (8) - 4=7

活动 a_{10} e (10)=ve (6)=9   l (10)=vl (9) - 2=19

活动 a_{11}	$e(11)=ve(7)=15$	$l(11)=vl(11)-7=21$
活动 a_{12}	$e(12)=ve(8)=11$	$l(12)=vl(10)-4=18$
活动 a_{13}	$e(13)=ve(8)=11$	$l(13)=vl(9)-10=11$
活动 a_{14}	$e(14)=ve(9)=21$	$l(14)=vl(10)-1=21$
活动 a_{15}	$e(15)=ve(10)=22$	$l(15)=vl(11)-6=22$

活动	a_1	a_2	a_3	a_4	a_5	a_6	a_7	a_8	a_9	a_{10}	a_{11}	a_{12}	a_{13}	a_{14}	a_{15}
e	0	0	3	3	4	4	5	7	7	9	15	11	11	21	22
1	3	0	13	6	4	14	15	13	7	19	21	18	11	21	22

最后，比较 $e[i]$ 和 $l[i]$ 的值可判断出 $a_2,a_5,a_9,a_{13},a_{14},a_{15}$ 是关键活动，关键路径如图 7.40 所示。

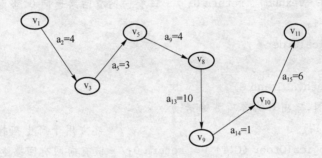

图 7.40 一个 AOE 网实例

由上述方法得到求关键路径的算法步骤为

(1) 输入 e 条弧 $<j,k>$，建立 AOE-网的存储结构。

(2) 从源点 v_0 出发，令 $ve[0]=0$，按拓扑有序求其余各顶点的最早发生时间 $ve[i]$（$1\leqslant i\leqslant n-1$）。如果得到的拓扑有序序列中顶点个数小于网中顶点数 n，则说明网中存在环，不能求关键路径，算法终止；否则执行步骤(3)。

(3) 从汇点 v_n 出发，令 $vl[n-1]=ve[n-1]$，按逆拓扑有序求其余各顶点的最迟发生时间 $vl[i]$（$n-2\geqslant i\geqslant2$）。

(4) 根据各顶点的 ve 和 vl 值，求每条弧 s 的最早开始时间 $e(s)$ 和最迟开始时间 $l(s)$。若某条弧满足条件 $e(s)=l(s)$，则为关键活动。

由该步骤得到的算法参看算法 7.22 和算法 7.23。在算法 7.23 中，Stack 为栈的存储类型；引用的函数 FindInDegree(G, indegree) 用来求图 G 中各顶点的入度，并将所求的入度存放于一维数组 indegree 中。

算法 7.22

```
int topologicalOrder(ALGraph G,Stack T)
{ /* 有向网 G 采用邻接表存储结构,求各顶点事件的最早发生时间 ve(全局变量)*/
  /* T 为拓扑序列顶点栈,S 为零入度顶点栈。*/
  /* 若 G 无回路,则用栈 T 返回 G 的一个拓扑序列,且函数值为 OK,否则为 ERROR。*/
  FindInDegree(G, indegree);    /* 对各顶点求入度 indegree[0..vernum-1]*/
  InitStack(S);                 /* 建零入度顶点栈 S */
  count = 0;  ve[0..G.vexnum - 1] = 0;   /* 初始化 ve[]*/
  for (i = 0; i<G.vexnum; i++)           /* 将初始时入度为 0 的顶点入栈 */
```

```
        {if (indegree[i] == 0)  push(S,i); }
    while (! StackEmpty(S)) {
      Pop(S,j);  Push (T,j);  ++ count;       /*j号顶点入T栈并计数*/
      for (p = G.adjlist[j].firstedge; p; p = p->next)
      {k = p->adjvex;                          /*对j号顶点的每个邻接点的入度减1*/
        if(- - indegree[k] = = 0)  Push(S,k);  /*若入度减为0,则入栈*/
        if (ve[j]+ * (p->info)>ve[k])
          ve[k] = ve[j]+ * (p->info);
      }
    }
    if (count<G. vexnum)  return 0; /*该有向网有回路返回0,否则返回1*/
    else return 1;
} /* TopologicalOrder */
```

算法 7.23

```
int Criticalpath(ALGraph G)
{/* G为有向网,输出G的各项关键活动。*/
  InitStack(T);                              /*建立用于产生拓扑逆序的栈T*/
  if (! TopologicalOrder (G,T))    return 0;/*该有向网有回路返回0*/
  vl[0..G. vexnum - 1] = ve [G.vexnum - 1]; /*初始化顶点事件的最迟发生时间*/
  while (! StackEmpty (T))                   /*按拓扑逆序求各顶点的vl值*/
    for (Pop(T,j), p = G. adjlist[j].firstedge; p; p = p->next)
      { k = p->adjvex;  dut = * (p->info);
      if ( vl [k] - dut <vl [j] )  vl [j] = vl [k] - dut;
      }
  for ( j = 0; j<G. vexnum; + +j)            /*求e、l和关键活动*/
      for (p = G.adjlist [j].firstedge; p; p = p->next)
      { k = p->adjvex;  dut = * (p->indo);
      e = ve [j];l = vl [k] - dut;
      tag = (e = = l) ? ´*´:´ ´;
      printf ( j,k,dut,e,l,tag );            /*输出关键活动*/
      }
  return 1;                                  /*求出关键活动后返回1*/
}/* Criticalpath */
```

7.8 习   题

1. 用迪杰斯特拉(Dijkstra)算法求下列图中从顶点 v_1 到其余各顶点的最短路径,按求解过程依次写出各条最短路径及其长度。

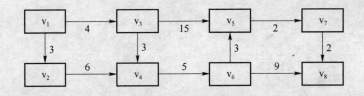

图 7.41 带权有向图最短路径

2. 如图 7.42 所示的 AOE 网,在该网中,顶点表示事件,边表示活动,边上的权值表示活动持续的时间。求各个事件 v_j 的最早发生时间 $ve(j)$ 和最迟发生时间 $vl(j)$、活动 a_i 的最早开始时间 $e(i)$ 和最迟开始时间 $l(i)$,并写求出所有关键路径。

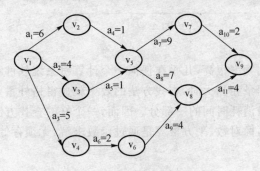

图 7.42 带权有向图求关键路径

由于查找运算的使用频率很高,几乎在任何一个计算机系统软件和应用软件中都会涉及,所以当问题所涉及的数据量相当大时,查找方法的效率就显得格外重要。

查找是许多程序中最消耗时间的一部分。因而,一个好的查找方法会大大提高运行速度。另外,由于计算机的特性,像对数、平方根等是通过函数求解,无须存储相应的信息表。

8.1 基本概念与术语

在日常生活中,"查找"是一个很普通的词汇,人们几乎每天都要进行"查找"工作。例如,在字典中查阅"某个字"的读音和含义,在课程表中查找某门课的成绩等等。其中"字典"和"课程表"都可视做一张查找表。为了便于学习,本章给出关于查找的基本概念和术语。

查找表(Search Table)是由同一类型的数据元素(或记录)构成的集合。由于"集合"中的数据元素之间存在着完全松散的关系,因此查找表是一种非常灵活的数据结构。

关键字(Key)是数据元素(或记录)中某个数据项的值,用它可以标识(或识别)查找表中的一个或多个数据元素。如果一个关键字可以用来唯一地标识查找表中的一个数据元素,则称其为主关键字,否则为次关键字。例如,在学生管理系统中,学号为主关键字,而姓名为次关键字。

表 8.1 查找表

学号	姓名	专业	年龄
01	王洪	计算机	17
02	孙文	计算机	18
03	谢军	计算机	18
04	李辉	计算机	20
05	沈福	计算机	19
06	余斌	计算机	17
07	巩力	数学	18
08	王辉	数学	19

查找的定义如下。

给定一个值 K,在含有 n 个结点的表中找出关键字等于给定值 K 的结点。若找到,则查找成功,返回该结点的信息或该结点在表中的位置;否则查找失败,返回相关的指示信息。

静态查找表和动态查找表:对查找表经常进行的操作有以下几种情况。

（1）查询某个"特定的"数据元素是否在查找表中。

（2）查询某个"特定的"数据元素的各种属性。

（3）在查找表中插入一个数据元素。

（4）从查找表中删除某个数据元素。

若对查找表（表 8.1）只作前两种统称为"查找"的操作，则称此类查找表为静态查找表（Static Search Table）。若在查找过程中同时插入查找表中不存在的数据元素，或从查找表中删除已存在的数据元素，则称此表为动态查找表（Dynamic Search Table）。

1. 内查找和外查找

若整个查找过程都在内存进行，则称为内查找；反之，若查找过程中需要访问外存，则称为外查找。

2. 平均查找长度 ASL

查找运算的主要操作是关键字的比较，所以通常把查找过程中对关键字需要执行的平均比较次数（也称为平均查找长度）作为衡量一个查找算法效率优劣的标准。

平均查找长度 ASL 定义：$\text{ASL}=\sum\limits_{i=1}^{n}p_ic_i$。

即 ASL 等于每个结点的查找概率 p_i 与比较次数 c_i 的乘积的和。其中：

（1）n 是查找表结点的个数。

（2）p_i 是查找第 i 个结点的概率。若不特别声明，认为每个结点的查找概率相等，即 $p_1=p_2\cdots=p_n=1/n$。

（3）c_i 是找到第 i 个结点所需进行的关键字比较次数。

由于查找算法的基本运算是关键字之间的比较操作，所以可以用平均查找长度来衡量查找算法的性能。

8.2 静态查找表

本节将讨论以线性结构表示的静态查找表及相应的查找算法，主要讨论顺序查找、折半（二分）查找和分块查找等几种常用的查找方法。

与线性表类似，在静态查找表上进行查找可以采用顺序表或线性链表作为表的存储结构，下面主要讨论顺序表。静态查找表的顺序存储结构定义如下：

```
#define n 20                    //表中记录个数
typedef int KeyType;            //关键字字段类型定义
typedef char OtherdataType;     //非关键字字段类型定义
typedef struct{
    KeyType key;                //关键字数据类型
    OtherdataType data;         //其他数据项
}NodeType;                      //结点（或记录）类型
typedef NodeType SqList[n+1];   //声明顺序表类型,0 号单元用作监视哨
```

8.2.1 顺序查找

顺序查找（Sequential Search）也称为线性查找，它的基本思想是用给定的值与表中各个记

录的关键字值逐个进行比较,若找到相等的则查找成功,否则查找不成功,给出找不到的提示信息。

顺序查找既适用于顺序表,也适用于链表。

1. 基本思想

从表中最后一个记录开始,逐个进行记录的关键字值和给定值的比较,若某个数据元素的关键字值和给定值相等,则查找成功,找到所查记录;反之,若一直找到第一个,其关键字值和给定值都不相等,则表明此表中没有所查元素,查找不成功。

2. 具体算法

假设在查找表中,数据元素从第 1 个单元开始存放,第 0 个单元作为监视哨,则此查找过程的算法描述如下:

算法 8.1　查找过程

```
int SeqSearch(SqList R,KeyType K)
{ //在顺序表 R[1…n]中查找关键字为 K 的结点
    int i;
    R[0].key = K;                 //设置哨兵
    for(i = n;R[i].key! = K; i--)      //从表后往前找
    return i;                 //若 i 为 0,表示查找失败,否则 R[i]是要找的结点
}
```

这里使用了一点小技巧,开始时将给定的关键字值 k 放入 R[0].key 中,然后从后往前倒着查,当某个 R[i].key 等于 k 时,表示查找成功,自然退出循环。若一直查不到,则直到 i=0。由于 R[0].key 必然等于 k,所以此时也能退出循环。由于 R[0]起到"监视哨"的作用,所以在循环中不必判断下标 i 是否越界,这就使得运算量大约减少一半。

3. 算法分析

从顺序查找过程可见,对于任意给定的值 k,若最后一个记录与其相等,只需比较 1 次。若第 1 个记录与其相等,则需要比较 n 次,可以得到 $C_i = n-i+1$。假设每个记录的查找概率相等,即 $P_i = \frac{1}{n}$,且每次查找都是成功的。则在等概率的情况下,顺序查找的平均查找长度为

$$ASL = \sum_{i=1}^{n} P_i C_i = \frac{1}{n}\sum_{i=1}^{n}(n-i+1) = \frac{1}{n}\times\frac{n(n+1)}{2} = \frac{n+1}{2}$$

由此可知,成功查找的平均查找长度为$\frac{n+1}{2}$,其时间复杂度均为 $O(n)$。显然,若 k 值不在表中,则须进行 $n+1$ 次比较之后才能确定查找失败,即不成功查找次数为 $n+1$,其时间复杂度也为 $O(n)$。

顺序查找算法简单且适用面广,它对表的结构无任何要求。无论记录是否按关键字的大小有序,其算法均可应用,而且上述讨论对线性链表也同样适用。但是执行效率较低,尤其当 n 较大时,不宜采用这种查找方法。

8.2.3　有序表的折半查找

1. 二分查找

二分查找又称折半查找,它是一种效率较高的查找方法。

2. 二分查找要求

线性表是有序表,即表中结点按关键字有序,并且要用顺序存储结构作为表的存储结构。不妨设有序表是递增有序的。

3．二分查找的基本思想

设 R[low…high]是当前的查找区间。

（1）首先确定该区间的中点位置：mid＝[(low＋high)/2]。

（2）然后将待查的 K 值与 R[mid]. key 比较：若相等，则查找成功并返回此位置，否则须确定新的查找区间，继续二分查找，具体方法如下。

①若 R[mid].key＞K，则由表的有序性可知 R[mid…n]. key 均大于 K，因此若表中存在关键字等于 K 的结点，则该结点必定是在位置 mid 左边的子表 R[1…mid−1]中，故新的查找区间是左子表 R[1…mid−1]。

②若 R[mid].key＜K，类似地，则新的查找区间是右子表 R[mid＋1…n]。下次在新的查找区间进行查找。

因此，从初始的查找区间 R[1…n]开始，每经过一次与当前查找区间的中点位置上的结点关键字的比较，就可确定查找是否成功，不成功则当前的查找区间就缩小一半。这一过程重复直至找到关键字为 K 的结点，或者直至当前的查找区间为空（即查找失败）时为止。

【例 8.1】 有序表按关键码排列如下：

7,14,18,21,23,29,31,35,38,42,46,49,52

在表中查找关键码为 14 和 22 的数据元素。

（1）查找关键码为 14 的过程，如图 8.1(a)所示。

（2）查找关键码为 22 的过程，如图 8.1(b)所示。

二分查找

0	1	2	3	4	5	6	7	8	9	10	11	12	13
	7	14	18	21	23	29	31	35	38	42	46	49	52

↑ low=1   ①设置初始区间   ↑ high=13

↑ mid=7   ②表空测试，非空
③得到中点，比较测试为a情形

↑ low=1   ↑ high=6   high=mid-1，调整到左半区

↑ mid=3   ②表空测试，非空
③得到中点，比较测试为 a 情形

↑ low=1   ↑ high=2   high=mid-1，调整到左半区

↑ mid=1   ②表空测试，非空
③得到中点，比较测试为b情形

↑ low=2   ↑ high=2   low=mid+1，调整到右半区

↑ mid=2   ②表空测试，非空
③得到中点，比较测试为c情形
查找成功，返回找到的数据元素位置为2

(a)

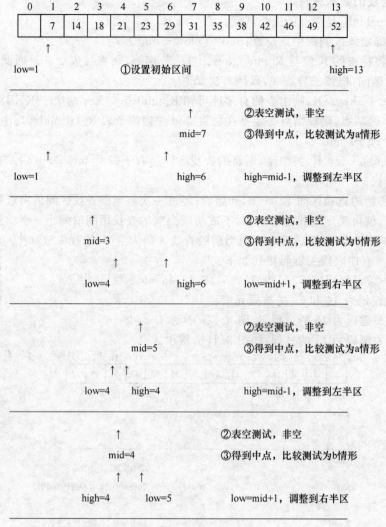

0	1	2	3	4	5	6	7	8	9	10	11	12	13
	7	14	18	21	23	29	31	35	38	42	46	49	52

↑ ↑
low=1　①设置初始区间　high=13

↑　②表空测试，非空
mid=7　③得到中点，比较测试为a情形

↑　↑
low=1　high=6　high=mid-1，调整到左半区

↑　②表空测试，非空
mid=3　③得到中点，比较测试为b情形

↑　↑
low=4　high=6　low=mid+1，调整到右半区

↑　②表空测试，非空
mid=5　③得到中点，比较测试为a情形

↑ ↑
low=4 high=4　high=mid-1，调整到左半区

↑　②表空测试，非空
mid=4　③得到中点，比较测试为b情形

↑ ↑
high=4 low=5　low=mid+1，调整到右半区

②表空测试，为空；查找失败，返回查找失败信息为0。

(b)

图 8.1　二分查找过程

4. 二分查找算法

算法 8.2　二分查找算法

```
int BinSearch(SqList R, int n, KeyType K)
{//在有序表 R[1…n]中进行二分查找,成功时返回结点的位置,失败时返回零
    int low = 1,high = n,mid;          //置当前查找区间的初值
    while(low< = high){                //当前查找区间 R[low…high]非空
        mid = (low + high)/2;
        if(R[mid].key = = K)
        return mid;                    //查找成功返回
        if(R[mid].key>K)
        high = mid - 1;                //继续在 R[low…mid - 1]中查找
```

```
    else
    low = mid + 1;              //继续在 R[mid + 1…high]中查找
    }
    return 0;                   //当 low>high 时查找区间为空,查找失败
}
```

性能分析如下。

折半查找算法的计算复杂性可以用二叉树来进行分析。一般把当前查找区间的中间位置上的记录作为根。左子表和右子表中的记录分别作为根的左子树和右子树。由此得到的二叉树,称为描述二分查找的判定树或比较树。

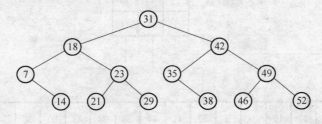

图 8.2 为【例 8.1】描述折半查找过程的判定树

具有 13 个记录的有序表可用图 8.2 所示的判定树来表示。树中每个结点表示一个记录,结点的编号为该记录在表中的位置。找到一个记录的过程就是走了一条从根结点到该记录结点的路径。和给定值进行比较的次数正好是该结点所在的层次数。如:若查找的结点是表中的第 7 个结点,则只需进行一次比较,若查找的结点是表中第 3 个结点,需要比较 2 次。假设表中每个记录的查找概率相等,从图 8.2 所示的判定树可以知道,对长度为 11 的表进行折半查找的平均查找长度为

$$ASL=(1+2\times2+4\times3+6\times4)/13=41/13=3.15$$

一般情况下,为方便讨论,假定有序表的长度为 $n=2^h-1$,则描述折半查找的判定树是深度为 $h=\lfloor \log_2 n \rfloor+1$ 的满二叉树。假设表中每个记录的查找概率相等,可证明查找成功的平均查找长度 ASL 为

$$ASL = \sum_{i=1}^{n}P_iC_i = \frac{n+1}{n}\log_2(n+1)-1 \overset{n>50}{\approx} \log_2(n+1)-1$$

可见,折半查找的效率要好于顺序查找,特别是在表长较长时,其差别更大。但是折半查找只能对顺序存储结构的有序表进行。对需要经常进行查找操作的应用来说,以一次排序的投入而使多次查找收益,显然是十分合算的。

8.2.3 分块查找

分块查找又称索引顺序查找,它是一种性能介于顺序查找和二分查找之间的查找方法,它适合于对关键字"分块有序"的查找表进行查找操作。

1. 二分查找表存储结构

二分查找表由"分块有序"的线性表和索引表组成。

(1)"分块有序"的线性表:表 R[1…n]均分为 b 块,前 $b-1$ 块中结点个数为是 $s=[n/b]$,第 b 块的结点数小于等于 s;每一块中的关键字不一定有序,但前一块中的最大关键字必须小于后一块中的最小关键字,即表是"分块有序"的。

（2）索引表：抽取各块中的最大关键字及其起始位置构成一个索引表 $ID[l\cdots b]$，即：$ID[i]$（$1\leqslant i\leqslant b$）中存放第 i 块的最大关键字及该块在表 R 中的起始位置。由于表 R 是分块有序的，所以索引表是一个递增有序表。

【**例 8.2**】 图 8.3 就是满足上述要求的存储结构，其中 R 只有 15 个结点，被分成 3 块，每块中有 5 个结点，第一块中最大关键字 22 小于第二块中最小关键字 24，第二块中最大关键字 44 小于第三块中最小关键字 47。

分块查找

2. 分块查找的基本思想

分块查找的基本思想：首先查找索引表，因为索引表是有序表，故可采

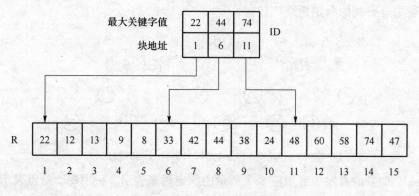

图 8.3 二分查找表存储结构

用二分查找或顺序查找，以确定待查的元素在哪一块；然后在已确定的块中进行顺序查找（因块内无序，只能用顺序查找）。

3. 算法分析

（1）平均查找长度 ASL：将含有 n 个元素的线性表平均分成 b 块，每块有 s 个元素。整个查找过程的平均查找长度是两次查找的平均查找长度之和。

若用二分查找确定所在块，则分块查找成功时的平均查找长度为

$$ASL=\log_2(b+1)-1+\frac{s+1}{2}\approx\log_2\left(\frac{n}{s}+1\right)+\frac{s}{2}$$

若用顺序查找确定所在块，则分块查找成功时的平均查找长度为

$$ASL=\frac{1}{b}\sum_{j=1}^{b}j+\frac{1}{s}\sum_{i=1}^{s}i=\frac{b+1}{2}+\frac{s+1}{2}=\frac{b+s}{2}+1\stackrel{b=n/s}{=}\frac{1}{2}\left(\frac{n}{s}+s\right)+1$$

（2）分块查找的优缺点

在表中插入或删除记录时，只要找到该记录所属的块，就在该块内进行插入和删除运算；因块内记录的存放是任意的，所以插入或删除无须移动大量记录；分块查找的主要代价是增加辅助存储空间和将初始表分块排序的运算。

8.3 动态查找表

当用线性表作为表的组织形式时，可以有三种查找法。其中以二分查找效率最高。但由于二分查找要求表中结点按关键字有序，且不能用链表作存储结构，因此，当表的插入或删除操作频繁时，为维护表的有序性，必须移动表中很多结点。这种由移动结点引起的额外时间开

销,就会抵消二分查找的优点。因此,二分查找只适用于静态查找表。若要对动态查找表进行高效率的查找,可采用二叉树或树作为表的组织形式,统称为树表。

下面将讨论在这些树表上进行查找和修改操作的方法。

8.3.1 二叉排序树定义

1. 二叉排序树的定义

二叉排序树(Binary Sort Tree)又称二叉查找(搜索)树(Binary Search Tree)。其定义为:二叉排序树或者是空树,或者是满足如下性质的二叉树。

(1) 若它的左子树非空,则左子树上所有结点的值均小于根结点的值;

(2) 若它的右子树非空,则右子树上所有结点的值均大于根结点的值;

(3) 左、右子树本身又各是一棵二叉排序树。

上述性质简称二叉排序树性质(BST 性质),故二叉排序树实际上是满足 BST 性质的二叉树。

2. 二叉排序树的特点

(1) 二叉排序树中任一结点 x,其左(右)子树中任一结点 y(若存在)的关键字必小(大)于 x 的关键字;

(2) 二叉排序树中,各结点关键字是唯一的;

(3) 按中序遍历该树所得到的中序序列是一个递增有序序列。

注意:实际应用中,被查找的数据集中各元素的关键字可能相同,所以可将 BST 性质①里的"小于"改为"小于等于",或将性质②里改为"大于等于"。

【例 8.3】 如图 8.4 所示的两棵树均是二叉排序树,满足 BST 性质,它们的中序序列均为有序序列 2,3,4,5,7,8。

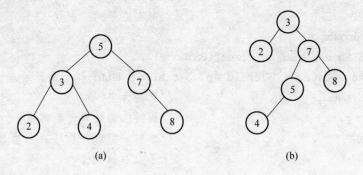

(a)   (b)

图 8.4 二叉排序树

3. 二叉排序树的存储结构描述

```
typedef int KeyType;                              //关键字类型定义
typedef char OtherdataType;                       //非关键字字段类型定义
typedef struct node {                             //结点类型
    KeyType key;                                  //关键字项
    OtherdataType data;                           //其他数据域
    struct node * lchild, * rchild;               //左右孩子指针
} BSTNode;
typedef BSTNode    * BSTree;                       //BSTree 是二叉排序树的类型
```

8.3.2 二叉排序树运算

1. 二叉排序树的插入

二叉排序树插入新结点的过程:在二叉排序树中插入新结点,要保证插入后仍满足 BST 性质。插入过程是:

(1) 若二叉排序树 T 为空,则为待插入的关键字 key 申请一个新结点,并令其为根。

(2) 若二叉排序树 T 不空,则将 key 和根的关键字比较:

① 若两者相等,则树中已有此关键字 key,无须插入。

② 若 key<T->key,则将 key 插入根的左子树中。

③ 若 key>T->key,则将它插入根的右子树中。

子树中的插入过程与上述的树中插入过程相同。如此进行下去,直到将 key 作为一个新的叶结点的关键字插入到二叉排序树中,或者直到发现树中已有此关键字为止。

二叉排序树插入新结点的非递归算法如下。

算法 8.3　二叉排序树插入新结点的非递归算法

```
void InsertBST(BSTree&T,KeyType key)
{ //若二叉排序树 T 中没有关键字为 key,则插入,否则直接返回
    BSTNode * f, * p = T;              //p 的初值指向根结点
    while(p){                          //查找插入位置
        if(p->key = = key) return;    //树中已有 key,无须插入
        f = p;                         //f 保存当前查找的结点
        p = (key<p->key) ? p->lchild:p->rchild;
                                       //若 key<p->key,则在左子树中查找,否
                                       //  则在右子树中查找
    } //endwhile
    p = (BSTNode * )malloc(sizeof(BSTNode));
    p->key = key; p->lchild = p->rchild = NULL; //生成新结点
    if(T = = NULL)                     //原树为空
        T = p;                         //新插入的结点为新的根
    else                               //原树非空时将新结点关 p 作为关 f 的左孩
                                       //  子或右孩子插入

        if(key<f->key)
            f->lchild = p;
        else
            f->rchild = p;
}
```

2. 二叉排序树的生成算法

二叉排序树的生成,是从空的二叉排序树开始,每输入一个结点数据,就调用一次插入算法将它插入到当前已生成的二叉排序树中。

算法 8.4　二叉排序树的生成算法

二叉树排序树的生成

```
BSTree CreateBST(   )
```

```
{ //输入一个结点序列,建立一棵二叉排序树,将根结点指针返回
    BSTree T = NULL;                    //初始时 T 为空树
    KeyType key;
    scanf("%d",&key);                   //读入一个关键字
    while(key){                          //假设 key = 0 是输入结束标志
        InsertBSTR(&T,key);             //将 key 插入二叉排序树 T
        scanf("%d",&key);               //读入下一关键字
    }
    return T;                            //返回建立的二叉排序树的根指针
}
```

注意:输入序列决定了二叉排序树的形态。

二叉排序树的中序序列是一个有序序列。所以对于一个任意的关键字序列构造一棵二叉排序树,其实质是对此关键字序列进行排序,这种排序的平均执行时间亦为 $O(n\log_2 n)$,"排序树"的名称也由此而来。

【**例 8.4**】 记录的关键码序列为 63,90,70,55,67,42,98,83,10,45,58,则构造一棵二叉排序树的过程,如图 8.5 所示。

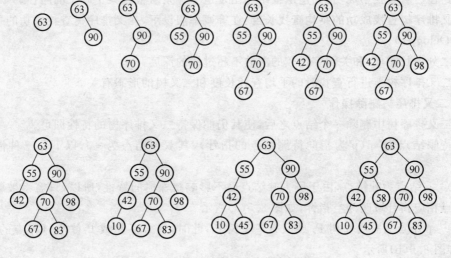

图 8.5 从空树开始建立二叉排序树的过程

3. 二叉排序树的查找

在二叉排序树上进行查找,和二分查找类似,也是一个逐步缩小查找范围的过程。

算法 8.5 二叉排序树的查找

```
BSTNode * SearchBST(BSTree T, KeyType key)
{ //在二叉排序树 T 上查找关键字为 key 的结点,成功时返回该结点位置,否则返回 NULL
BSTree p = T;
int flag = 0;
while(p! = NULL)
{
    if(p - >key = = key)
```

```
    {
        printf("查询到该结点!");
        flag = 1;
        return (p);
        break;
    }
    if (key<p->key)   p = p->lchild;
    else p = p->rchild;
}
if(flag = = 0)
{
    printf("查询不到关键字为 % d 的结点!",key);
    return NULL;
}
}
```

说明:在二叉排序树上进行查找时,若查找成功,则是从根结点出发走了一条从根到待查结点的路径。若查找不成功,则是从根结点出发走了一条从根到某个叶子的路径。

二叉排序树查找成功的平均查找长度:在等概率假设下,二叉排序树查找成功的平均查找长度为 $O(\log_2 n)$。

与二分查找类似,和关键字比较的次数不超过树的深度。

在二叉排序树上进行查找时的平均查找长度和二叉树的形态有关。

4. 二叉排序树删除操作

从二叉排序树中删除一个结点之后,使其仍能保持二叉排序树的特性即可。

设待删结点为 *p(p 为指向待删结点的指针),其双亲结点为 *f,以下分三种情况进行讨论。

(1) *p 结点为叶结点,由于删去叶结点后不影响整棵树的特性,所以,只需将被删结点的双亲结点相应指针域改为空指针,如图 8.5(a)所示。

(2) *p 结点只有右子树 P_r 或只有左子树 P_l,此时,只需将 P_r 或 P_l 替换 *f 结点的 *p 子树即可,如图 8.6(b)所示。

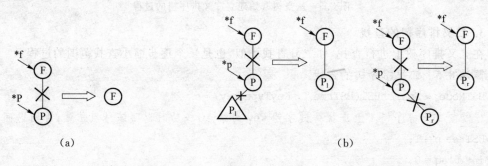

(a)   (b)

图 8.6

(3) *p 结点既有左子树 P_l 又有右子树 P_r,可按中序遍历保持有序进行调整。

设删除 *p 结点前,中序遍历序列为

① P 为 F 的左子女时有…，P₁子树，P，Pⱼ，S 子树，Pₖ，Sₖ子树，…，P₂，S₂子树，P₁，S₁子树，F，…

② P 为 F 的右子女时有…，F，P₁子树，P，Pⱼ，S 子树，Pₖ，Sₖ子树，…，P₂，S₂子树，P₁，S₁子树，…则删除 ∗ p 结点后，中序遍历序列应为

① P 为 F 的左子女时有…，P₁子树，Pⱼ，S 子树，Pₖ，Sₖ子树，…，P₂，S₂子树，P₁，S₁子树，F，…

② P 为 F 的右子女时有…，F，P₁子树，Pⱼ，S 子树，Pₖ，Sₖ子树，…，P₂，S₂子树，P₁，S₁子树，…

有两种调整方法。

① 直接令 p₁为 ∗ f 相应的子树，以 Pᵣ为 P₁中序遍历的最后一个结点 Pₖ的右子树。

② 令 ∗ p 结点的直接前驱 Pᵣ或直接后继（对 P₁子树中序遍历的最后一个结点 Pₖ）替换 ∗ p 结点，再按的方法删去 Pᵣ或 Pₖ。图 8.7 所示的就是以 ∗ p 结点的直接前驱 Pᵣ替换 ∗ p。

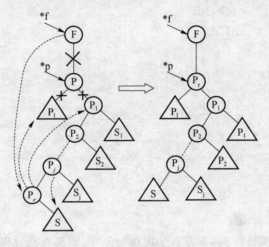

图 8.7 按方法②进行调整的图示

算法 8.6 二叉排序树的删除

二叉排序树的删除

```
Bstree Delete(BSTree tree,  int key)
{ //在二叉排序树上删除关键字值为 key 的结点
    BSTree p = tree;
    BSTree f, s, q;
    f = NULL;
    while(p)
    {  //查找关键字为 key 的结点
        if(p->key = = key) break;
        f = p;
        if(p->key>key) p = p->lchild;
        else p = p->rchild;
    }
    if (p = = NULL) return tree;
    if ((p->lchild = = NULL)||(p->rchild = = NULL))
    {
        if(f = = NULL)
        if(p->lchild = = NULL) tree = p->rchild;
```

```
        else tree = p - >lchild;
        else   if (p - >lchild = = NULL)
            if(f - >lchild = = p) f - >lchild = p - >rchild;
            else f - >rchild = p - >rchild;
            else if(f - >lchild = = p)   f - >lchild = p - >lchild;
            else f - >lchild = p - >lchild;
            free(p);
    }
    else {
        q = p;s = p - >lchild;
        while(s - >rchild)
        {
            q = s;s = s - >rchild;
        }
        if(q = = p) q - >lchild = s - >lchild;
        p - >key = s - >key;
        free(s);
    }
    return tree;
}
```

对给定序列建立二叉排序树,若左右子树均匀分布,则其查找过程类似于有序表的折半查找。但若给定序列原本有序,则建立的二叉排序树就蜕化为单链表,其查找效率同顺序查找一样。因此,对均匀的二叉排序树进行插入或删除结点后,应对其调整,使其依然保持均匀。

8.3.3 平衡二叉树(AVL 树)

平衡二叉树或者是一棵空树,或者是具有下列性质的二叉排序树:它的左子树和右子树都是平衡二叉树,且左子树和右子树高度之差的绝对值不超过 1。

图 8.8 给出了两棵二叉排序树,每个结点旁边所注数字是以该结点为根的树中,左子树与右子树高度之差,这个数字称为结点的平衡因子。由平衡二叉树定义,所有结点的平衡因子只能取 $-1,0,1$ 三个值之一。若二叉排序树中存在这样的结点,其平衡因子的绝对值大于 1,这棵树就不是平衡二叉树。如图 8.8 (a)所示的非平衡二叉树。

在平衡二叉树上插入或删除结点后,可能使树失去平衡,因此,需要对失去平衡的树进行平衡化调整。设 a 结点为失去平衡的最小子树根结点,对该子树进行平衡化调整归纳起来有以下四种情况。

1. RR 型

如图 8.9(a)所示为插入前的子树。其中,B 为结点 a 的左子树,D、E 分别为结点 c 的左右子树,B、D、E 和 E 三棵子树的高均为 h。图 8.9(a)所示的子树是平衡二叉树。

在图 8.9(a)所示的树上插入结点 x,如图 8.9(b)所示。结点 x 插入在结点 c 的右子树 E 上,导致结点 a 的平衡因子绝对值大于 1,以结点 a 为根的子树失去平衡。

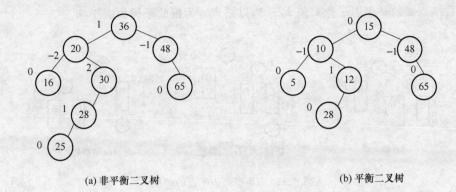

(a) 非平衡二叉树　　　　　　　　(b) 平衡二叉树

图 8.8　二叉树排序树

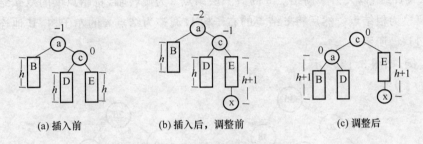

(a) 插入前　　　　　(b) 插入后，调整前　　　　(c) 调整后

图 8.9　RR 型失去平衡的调整

（1）调整方法

沿着失衡路径，以失去平衡结点 a 的后一层结点 c 为旋转轴，将结点 c 的双亲结点 a 逆时针旋转，c 为调整后树的根结点。然后将 c 结点的左子树 D 调整为结点 a 的右子树，其他连接关系不变，如图 8.9（c）所示。

调整实例，如图 8.10（a）和（b）所示。

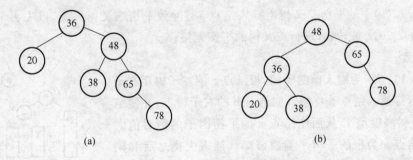

(a)　　　　　　　　　　　　　　(b)

图 8.10　RR 型旋转实例

（2）调整分析

图 8.10(a)中的平衡二叉树插入 78 失去平衡，以失去平衡结点 36 的后一层结点 48 为旋转轴进行调整。

2. LL 型

如图 8.11(a)所示为插入前的子树。其中，B 为结点 a 的右子树，E、D 分别为结点 c 的左右子树，B、D、E 三棵子树的高均为 h。图 8.11(a)所示的子树是平衡二叉树。

在图 8.11(a)所示的树上插入结点 x，如图 8.11(b)所示。结点 x 插入在结点 c 的左子树

E 上,导致结点 a 的平衡因子绝对值大于 1,以结点 a 为根的子树失去平衡。

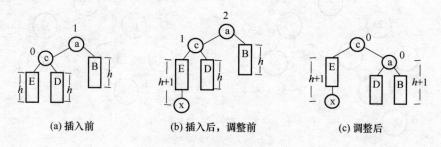

(a) 插入前　　　　(b) 插入后,调整前　　　　(c) 调整后

图 8.11　RR 型失去平衡的调整

(1) 调整方法

沿着失衡路径,以失去平衡结点 a 的后一层结点 c 为旋转轴,将结点 c 的双亲结点 a 顺时针旋转,c 调整为根结点。然后将 c 结点的右子树 D 调整为结点 a 的左子树,其他连接关系不变,如图 8.11(c)所示。

调整实例,如图 8.12 所示。

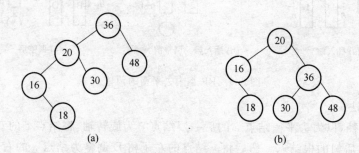

(a)　　　　　　　　　　(b)

图 8.12　RR 型实例平衡调整

(2) 调整分析

在图 8.12(a)中的平衡二叉树上插入结点 18,导致平衡二叉树失衡,以失去平衡结点 36 的后一层结点 20 为旋转轴,进行二叉树的平衡调整。

3. LR 型

如图 8.13 所示为插入前的子树,根结点 a 的左子树比右子树高度高 1,待插入结点 x 将插入到结点 b 的右子树上,并使结点 b 的右子树高度增 1,从而使结点 a 的平衡因子的绝对值大于 1,导致结点 a 为根的子树平衡被破坏。插入失衡之后和调整如图 8.14(a)~(f)所示。

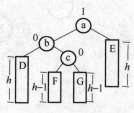

图 8.13　插入前

(1) 调整方法

沿着失衡路径 a-b-c,以失去平衡结点 a 的后二层结点 c 为旋转轴,将 c 的双亲结点 b 围着 c 逆时针旋转,将失去平衡的祖父结点 a 围绕 c 顺时针旋转,b、a 两结点分别调整为 c 的左右孩子,然后将 c 的左子树调整为 b 的右子树,将 c 的右子树调整为结点 a 的左子树,c 调整后为树的根结点。其他连接关系不变,如图 8.14(f)所示。

调整实例如图 8.15 所示。

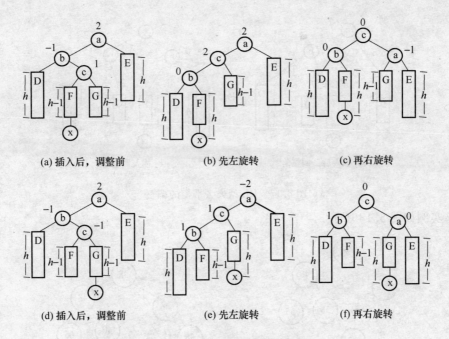

(a) 插入后，调整前　　　　(b) 先左旋转　　　　(c) 再右旋转

(d) 插入后，调整前　　　　(e) 先左旋转　　　　(f) 再右旋转

图 8.14　LR 型失去平衡的调整

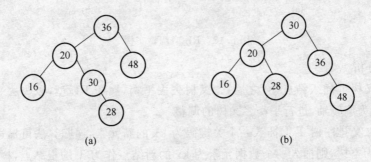

(a)　　　　　　　　　　　　(b)

图 8.15　LR 型实例调整

（2）调整分析

平衡二叉树插入结点 28 之后造成失衡，以失去平衡结点 36 的后两层结点 30 为旋转轴，进行二叉树的平衡调整。

4. RL

如图 8.16 所示为插入前的子树，根结点 a 的右子树比左子树高度高 1，待插入结点 x 将插入到结点 b 的左子树上，并使结点 b 的左子树高度增 1，从而使结点 a 的平衡因子的绝对值大于 1，导致结点 a 为根的子树平衡被破坏。

插入后失衡以及调整之后平衡二叉树，如图 8.17 所示。

（1）调整方法

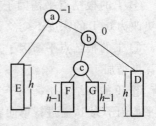

图 8.16　插入前

沿着失衡路径 a-b-c，以失去平衡结点 a 的后二层结点 c 为旋转轴，将 c 的双亲结点 b 围着 c 顺时针旋转，将失去平衡的祖父结点 a 围绕 c 逆时针旋转，a、b 两结点分别调整为 c 的左右孩子，然后将 c 的左子树调整为 a 的右子树，将 c 的右子树调整为结点 b 的左子树，c 调整后为树的根结点。其他连接关系不变，如图 8.17(b) 所示。

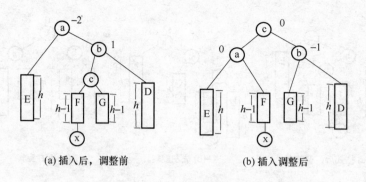

(a) 插入后，调整前   (b) 插入调整后

图 8.17　RL 型失去平衡的调整

调整实例如图 8.18 所示。

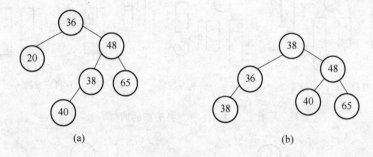

(a)   (b)

图 8.18　RL 型调整实例

（2）调整分析

在平衡二叉树上插入结点 40 之后，二叉树失去平衡，属于 RL 型，以失去平衡结点 36 的后两层结点 38 为旋转轴，进行平衡二叉树的调整。

在平衡的二叉排序树 T 上插入一个关键码为 kx 的新元素，递归算法可描述如下。

（1）若 T 为空树，则插入一个数据元素为 kx 的新结点作为 T 的根结点，树的深度增 1。

（2）若 kx 和 T 的根结点关键码相等，则不进行插入。

（3）若 kx 小于 T 的根结点关键码，而且在 T 的左子树中不存在与 kx 有相同关键码的结点，则将新元素插入在 T 的左子树上，并且当插入之后的左子树深度增加 1 时，分别就下列情况进行处理。

① T 的根结点平衡因子为 −1（右子树的深度大于左子树的深度），则将根结点的平衡因子更改为 0，T 的深度不变。

② T 的根结点平衡因子为 0（左、右子树的深度相等），则将根结点的平衡因子更改为 1，T 的深度增加 1。

③ T 的根结点平衡因子为 1（左子树的深度大于右子树的深度），则若 T 的左子树根结点的平衡因子为 1，需进行单向右旋平衡处理，并且在右旋处理之后，将根结点和其右子树根结点的平衡因子更改为 0，树的深度不变。

若 T 的左子树根结点平衡因子为 −1，需进行先左后右双向旋转平衡处理，并且在旋转处理之后，修改根结点和其左、右子树根结点的平衡因子，树的深度不变。

（4）若 kx 大于 T 的根结点关键码，而且在 T 的右子树中不存在与 kx 有相同关键码的结点，则将新元素插入在 T 的右子树上，并且当插入之后的右子树深度增加 1 时，分别就不同情况处理之。其处理操作和 (3) 中所述相对称,读者可自行补充整理。

算法 8.7　递归算法

```
typedef  struct  NODE{
        ElemType    elem;                    /* 数据元素 */
        int         bf;                      /* 平衡因子 */
        struct   NODE   * lchild, * rchild;  /* 左右子女指针 */
}NodeType;                                   /* 结点类型 */


void  R_Rotate(NodeType * p)
{ /* 对以 p 指向的结点为根的子树,作右单旋转处理,处理之后,p 指向的结点为子树
     的新根 */
   lp = p->lchild;                         /* lp 指向 p 左子树根结点 */
   p->lchild = lp->rchild;                 /* lp 的右子树挂接 * p 的左子树 */
   lp->rchild = p; p = lp;                 /* p 指向新的根结点 */
}


void  L_Rotate(NodeType * p)
{ /* 对以 * p 指向的结点为根的子树,作左单旋转处理,处理之后,* p 指向的结点为子
树的新根 */
   lp = p->rchild;                         /* lp 指向 * p 右子树根结点 */
   p->rchild = lp->lchild;                 /* lp 的左子树挂接 * p 的右子树 */
   lp->lchild = p; p = lp;                 /* p 指向新的根结点 */
}


#define  LH  1                              /* 左高 */
#define  EH  0                              /* 等高 */
#define  RH  1                              /* 右高 */


voidLeftBalance((NodeType * p)
{ /* 对以 p 指向的结点为根的子树,作左平衡旋转处理,处理之后,p 指向的结点为子
     树的新根 */
   lp = p->lchild;                         /* lp 指向 p 左子树根结点 */
   switch(p->bf)                           /* 检查 p 平衡度,并作相应处理 */
   {case   LH:                             /* 新结点插在 p 左子女的左子树
                                              上,需作单右旋转处理 */
        p->bf = lp->bf = EH;R_Rotate(p);break;
     case  EH:                             /* 原本左、右子树等高,因左子树增
                                              高使树增高 */
        p->bf = LH;taller = TRUE;break;
     case   RH:                            /* 新结点插在 p 左子女的右子树
```

```
                                                上,需作先左后右双旋处理 * /
        rd = lp - >rchild;                      / * rd 指向 p 左子女的右子树根结点 * /
        switch(rd - >bf)                        / * 修正 p 及其左子女的平衡因子 * /
        { caseLH: p - >bf = RH;lp - >bf = EH;break;
          caseEH: p - >bf = lp - >bf = EH;break;
          caseRH:p - >bf = EH;lp - >bf = LH;break;
        }/ * switch(rd - >bf) * /
        rd - >bf = EH;L_Rotate(p - >lchild));    / * 对 p 的左子树作左旋转处理 * /
        R_Rotate(p);                             / * 对 * t 作右旋转处理 * /
     }/ * switch(p - >bf) * /
}/ * LeftBalance * /


int  InsertAVL(NodeType * t, ElemType e, Boolean taller)
{   / *若在平衡的二叉排序树 t 中不存在和 e 有相同关键码的结点,则插入一个数据元
    素为 e 的 * /
    / *新结点,并返回 1,否则反回 0。若因插入而使二叉排序树失去平衡,则作平衡旋
      转处理 * /
    / *布尔型变量 taller 反映 t 长高与否 * /
    if(! t) / *插入新结点,树"长高",置 taller 为 TURE * /
    {  t = (NodeType * )malloc(sizeof(NodeType)); T - >elem = e;
       t - >lchild = t - >rchild = NULL;t - >bf = EH;taller = TRUE;
    }/ * if * /
    else
    {  if(e.key = = t - >elem.key)               / *树中存在和 e 有相同关键码的结
                                                    点,不插入 * /
       {taller = FALSE; return 0;}
       if(e.key<t - >elem.key)
       {  / *应继续在 * t 的左子树上进行 * /
          if(! InsertAVL(t - >lchild)),e,taller))return 0;   / *未插入 * /
          if(taller)                             / *已插入到( * t)的左子树中,且左
                                                    子树增高 * /
             switch(t - >bf)                     / *检查 t 平衡度 * /
             {case  LH:                          / *原本左子树高,需作左平衡处理 * /
                 LeftBalance(t);taller = FALSE;break;
          case  EH:                              / *原本左、右子树等高,因左子树增
                                                    高使树增高 * /
             t - >bf = LH;taller = TRUE;break;
          case  RH:                              / *原本右子树高,使左、右子树等高 * /
             t - >bf = EH;taller = FALSE;break;
    }
```

```
}/* if */
else                                    /* 应继续在 * t 的右子树上进行 */
{  if(! InsertAVL(t->rchild)),e,taller))return 0;   /* 未插入 */
   if(taller)                           /* 已插入到( * t)的左子树中,且左
                                           子树增高 */

          switch(t->bf)                 /* 检查 t 平衡度 */
          {case  LH:                    /* 原本左子树高,使左、右子树等高 */
              t->bf = EH;taller = FALSE; break;
            case  EH:                   /* 原本左、右子树等高,因右子树增
                                            高使树增高 */
              t->bf = RH;taller = TRUE;break;
           case  RH:                    /* 原本右子树高,需作右平衡处理 */
              RightBalance(t);taller = FALSE;break;
          }
      }/* else */
   }/* else */
   return 1;
}/* InsertAVL */
```

8.3.4 B一树和B+树

1. B一树及其查找

B一树是一种平衡的多路查找树,它在文件系统中很有用。

定义:一棵 m 阶的 B一树是一种平衡的多路查找树,它或者是一棵空树,或者是一棵满足下列特性的 m 叉树。

(1) 树中每个结点至多有 m 棵子树。

(2) 除非根结点为叶子结点,否则它至少有两棵子树。

(3) 除根结点之外的所有非终端结点至少有 $\lceil m/2 \rceil$ 棵子树。

(4) 所有的叶子结点均保持在同一层上,且不包含任何信息。

(5) 所有的非终端结点中包含有下列信息:

$$(n, A_0, K_1, A_1, K_2, A_2, \cdots, K_n, A_n)$$

式中,$K_1, K_2, \cdots, K_n$ 为 n 个按从小到大顺序排列的关键字,$A_0, A_1, A_2, \cdots, A_n$ 为 $n+1$ 个指向子树根结点的指针,用于指向该结点的 $n+1$ 个子树或孩子,其中 A_0 所指向孩子中的所有关键字均小于 K_1,依此类推,A_n 所指向孩子中的所有关键字均大于 K_n,$A_i(0 \leqslant i \leqslant n)$ 所指向孩子中的所有关键字均小于 K_{i+1},但大于 K_i。例如,图 8.19 为一棵由 20 个关键字生成的 5 阶 B一树的示意图,其深度为 4。

【**例 8.5**】 如图 8.19 所示为一棵 5 阶的 B一树,其深度为 4。

B一树的查找类似二叉排序树的查找,所不同的是 B一树每个结点上是多关键码的有序表,在到达某个结点时,先在有序表中查找,若找到,则查找成功;否则,到按照对应的指针信息指向的子树中去查找,当到达叶子结点时,则说明树中没有对应的关键码,查找失败。即在 B一树上的查找过程是一个顺指针查找结点和在结点中查找关键码交叉进行的过程。比如,

在图 8.19 中查找关键码为 93 的元素。首先,从 t 指向的根结点(a)开始,结点(a)中只有一个关键码,且 93 大于它,因此,按(a)结点指针域 A_1 到结点(c)去查找,结点(c)由两个关键码,而 93 也都大于它们,应按(c)结点指针域 A_2 到结点(i)去查找,在结点(i)中顺序比较关键码,找到关键码 K_3。

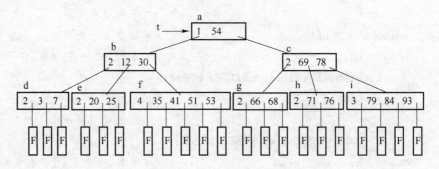

图 8.19 一棵 5 阶的 B—树

算法 8.8　B—树及其查找

```
#define  m  5                    /*B 树的阶,暂设为 5*/
typedef  struct NODE{
    int  keynum;                 /*结点中关键码的个数,即结点的大小*/
    struct  NODE  *parent;       /*指向双亲结点*/
    KeyType key[m+1];            /*关键码向量,0 号单元未用*/
    struct  NODE  *ptr[m+1];     /*子树指针向量*/
    record  *recptr[m+1];        /*记录指针向量*/
    }NodeType;                   /*B 树结点类型*/


typedef  struct{
    NodeType  *pt;               /*指向找到的结点*/
    int      i;                  /*在结点中的关键码序号,结点序号区间[1…m]*/
    int      tag;                /*1:查找成功,0:查找失败*/
    }Result;                     /*B 树的查找结果类型*/

Result  SearchBTree(NodeType *t,KeyType kx)
{   /*在 m 阶 B 树 t 上查找关键码 kx,反回(pt,i,tag)。若查找成功,则特征值 tag=1,*/
    /*指针 pt 所指结点中第 i 个关键码等于 kx;否则,特征值 tag=0,等于 kx 的关键
      码记录*/
    /*应插入在指针 pt 所指结点中第 i 个和第 i+1 个关键码之间*/
    p=t;q=NULL;found=FALSE;i=0;/*初始化,p 指向待查结点,q 指向 p 的双亲*/
    while(p&&! found)
    {   n=p->keynum;i=Search(p,kx); /*在 p—>key[1…keynum]中查找*/
        if(i>0&&p->key[i]= = kx) found=TRUE;   /*找到*/
        else{q=p;p=p->ptr[i];}
    }
    if(found)return (p,i,1);/*查找成功*/
```

```
elsereturn (q,i,0);/*查找不成功,反回 kx 的插入位置信息*/
}
```

查找分析

B-树的查找是由两个基本操作交叉进行的过程,即

(1) 在 B-树上找结点;

(2) 在结点中找关键码。

由于,通常 B—树是存储在外存上的,操作(1) 就是通过指针在磁盘相对定位,将结点信息读入内存,之后,再对结点中的关键码有序表进行顺序查找或折半查找。因为,在磁盘上读取结点信息比在内存中进行关键码查找耗时多,所以,在磁盘上读取结点信息的次数,即 B—树的层次树是决定 B—树查找效率的首要因素。

那么,对含有 n 个关键码的 m 阶 B—树,在最坏情况下达到多深呢?可按二叉平衡树进行类似分析。首先,讨论 m 阶 B—数各层上的最少结点数。

由 B—树定义:第一层至少有 1 个结点;第二层至少有 2 个结点;由于除根结点外的每个非终端结点至少有 $\lceil m/2 \rceil$ 棵子树,则第三层至少有 2 ($\lceil m/2 \rceil$)个结点;……以此类推,第 $k+1$ 层至少有 2 ($\lceil m/2 \rceil$)$^{k-1}$ 个结点。而 $k+1$ 层的结点为叶子结点。若 m 阶 B—树有 n 个关键码,则叶子结点即查找不成功的结点为 $n+1$,由此有

$$n+1 \geqslant 2 * (\lceil m/2 \rceil)^{k-1}$$

即

$$k \leqslant \log_{\lceil m/2 \rceil} \left(\frac{n+1}{2}\right) + 1$$

这就是说,在含有 n 个关键码的 B—树上进行查找时,从根结点到关键码所在结点的路径上涉及的结点数不超过

$$\log_{\lceil m/2 \rceil} \left(\frac{n+1}{2}\right) + 1$$

2. B—树的插入和删除

(1) 插入

在 B—树上插入关键码与在二叉排序树上插入结点不同,关键码的插入不是在叶结点上进行的,而是在最底层的某个非终端结点中添加一个关键码,若该结点上关键码个数不超过 m -1 个,则可直接插入到该结点上;否则,该结点上关键码个数至少达到 m 个,因而使该结点的子树超过了 m 棵,这与 B—树定义不符。所以要进行调整,即结点的"分裂"。方法为:关键码加入结点后,将结点中的关键码分成三部分,使得前后两部分关键码个数均大于等于($\lceil m/2 \rceil$ -1),而中间部分只有一个结点。前后两部分成为两个结点,中间的一个结点将其插入到父结点中。若插入父结点而使父结点中关键码个数超过 $m-1$,则父结点继续分裂,直到插入某个父结点,其关键码个数小于 m。可见,B-树是从底向上生长的。

【**例 8.6**】 就下列关键码序,建立 5 阶 B-树,如图 8.20 所示。

20,54,69,84,71,30,78,25,93,41,7,76,51,66,68,53,3,79,35,12,15,65

(1) 向空树中插入 20,如图 8.20(a)所示。

(2) 插入 54,69,84,如图 8.20(b)所示。

(3) 插入 71,索引项达到 5,要分裂成三部分。

{20,54},{69}和{71,84},并将 69 上升到该结点的父结点中,如图 8.20(c)所示。

(4) 插入 30,78,25,93,如图 8.20(d)所示。

(5) 插 41 又分裂,如图 8.20(e)所示。

(6) 7 直接插入。

（7）76 插入，分裂，如图 8.20(f)所示。

（8）51,66 直接插入，当插入 68,需分裂，如图 8.20(g)所示。

（9）53,3,79,35 直接插入,12 插入时,需分裂,但中间关键码 12 插入父结点时,又需要分裂,则 54 上升为新根。15,65 直接插入,如图 8.20(h)所示。

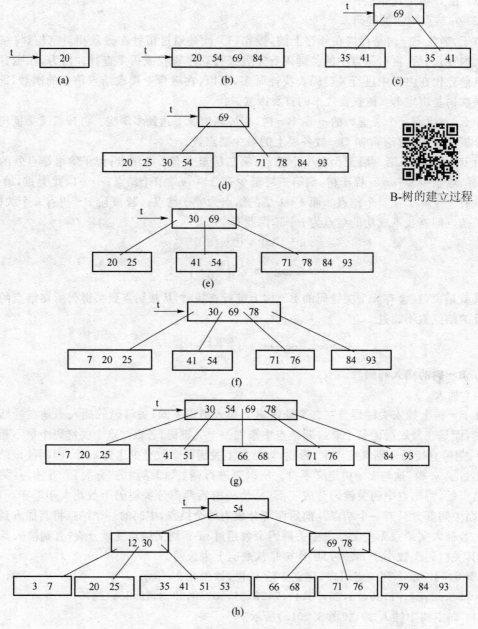

B-树的建立过程

图 8.20 建立 B－树的过程

算法 8.9 插入关键码

```
int InserBTree(NodeType * * t,KeyType kx,NodeType * q,int i)
{ / * 在 m 阶 B 树 * t 上结点 * q 的 key[i],key[i+1]之间插入关键码 kx * /
  / * 若引起结点过大,则沿双亲链进行必要的结点分裂调整,使 * t 仍为 m 阶 B 树 * /
  x = kx;ap = NULL;finished = FALSE;
  while(q&&! finished)
  {  Insert(q,i,x,ap);   / * 将 x 和 ap 分别插入到 q->key[i+1]和 q->ptr[i+1] * /
     if(q->keynum<m)   finished = TRUE;/ * 插入完成 * /
     else
     { / * 分裂结点 * p * /
       s = m/2;split(q,ap);x = q->key[s];
     / * 将 q->key[s+1…m],q->ptr[s…m]和 q->recptr[s+1…m]移入新结点 * ap * /
       q = q->parent;
       if(q)i = Search(q,kx);   / * 在双亲结点 * q 中查找 kx 的插入位置 * /

     }/ * else * /
  }/ * while * /
  if(! finished)/ * ( * t)是空树或根结点已分裂为 * q * 和 ap * /
      NewRoot(t,q,x,ap); / * 生成含信息(t,x,ap)的新的根结点 * t,原 * t 和 ap 为子
                         树指针 * /
}
```

（2）删除

分两种情况如下。

1）删除最底层结点中关键码

① 如果被删除的关键字所在结点中的关键字数目大于 $\lceil m/2 \rceil -1$,则 B-树的删除
直接将该关键字删除即可。

② 否则除余项与左兄弟(无左兄弟,则找左兄弟)项数之和大于等于 $2(\lceil m/2 \rceil -1)$ 就与它
们父结点中的有关项一起重新分配。如删去图 8.20 (h)中的 76 得图 8.21。

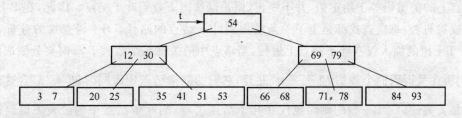

图 8.21

③ 若删除后,余项与左兄弟或右兄弟之和均小于 $2(\lceil m/2 \rceil -1)$,就将余项与左兄弟（无左
兄弟时,与右兄弟）合并。由于两个结点合并后,父结点中相关项不能保持,把相关项也并入合
并项。若此时父结点被破坏,则继续调整,直到根。如删去图 8.20(h)中 7,得图 8.22。

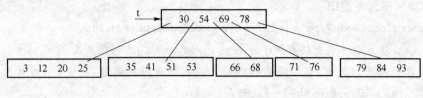

图 8.22

2) 删除为非底层结点中关键码

若所删除关键码非底层结点中的 K_i,则可以指针 A_i 所指子树中的最小关键码 X 替代 K_i,然后,再删除关键码 X,直到这个 X 在最底层结点上,即转为步骤 1)的情形。

3. B+树

B+树是应文件系统所需而产生的一种 B−树的变形树。一棵 m 阶的 B+树和 m 阶的 B−树的差异在于:

(1) 有 n 棵子树的结点中含有 n 个关键码。

(2) 所有的叶子结点中包含了全部关键码的信息,及指向含有这些关键码记录的指针,且叶子结点本身依关键码的大小自小而大的顺序链接。

(3) 所有的非终端结点可以看成是索引部分,结点中仅含有其子树根结点中最大(或最小)关键码。

例如图 8.23 所示为一棵五阶的 B+树,通常在 B+树上有两个头指针,一个指向根结点,另一个指向关键码最小的叶子结点。因此,可以对 B+树进行两种查找运算:一种是从最小关键码起顺序查找,另一种是根结点开始,进行随机查找。

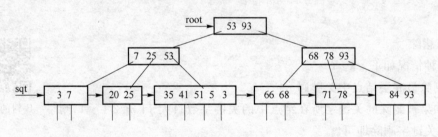

图 8.23 一棵 5 阶二叉树

在 B+树上进行随机查找、插入和删除的过程基本上与 B−树类似。只是在查找时,若非终端结点上的关键码等于给定值,并不终止,而是继续向下直到叶子结点。因此,在 B+树,不管查找成功与否,每次查找都是走了一条从根到叶子结点的路径。B+树查找的分析类似于 B−树。B+树的插入仅在叶子结点上进行,当结点中的关键码个数大于 m 时要分裂成两个结点,他们所含关键码的个数均为 $\lfloor \frac{m+1}{2} \rfloor$。并且,它们的双亲结点中应同时包 $\lceil m/2 \rceil$ 含这两个结点中的最大关键码。B+树的删除也仅在叶子结点进行,当叶子结点中的最大关键码被删除时,其在非终端结点中的值可以作为一个"分界关键码"存在。若因删除而使结点中关键码的个数少于时,其和 $\lceil m/2 \rceil$ 兄弟结点的合并过程亦和 B−树类似。

8.4 哈希查找

前面介绍的几种查找法,有一个共同的特点:都要通过一系列关键字的比较后,才能确定要查找的记录在文件中的位置。这是由于记录的存储位置与关键字之间不存在确定的关系,这类查找方法都是建立在比较的基础之上的。我们希望能够在记录的关键字与其存储地址之间建立一一对应的关系,通过这一关系直接找到对应的记录。

8.4.1 哈希表

1. 哈希表与哈希方法

选取某个函数 H,按记录的关键字 key 计算出记录的存储位置 H(key),称为哈希地址,并将记录按哈希地址存放;查找时,由函数 H 对给定值 key 计算地址,将 key 与地址单元中元素关键字进行比较,确定查找是否成功,这种查找方法称为哈希(散列)方法。哈希方法中使用的转换函数称为哈希(散列)函数。按这个思想构造的表称为哈希表。

【例 8.7】 设有 11 个记录的关键字的值分别是:18,27,1,20,22,6,10,13,41,15,25。选取关键字与元素位置间的函数为:H(key)=key mod 11,则这 11 个记录存放在数组 a 中的下标分别为:7,5,1,9,0,6,10,2,8,4,3。于是得到哈希表如图 8.24 所示。

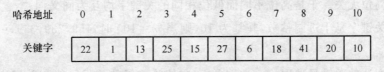

图 8.24 哈希表

2. 冲突和同义词

对于某个哈希函数 H 和两个关键字 k_1,k_2,如果 $k_1 \neq k_2$,而 $H(k_1) = H(k_2)$,即经过哈希函数变换后,将不同的关键字映射到同一个哈希地址上,这种现象称为冲突,k_1 和 k_2 称为同义词。

【例 8.8】 设哈希函数为:H(key)=key mod 11,两个记录的关键字的值分别为,2 和 13,则 H(2)= H(13)=2,即以 2 和 13 为关键字的记录发生了冲突,2 和 13 称为同义词。

说明:冲突不可能避免,只能尽可能减少。所以,哈希方法需要解决以下两个问题:

(1) 构造哈希函数;

(2) 解决冲突。

3. 哈希函数构造的原则

(1) 简单:即哈希函数的计算简单快速。

(2) 均匀:对于关键字集合中的任一关键字,哈希函数能以等概率将其映射到表空间的任何一个位置上。也就是说,散列函数能将关键字集合 K 随机均匀地分布在表的地址集 $\{0,1,\cdots,n-1\}$ 上,以使冲突最小化。

8.4.2 常用的哈希函数

1. 直接定址法:H(key)＝a·key＋b (a、b 为常数)

即取关键字的某个线性函数值为哈希地址,这类函数是一一对应函数,不会产生冲突,但要求地址集合与关键字可能取值的集合大小相同,因此,对于较大的关键字集合不适用。

【例 8.9】 设关键字集合为{20,30,50,60,80,90},关键字可能取值的集合为 100 以内 10 的倍数,选取哈希函数为 H(key)＝key/10,则存放如下。

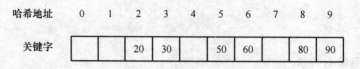

图 8.25 哈希存储结构

2. 除留余数法

除余法:H(key)＝key%m (m 是一个整数)

该方法是最为简单常用的一种方法。它是以表长 m 来除关键字,取其余数作为哈希地址。

【例 8.10】 若选 m 是关键字的基数的幂次,则就等于是选择关键字的最后若干位数字作为地址,而与高位无关。于是高位不同而低位相同的关键字均互为同义词。

比如,若关键字是十进制整数,其基为 10,则当 $m=100$ 时,159,259,359,…,等均互为同义词。

说明:该方法的关键是选取 m。选取的 m 应使哈希函数值尽可能与关键字的各位相关。m 最好为素数。

3. 乘余取整法

Hash(key)＝⌊B * (A * key mod 1)⌋ (A、B 均为常数,且 0＜A＜1,B 为整数)

以关键码 key 乘以 A,取其小数部分(A * key mod 1 就是取 A * key 的小数部分),之后再用整数 B 乘以这个值,取结果的整数部分作为哈希地址。

该方法 B 取什么值并不关键,但 A 的选择却很重要,最佳的选择依赖于关键码集合的特征。一般取 $A=\left(\frac{1}{2}\sqrt{5}-1\right)=0.6180339\cdots\cdots$较为理想。

4. 数字分析法

设关键码集合中,每个关键码均由 m 位组成,每位上可能有 r 种不同的符号。

若关键码是 4 位十进制数,则每位上可能有十个不同的数符 0~9,所以 $r=10$。

若关键码是仅由英文字母组成的字符串,不考虑大小写,则每位上可能有 26 种不同的字母,所以 $r=26$。

数字分析法根据 r 种不同的符号,在各位上的分布情况,选取某几位,组合成哈希地址。所选的位应是各种符号在该位上出现的频率大致相同。

【例 8.11】 有一组关键码如下:

```
3 4 7 0 5 2 4
3 4 9 1 4 8 7
3 4 8 2 6 9 6
3 4 8 5 2 7 0
3 4 8 6 3 0 5
3 4 9 8 0 5 8
3 4 7 9 6 7 1
3 4 7 3 9 1 9
```

第 1、2 位均是"3 和 4",第 3 位也只有"7、8、9",因此,这几位不能用,余下四位分布较均匀,可作为哈希地址选用。若哈希地址是两位,则可取这四位中的任意两位组合成哈希地址,也可以取其中两位与其他两位叠加求和后,取低两位作哈希地址。

①　②　③　④　⑤　⑥　⑦

图 8.26 【例 18.11】的图

5. 平方取中法

先通过求关键字的平方扩大相近数的差别,然后根据表长度取中间的几位数作为哈希函数值。又因为一个乘积的中间几位数和乘数的每一位都相关,所以由此产生的哈希地址较为均匀。

还有相乘取整法、随机数法等等。

【例 8.12】 将一组关键字(0110,1010,1001,0111)平方后得(0012100,1020100,1002001,0012321)

若取表长为 1000,则可取中间的三位数作为散列地址集:(121,201,020,123)。

6. 折叠法(Folding)

此方法将关键码自左到右分成位数相等的几部分,最后一部分位数可以短些,然后将这几部分叠加求和,并按哈希表表长,取后几位作为哈希地址。这种方法称为折叠法。

有两种叠加方法。

(1) 移位法——将各部分的最后一位对齐相加。

(2) 间界叠加法——从一端向另一端沿各部分分界来回折叠后,最后一位对齐相加。

【例 8.13】 关键码为 key=05326248725,设哈希表长为三位数,则可对关键码每三位一部分来分割。

关键码分割为如下四组:　253　463　587　05

```
      253              253 ]
      463              364 [
      587              587 ]
    + 05             +  50 [
    ─────            ──────
     1308             1254
```

Hash(key)=308　　　Hash(key)=254

移位法

用上述方法计算哈希地址,对于位数很多的关键码,且每一位上符号分布较均匀时,可采用此方法求得哈希地址。

8.4.3 处理冲突的方法

通常有两类方法处理冲突:开放定址法和拉链法。前者是将所有结点均存放在哈希表 T

[0…n−1]中;后者通常是将互为同义词的结点链成一个单链表,而将此链表的头指针放在哈希表 T[0…n−1]中。

1. 开放定址法

由关键字得到的哈希地址一旦产生了冲突,即该地址已经存放了数据元素,就去寻找下一个空的哈希地址,只要哈希表足够大,空的哈希地址总能找到,并将数据元素存入。

开放定址法建立散列表

找空哈希地址方法很多,下面介绍三种。

(1) 线性探测法

将哈希表 T[0…n−1]看成是一个循环向量,若初始探查的地址为 d(即 h(key)=d),则最长的探查序列为:d, d+1, d+2, …, n−1, 0, 1, …, d−1。即探查时从地址 d 开始,首先探查 T[d],然后依次探查 T[d+1] 直到 T[n−1],此后又循环到 T[0]直到 T[d−1]为止。

$$H_i = (Hash(key) + d_i) \bmod m \qquad (1 \leqslant i < m)$$

其中:

Hash(key)为哈希函数

m 为哈希表长度

d_i 为增量序列 1,2,……,m−1,且 $d_i = i$

探查过程终止于三种情况。

① 若当前探查的单元为空,对于构造哈希表则将 key 写入其中,对于查找则表示查找失败;

② 若当前探查的单元中含有 key,对于构造表则表示该记录已存入哈希表,对于查找则查找成功;

③ 若探查到 T[d−1]时仍未发现空单元也未找到 key,对于构造表则此时表满,对于查找表示查找失败。

【例 8.14】 关键码集为 {47,7,29,11,16,92,22,8,3},哈希表表长为 11,Hash(key)=key mod 11,用线性探测法处理冲突,建表如下。

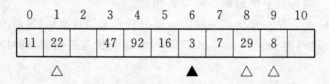

图 8.27 具有哈希的存储结构

47、7、11、16、92 均是由哈希函数得到的没有冲突的哈希地址而直接存入的。

Hash(29)=7,哈希地址上冲突,需寻找下一个空的哈希地址。

由 H₁=(Hash(29)+1) mod 11=8,哈希地址 8 为空,将 29 存入。另外,22、8 同样在哈希地址上有冲突,也是由 H₁ 找到空的哈希地址的。

而 Hash(3)=3,哈希地址上冲突,由

H₁=(Hash(3)+1) mod 11=4   仍然冲突。

H₂=(Hash(3)+2) mod 11=5   仍然冲突。

H₃=(Hash(3)+3) mod 11=6   找到空的哈希地址,存入。

线性探测法可能使第 i 个哈希地址的同义词存入第 i+1 个哈希地址,这样本应存入第

$i+1$个哈希地址的元素变成了第 $i+2$ 个哈希地址的同义词……因此,可能出现很多元素在相邻的哈希地址上"堆积"起来,大大降低了查找效率。为此,可采用二次探测法,或双哈希函数探测法,以改善"堆积"问题。

（2）二次探测法

将哈希表 T[0…n−1] 看成是一个循环向量,若初始探查的地址为 d（即 h(key)=d）,则探查序列为:d, d+1², d−1², d+2², d−2²,…,即探查时从地址 d 开始,首先探查 T[d],然后依次探查 T[d+1] 直到 T[n−1],此后又循环到 T[0] 直到 T[d−1] 为止。

$$H_i = (Hash(key) \pm d_i) \bmod m$$

式中:

Hash(key) 为哈希函数。

m 为哈希表长度,m 要求是某个 $4k+3$ 的质数（k 是整数）。

d_i 为增量序列 $1^2, -1^2, 2^2, -2^2, \cdots\cdots, q^2, -q^2$ 且 $q \leqslant \frac{1}{2}$ （$m-1$）。

仍以上例用二次探测法处理冲突,建表如下。

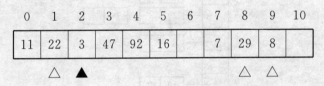

图 8.28 二次探测法的哈希存储结构

对关键码寻找空的哈希地址只有 3 这个关键码与上例不同,

Hash(3)=3,哈希地址上冲突,由

$H_1 = (Hash(3)+1^2) \bmod 11 = 4$　　仍然冲突;

$H_2 = (Hash(3)-1^2) \bmod 11 = 2$　　找到空的哈希地址,存入。

（3）双哈希函数探测法

$$H_i = (Hash(key) + i * ReHash(key)) \bmod m \quad (i=1,2,\cdots,m-1)$$

式中:

Hash(key),ReHash(key) 是两个哈希函数。

m 为哈希表长度。

双哈希函数探测法,先用第一个函数 Hash(key) 对关键码计算哈希地址,一旦产生地址冲突,再用第二个函数 ReHash(key) 确定移动的步长因子,最后,通过步长因子序列由探测函数寻找空的哈希地址。

比如,Hash(key)=a 时产生地址冲突,就计算 ReHash(key)=b,则探测的地址序列为

$H_1 = (a+b) \bmod m, H_2 = (a+2b) \bmod m, \cdots\cdots, H_{m-1} = (a+(m-1)b) \bmod m$

2. 拉链法

将所有关键字为同义词的结点链接在同一个单链表中。若选定的散列表长度为 n,则可将散列表定义为一个由 n 个头指针组成的指针数组 T[0…n−1]。凡是散列地址为 i 的结点,均插入到以 T[i] 为头指针的单链表中。T 中各分量的初值均应为空指针。

设哈希函数得到的哈希地址域在区间 [0,m−1] 上,以每个哈希地址作为一个指针,指向一个链,即分配指针数组

$$ElemType \quad *eptr[m];$$

建立 m 个空链表,由哈希函数对关键码转换后,映射到同一哈希地址 i 的同义词均加入到 *eptr[i]指向的链表中。

【例 8.15】 关键码序列为 47,7,29,11,16,92,22,8,3,50,37,89,94,21,哈希函数为

Hash(key)＝key mod 11

用拉链法处理冲突,建表如图 8.29 所示。

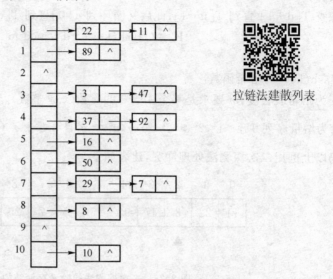

拉链法建散列表

图 8.29　拉链法处理冲突时的哈希表(向链表中插入元素均在表头进行)

3. 建立一个公共溢出区

设哈希函数产生的哈希地址集为[0,m−1],则分配两个表。

一个基本表 ElemType base_tbl[m];每个单元只能存放一个元素。

一个溢出表 ElemType over_tbl[k];只要关键码对应的哈希地址在基本表上产生冲突,则所有这样的元素一律存入该表中。查找时,对给定值 kx 通过哈希函数计算出哈希地址 i,先与基本表的 base_tbl[i]单元比较,若相等,查找成功;否则,再到溢出表中进行查找。

8.4.4　哈希表的查找分析

哈希表的查找过程基本上和造表过程相同。一些关键码可通过哈希函数转换的地址直接找到,另一些关键码在哈希函数得到的地址上产生了冲突,需要按处理冲突的方法进行查找。在介绍的三种处理冲突的方法中,产生冲突后的查找仍然是给定值与关键码进行比较的过程。所以,对哈希表查找效率的量度,依然用平均查找长度来衡量。

查找过程中,关键码的比较次数,取决于产生冲突的多少,产生的冲突少,查找效率就高,产生的冲突多,查找效率就低。因此,影响产生冲突多少的因素,也就是影响查找效率的因素。影响产生冲突多少有以下三个因素。

(1) 哈希函数是否均匀。

(2) 处理冲突的方法。

(3) 哈希表的装填因子。

分析这三个因素,尽管哈希函数的"好坏"直接影响冲突产生的频度,但一般情况下,一般

总认为所选的哈希函数是"均匀的",因此,可不考虑哈希函数对平均查找长度的影响。就线性探测法和二次探测法处理冲突的例子看,相同的关键码集合、同样的哈希函数,但在数据元素查找等概率情况下,它们的平均查找长度却不同。

线性探测法的平均查找长度 $ASL=(5\times1+3\times2+1\times4)/9=5/3$

二次探测法的平均查找长度 $ASL=(5\times1+3\times2+1\times2)/9=13/9$

哈希表的装填因子定义为 $\alpha=\dfrac{\text{填入表中元素个数}}{\text{哈希表的长度}}$

α 是哈希表装满程度的标志因子。由于表长是定值,α 与"填入表中的元素个数"成正比,所以,α 越大,填入表中的元素较多,产生冲突的可能性就越大;α 越小,填入表中的元素较少,产生冲突的可能性就越小。由此可见哈希表的平均查找长度与关键字个数 n 无关,而与关键字个数与表长度的比值 α 有关,该比值 α 称为填装因子。

实际上,哈希表的平均查找长度是装填因子 α 的函数,只是不同处理冲突的方法有不同的函数。以下给出几种不同处理冲突方法的平均查找长度如表 8.2 所示。

哈希方法存取速度快,也较节省空间,静态查找、动态查找均适用,但由于存取是随机的,因此,不便于顺序查找。

表 8.2 几种不同处理冲突方法的平均查找长度

处理冲突的方法	平均查找长度	
	查找成功时	查找不成功时
线性探测法	$S_{nl}\approx\dfrac{1}{2}\left(1+\dfrac{1}{1-\alpha}\right)$	$U_{nl}\approx\dfrac{1}{2}\left(1+\dfrac{1}{(1-\alpha)^2}\right)$
二次探测法	$S_{nr}\approx-\dfrac{1}{\alpha}\ln(1-\alpha)$	$U_{nr}\approx\dfrac{1}{1-\alpha}$
拉链法	$S_{nc}\approx1+\dfrac{\alpha}{2}$	$U_{nc}\approx\alpha+e^{-\alpha}$

8.5 习　题

1. 请编写一个判别给定二叉树是否为二叉排序树的算法,设二叉树用 llink-rlink 法存储。

2. 某个任务的数据模型可以抽象为给定的 k 个集合:$S_1,S_2,\cdots,S_k$。其中 $S_i(1<=i<=k)$ 中的元素个数不定。在处理数据过程中将会涉及元素的查找和新元素的插入两种操作,查找和插入时用一个二元组 (i,x) 来规定一个元素,i 是集合的序号,x 是元素值。设计一种恰当的数据结构来存储这 k 个集合的元素,并能高效的实现所要求的查找和插入操作。

(1) 借助 C 语言的数据类型来构造和描述你所选定的数据结构,并且说明选择的理由。

(2) 若一组数据模型为 $S_1=\{10.2,1.7,4.8,16.2\}$,$S_2=\{1.7,8.4,0.5\}$,$S_3=\{4.8,4.2,3.6,2.7,5.1,3.9\}$,待插入的元素二元组为 $(2,11.2)$ 和 $(1,5.3)$,按你的设计思想画出插入元素前后的数据结构状态。

3. 写出在二叉排序树中删除一个结点的算法,使删除后仍为二叉排序树。设删除结点由指针 p 所指,其双亲结点由指针 f 所指,并假设被删除结点是其双亲结点的右孩子。用类 C 语言将上述算法写为过程形式。

4. 已知二叉树排序树中某结点指针 p,其双亲结点指针为 f_p,p 为 f_p 的左孩子,试编写算法,删除 p 所指结点。

5. 二叉排序树采用二叉链表存储。写一个算法,删除结点值是 X 的结点。要求删除该结点后,此树仍然是一棵二叉排序树,并且高度没有增长(注:可不考虑被删除的结点是根的情况)。

6. 设记录 R_1,R_2,…,R_n 按关键字值从小到大顺序存储在数组 $r[1..n]$ 中,在 $r[n+1]$ 处设立一个监督哨,其关键字值为 $+\infty$;试写一查找给定关键字 k 的算法;并画出此查找过程的判定树,求出在等概率情况下查找成功时的平均查找长度。

7. 元素集合已存入整型数组 $A[1..n]$ 中,试写出依次取 A 中各值 $A[i]$($1<=i<=n$)构造一棵二叉排序树 T 的非递归算法:CSBT(T,A)。

8. 给出折半查找的递归算法,并给出算法时间复杂度性分析。

第**9**章 排 序

　　排序是程序设计中的常用算法,它可以提高查找效率和提高计算机的工作效率。所以,排序在各领域有着广泛的应用。排序的主要运算在于数据元素关键词的比较和数据的移动,所以为了提高排序的时间性能,应该在关键词比较和移动次数尽可能减少。当然,和传统算法运算一样,在大部分情况下,通过牺牲空间复杂度来换取时间性能的提高。

9.1　排序的基本概念

1. 排序概念
　　将数据元素(或记录)的任意序列,通过某些方法重新排列成一个按关键字有序(递增或递减)的序列的过程称为排序。

2. 排序过程中的两种基本操作
　　(1) 比较两个关键字值的大小;
　　(2) 改变指向记录的指针或移动记录本身。

3. 排序的稳定性
　　对于关键字值相同的数据元素经过某种方法排序后,若数据元素的位置关系,排序前与排序后保持一致,称此排序方法是稳定的;反之,则称为不稳定的。
　　例如,对关键字值为 5,3,8,3,6,6 的记录排序。
　　若排序后的序列为 3,3,5,6,6,8,其相同关键字值的元素位置依然是 3 在 3 前,6 在 6 前,与排序前保持一致,则表示这种排序法是稳定的。
　　若排序后的序列为 3,3,5,6,6,8,则表示这种排序法是不稳定的。

4. 内排序和外排序
　　内排序:整个排序过程都在内存进行的排序;
　　外排序:待排序的数据量大,以致内存一次不能容纳全部记录,在排序过程中需要对外存进行访问的排序。

5. 按策略划分内部排序方法
　　可以分为五类:插入排序、选择排序、交换排序、归并排序和分配排序;

6. 评价排序算法好坏的标准

(1) 主要是算法执行时间和所需的辅助空间,即时间复杂度和空间复杂度;

(2) 其次是算法本身的复杂程度。

7. 就地排序

若排序算法所需的辅助空间不依赖于问题的规模 n,即辅助空间是 $O(1)$,则称为就地排序(In-Place Sort)。非就地排序一般要求的辅助空间为 $O(n)$。

8. 待排序记录在内存中的存储和处理类型

(1) 顺序排序——排序时直接移动记录。

(2) 链表排序——排序时只移动指针。

(3) 地址排序——排序时先移动地址,最后再移动记录。

9. 排序类型

(1) 按排序算法的时间复杂度不同,可分为 3 类。

简单的排序算法:时间效率低,$O(n^2)$。

先进的排序算法:时间效率高,$O(n\log_2 n)$。

基数排序算法:时间效率高,$O(d\times n)$。

(2) 按排序的规则不同,可分为 5 类。

① 插入排序(希尔排序)。

② 交换排序(重点是快速排序)。

③ 选择排序(堆排序)。

④ 归并排序。

⑤ 基数排序。

10. 顺序表类型描述

```
# define MAXSIZE 20              //设记录数均不超过 20 个
typedef   int   KeyType ;        //设关键字为整型量(int 型)

typedef   struct
{                                //定义每个记录(数据元素)的结构
    KeyType      key ;           //关键字
    InfoType     otherinfo;      //其他数据项
} RecType,node ;                 //例如 key 表示其中一个分量
typedef   struct {               //定义顺序表 L 的结构
RecType   r[ MAXSIZE +1 ];       //存储顺序表的向量
                                 //r[0]一般作哨兵或缓冲区
int length ;                     //顺序表的长度
}SqList;                         //例如 L.r 或 L.length 表示其中一个分量
SqList   L;
```

规定:本章中的排序均是按关键字递增排序,且以顺序表作为数据元素的物理存储结构,没有特殊指明的话,顺序结构存储的元素都存放在数组 r[ ]数组中。

9.2 插入排序

插入排序的基本思想:每次将一个待排序的记录,按其关键字大小插入到前面已经排好序的表中的适当位置,直到全部记录插入完成为止。也就是说,将待排序的表分成左右两部分,左边为有序表(有序序列),右边为无序表(无序序列)。整个排序过程就是将右边无序表中的记录逐个插入到左边的有序表中,构成新的有序序列。根据不同的插入方法,插入排序算法可以分为直接插入排序、折半插入排序和希尔排序等。根据不同的插入方法,插入排序算法可以分为直接插入排序、折半插入排序和希尔排序等。

9.2.1 直接插入排序

假定排序元素存放在数组 r[] 中。

(1)基本思想:假设待排序的记录存放在数组 $r[1\cdots n]$ 中。初始时,r[1] 自成 1 个有序区,无序区为 $r[2\cdots n]$。从 $i=2$ 起直至 $i=n$ 为止,依次将 $r[i]$ 插入当前的有序区 $r[1\cdots i-1]$ 中,生成含 n 个记录的有序区。

(2)第 $i-1$ 趟直接插入排序:通常将一个记录 $r[i]$($i=2,3,\cdots,n-1$)插入到当前的有序区,使得插入后仍保证该区间里的记录是按关键字有序的操作称第 $i-1$ 趟直接插入排序。

排序过程的某一中间时刻,r 被划分成两个子区间 $R[1\cdots i-1]$(有序区)和 $R[i\cdots n]$(无序区)。

(3)直接插入排序的基本操作:是将当前无序区的第 1 个记录 $R[i]$ 插入到有序区 $r[1\cdots i-1]$ 中适当的位置上,使 $r[1\cdots i]$ 变为新的有序。因为这种方法每次使有序区增加 1 个记录,通常称增量法。

(4)一趟直接插入排序方法

1)简单方法

首先在当前有序区 $r[1\cdots i-1]$ 中查找 $r[i]$ 的正确插入位置 $k(1\leqslant k\leqslant i-1)$;然后将 $r[k\cdots i-1]$ 中的记录均后移一个位置,腾出 k 位置上的空间插入 $r[i]$。

注意:若 $r[i]$ 的关键字大于等于 $r[1\cdots i-1]$ 中所有记录的关键字,则 $r[i]$ 就是插入原位置。

2)改进的方法

一种查找比较操作和记录移动操作交替地进行的方法。

具体做法:将待插入记录 $r[i]$ 的关键字从右向左依次与有序区中记录 $r[j]$($j=i-1,i-2,\cdots,1$)的关键字进行比较。

① 若 $r[j]$ 的关键字大于 $r[i]$ 的关键字,则将 $r[j]$ 后移一个位置。

② 若 $r[j]$ 的关键字小于或等于 $r[i]$ 的关键字,则查找过程结束,$j+1$ 即为 $r[i]$ 的插入位置。

关键字比 $r[i]$ 的关键字大的记录均已后移,所以 $j+1$ 的位置已经腾空,只要将 $r[i]$ 直接插入此位置即可完成一趟直接插入排序。

(5)直接插入排序算法

1)算法描述

算法 9.1　直接插入排序

直接插入排序

```
void lnsertSort (SqList L)
{//对顺序表 L 中的记录 L.r[1…n]按递增序进行插入排序
  int i,j;
  for(i = 2; i< = n; i++)            //依次插入 L.r[2],…,L.r[n]
      if(L.r[i].key<L.r[i−1].key)
      {//若 L.r[i].key 大于等于有序区中所有的 keys,则 L.r[i]应在原有位置上
          L.r[0] = L.r[i];j = i−1;   //L.r[0]是哨兵,且是 L.r[i]的副本
          do
              {//从右向左在有序区 L.r[1…i−1]中查找 L.r[i]的插入位置
                L.r[j+1] = L.r[j];   //将关键字大于 L.r[i].key 的记录后移
                j−−;
              }while(L.r[0].key<L.r[j].key);   //当 L.r[i].key≥L.r[j].key 时终止
          L.r[j+1] = L.r[0];         //L.r[i]插入到正确的位置上
      }//endif
}//InsertSort
```

2）哨兵的作用

算法中引进的附加记录 L.r[0]称监视哨或哨兵(Sentinel)。哨兵有两个作用。

① 进入查找(插入位置)循环之前,它保存了 L.r[i]的副本,使不至于因记录后移而丢失 L.r[i]的内容。

② 它的主要作用是:在查找循环中"监视"下标变量 j 是否越界,从而避免了在该循环内的每一次均要检测 j 是否越界(即省略了循环判定条件"j≥0")。

(6) 算法分析

1）算法的时间性能分析

直接插入算法的时间性能分析:对于具有 n 个记录的文件,要进行 $n−1$ 趟排序。各种状态下的时间复杂度,如表 9.1 所示。

表 9.1　直接插入排序各种状态下的时间复杂度

初始文件状态	正序(递增序)	反序(递减序)	无序(平均)
第 i 趟的关键字比较次数	1	$i+1$	$(i−2)/2$
关键字比较总次数	$n−1$	$(n+2)(n−1)/2$	$\approx n^2/4$
第 i 趟记录移动次数	0	$i+2$	$(i−2)/2$
记录移动总次数	0	$(n−1)(n+4)/2$	$\approx n^2/4$
时间复杂度	$O(n)$	$O(n^2)$	$O(n^2)$

2）算法的空间复杂度分析

算法所需的辅助空间是一个监视哨,辅助空间复杂度 $S(n) = O(1)$,是一个就地排序。

3）直接插入排序的稳定性

直接插入排序是稳定的排序方法。

(7) 直接插入排序的排序过程

【例 9.1】　设待排序的文件有 8 个记录,其关键字分别为:49,38,65,97,76,13,27,49,存

放在一个长度为 9 的数组 r[]中。为了区别两个相同的关键字 49,后一个 49 的下方加了一下划线以示区别。其排序过程如下：

	i	r[0]	r[1]	r[2]	r[3]	r[4]	r[5]	r[6]	r[7]	r[8]
初始关键字			[49]	38	65	97	76	13	27	49
第一趟	2	38	[38	49]	65	97	76	13	27	49
第二趟	3	38	[38	49	65]	97	76	13	27	49
第三趟	4	38	[38	49	65	97]	76	13	27	49
第四趟	5	76	[38	49	65	76	97]	13	27	49
第五趟	6	13	[13	38	49	65	76	97]	27	49
第六趟	7	27	[13	27	38	49	65	76	97]	49
第七趟	8	49	[13	27	38	49	49	65	76	97]

图 9.1 直接插入排序过程

9.2.2 折半插入排序

1. 折半插入排序定义

直接插入排序的基本操作是在有序表中进行查找和插入,而在有序表中查找插入位置,可以通过折半查找的方法实现,由此进行的插入排序称为折半插入排序。

所谓折半查找,与前文一样,就是在插入 R_i 时(此时 $R_1,R_2,\cdots,R_{i-1}$ 已排序),取 $R_{\lfloor i/2 \rfloor}$ 的关键字 $K_{\lfloor i/2 \rfloor}$ 与 K_i 进行比较,如果 $K_i < K_{\lfloor i/2 \rfloor}$,$R_i$ 的插入位置只能在 R_1 和 $R_{\lfloor i/2 \rfloor}$ 之间,则在 R_1 和 $R_{\lfloor i/2 \rfloor-1}$ 之间继续进行折半查找,如果 $K_i > K_{\lfloor i/2 \rfloor}$,则在 $R_{\lfloor i/2 \rfloor+1}$ 和 R_{i-1} 之间进行折半查找。如此反复直到最后确定插入位置为止。折半查找的过程是以处于有序表中间位置记录的关键字 $K_{\lfloor i/2 \rfloor}$ 和 K_i 比较,每经过一次比较,便可排除一半记录,把可插入的区间缩小一半,故称为折半。

2. 折半插入排序算法

算法思想:设置初始指针 low,指向有序表的第一个记录,尾指针 high,指向有序表的最后一个记录,中间指针 mid 指向有序表中间位置的记录。每次将待插入记录的关键字与 mid 位置记录的关键字进行比较,从而确定待插入记录的插入位置。

确定待插入记录的插入位置:(假定排序元素存放在数组 r[]中)

① low＝1;high＝j－1;r[0]＝r[j];　　// 有序表长度为 j－1,第 j 个记录为待插入记录
　　　　　　　　　　　　　　　　　　//设置有序表区间,待插入记录送辅助单元

② 若 low＞high,得到插入位置,转⑤

③ low≤high,m＝⌊(low＋high)/2⌋;　　// 取表的中点,并将表一分为二,确定待插入区间＊/

④ 若 r[0].key＜r[m].key,high＝m－1;　　//插入位置在低半区

否则,low＝m＋1;　　　　　　　　　　// 插入位置在高半区

转②

⑤ high＋1 即为待插入位置,从 j－1 到 high＋1 的记录,逐个后移,r[high＋1]＝r[0];放置待插入记录。

算法 9.2　折半插入排序

```
void   InsertSort(SqList s)
{  /* 对顺序表 s 作折半插入排序 */
```

```
for(i=2;i<=s.length;i i++)
  {s.r[0]=s.r[i];                        /* 保存待插入元素 */
  low=i;high=i-1;                        /* 设置初始区间 */
  while(low<=high)                       /* 该循环语句完成确定插入位置 */
  {  mid=(low+high)/2;
    if(s.r[0].key>s.r[mid].key)
      low=mid+1;                         /* 插入位置在高半区中 */
    else  high=mid-1;                    /* 插入位置在低半区中 */
  }/* while */
  for(j=i-1;j>=high+1;j--)               /* high+1 为插入位置 */
    s.r[j+1]=s.r[j];                     /* 后移元素,留出插入空位 */
  s.r[high+1]=s.r[0];                    /* 将元素插入 */
  }/* for */
}
```

时间性能分析如下。

因为折半查找比顺序查找快,所以折半插入排序一般来说比直接插入排序要快。折半插入所需的关键字比较次数与待排序的记录序列的初始排列无关,仅依赖于记录个数。在插入第 i 个记录时,需要 $\lfloor \log_2 i \rfloor + 1$ 次关键字的比较,才能确定它应插入的位置。因此,将 n 条记录(为推导方便,设为 $n=2^k$)用折半插入排序,进行的关键字比较次数为

$$\sum_{i=1}^{n-1}(\lfloor \log_2 i \rfloor +1) = \underbrace{1}_{2^0} + \underbrace{2+2}_{2^1} + \underbrace{3+3+3+3}_{2^2} + \underbrace{4+\cdots+4}_{2^3} + \cdots + \underbrace{k+k+\cdots+k}_{2^{k-1}}$$

$$= \sum_{i=1}^{k}(2^k - 2^{i-1}) = k\cdot 2^k - \sum_{i=1}^{k}2^{i-1} = k\cdot 2^k - 2^k + 1$$

$$= n\cdot \log_2 n - n + 1$$

$$\approx n\cdot \log_2 n$$

折半插入排序仅减少了关键字间的比较次数,但记录的移动次数不变,仍然为 $(n-1)(n+4)/2$。因此折半插入排序的时间复杂度仍为 $O(n^2)$。折半插入排序的空间复杂度与直接插入排序相同,仍为 $O(1)$。折半插入排序也是一个稳定的排序方法。

9.2.3 希尔排序

希尔排序又称"缩小增量排序",它也是一种插入排序的方法,但在时间上比直接插入排序方法有较大的改进。

1. 基本思想

先将整个待排序记录序列分割成若干子序列分别进行直接插入排序,待整个序列中的记录"基本有序"时,再对全体记录进行一次直接插入排序。

2. 算法思路

(1) 先取一个正整数 d_1($d_1<n$)作为一个增量,把全部记录分成 d_1 个组,所有距离为 d_1 的倍数的记录看成一组,然后在各组内进行插入排序。

(2) 取下一个增量 d_2($d_2<d_1$)。

（3）重复上述分组和排序操作，直到取 $d_i=1(i\geqslant1)$，即所有记录成为一个组为止。

3. 增量的选取

希尔排序对增量序列的选择的原则是：最后一个增量必须是 1；应尽量避免增量序列中的值（尤其是相邻的值）互为倍数的情况。若违反后一原则，效果肯定很差。

4. 一趟希尔排序的排序算法

算法 9.3　一趟希尔排序

希尔排序

```
void ShellPass(SqList L,int d)
{//希尔排序中的一趟排序,d 为当前增量
    for(i = d + 1;i< = n;i i ++ ) //将 R[d + 1…n]分别插入各组当前的有序区
    if(l.r[i].key<l.r[i-d].key)
    {
        l.r[0] = l.r[i];j = i - d;          //l.r[0]只是暂存单元,不是哨兵
        do
        {//查找 l.r[i]的插入位置
          l.r[j + d] = l.r[j];          //后移记录
          j = j - d;                    //查找前一记录
        }while(j>0&&l.r[0].key<l.r[j].key);
        l.r[j + d] = l.r[0];            //插入 l.r[i]到正确的位置上
    } //endif
} //ShellPass
void    ShellSort(SqList p,int dlta[],int t)
{//按增量序列 dlta[0,1…,t - 1]对顺序表 * p 作希尔排序
    for(k = 0;k<t;t i ++ )
        ShellSort(p,dlta[k]); //一趟增量为 dlta[k]的插入排序
}
```

5. 算法分析

（1）希尔排序的分析是一个复杂的问题，因为它的时间是所取"增量"序列的函数，这涉及一些数学上尚未解决的难题。到目前为止尚未求得一种最好的增量序列，有人在大量实验的的基础推出：当 n 在某个特定范围内希尔排序所需的比较和移动次数约为 $n^{1.25}$，所以其平均时间复杂度约为 $O(n^{1.25})$。其辅助空间为 $O(1)$；

（2）希尔排序是不稳定的排序方法。

6. 希尔排序的排序过程

【例 9.2】　假定有原始序列：49,38,65,97,76,13,27,49,55,4,存放在一个长度为 11 的数组 r 中,增量序列的取值依次为 5,3,1,排序过程如图 9.2 所示。

	r[1]	r[2]	r[3]	r[4]	r[5]	r[6]	r[7]	r[8]	r[9]	r[10]
初始关键字	49	38	65	97	76	13	27	49	55	4
一趟排序结果	13	27	49	55	4	49	38	65	97	76
二趟排序结果	13	4	49	38	27	49	55	65	97	76
三趟排序结果	4	13	27	38	49	49	55	65	76	97

图 9.2　希尔排序过程

9.3 交换排序

交换排序的基本思想是两两比较待排序记录的关键字,发现两个记录的次序相反时即进行交换,直到没有反序的记录为止。

应用交换排序基本思想的主要排序方法有冒泡排序和快速排序。

9.3.1 冒泡排序

1. 基本思想

依次比较相邻的两个数,将小数放在前面,大数放在后面。即首先比较第 1 个和第 2 个数,将小数放前,大数放后。然后比较第 2 个数和第 3 个数,将小数放前,大数放后,如此继续,直至比较最后两个数,将小数放前,大数放后。重复以上过程,仍从第一对数开始比较(因为可能由于第 2 个数和第 3 个数的交换,使得第 1 个数不再大于第 2 个数),将小数放前,大数放后,一直比较到最小数前的一对相邻数,将小数放前,大数放后,第二趟结束,在倒数第二个数中得到一个新的最小数。如此下去,直至最终完成排序。由于在排序过程中总是小数往前放,大数往后放,相当于气泡往上升,所以称作冒泡排序。

2. 初始状态

冒泡排序的初始状态为所以记录都在无序区,即 r[1…n] 为无序区。

3. 算法步骤

(1) 从无序区 r[1…n] 的底部向上依次比较相邻的两个记录 r[j+1] 与 r[j],若 r[j+1].key<r[j].key,则交换 r[j+1] 和 r[j] 的内容。经过一趟排序后,关键字最小的记录被放在了 r[1] 中,无序区缩小为 r[2…n]。

(2) 重复进行第①步,直到全部记录都在有序区。

4. 冒泡排序算法代码

算法 9.4　冒泡排序

冒泡排序

```
void BubbleSort(SqList s)
{
    int i,j;
    for(i=1;i<n;i i++)              //共比较 n-1 趟
    {
        for(j=n-1;j>=i;j--)        //第 i 趟比较
        if(s.r[j+1].key<s.r[j].key)
        {
            s.r[0]=s.r[j+1];
            s.r[j+1]=s.r[j];
            s.r[j]=s.r[0];
        }
    }
}
```

5. 冒泡排序的算法分析

在冒泡排序过程中,进行第 i 趟排序时,元素之间比较的次数为 $n-i$ 次。则进行$(n-1)$趟排序,总共进行的比较次数为

$$\sum_{i=1}^{n-1}(n-i)=(n-1)+(n-2)+\cdots+1=\frac{n(n-1)}{2}$$

若所给的初始序列是有序的,则元素移动的次数为 0(最好情况);若所给的初始序列正好成逆序状态,则每比较一次,都要做交换操作,元素需移动 3 次,总的移动次数为 $3n(n-1)/2$(最坏情况)。可以证明,其平均时间复杂度为 $O(n^2)$。冒泡排序的空间复杂度为 $O(1)$。

冒泡排序不会使关键字相同的记录交换相对位置,所以冒泡排序是稳定的排序方法。

6. 冒泡排序的排序过程

【例 9.3】 假定有原始序列:83,16,9,96,27,75,42,69,34 存放在一个长度为 10 的数组 r 中。冒泡排序,如图 9.3 所示。

	r[1]	r[2]	r[3]	r[4]	r[5]	r[6]	r[7]	r[8]	r[9]
初始关键字	83	16	9	96	27	75	42	69	34
第一趟排序	[9	83	16	27	96	34	75	42	69
第二趟排序	[9	16]	83	27	34	96	42	75	69
第三趟排序	[9	16	27]	83	34	42	96	69	75
第四趟排序	[9	16	27	34]	83	42	69	96	75
第五趟排序	[9	16	27	34	42]	83	69	75	96
第六趟排序	[9	16	27	34	42	69]	83	75	96
第七趟排序	[9	16	27	34	42	69	75]	83	96
第八趟排序	[9	16	27	34	42	69	75	83	96]

图 9.3 冒泡排序

9.3.2 快速排序

快速排序是由霍尔 C. R. A. Hoare 于 1962 年提出的一种划分交换排序。它采用了一种分治的策略,通常称其为分治法,就排序时间而言,快速排序被认为是一种最好的内部排序方法。

1. 分治法的基本思想

将原问题分解为若干个规模更小结构与原问题相似的子问题。递归地解这些子问题,然后将这些子问题的解组合为原问题的解。

2. 快速排序的基本思想

设当前待排序的无序区为 r[low⋯high],利用分治法可将快速排序的基本思想描述为如下所述。

(1)分解

在 r[low⋯high]中任选一个记录,通常选第一个记录 r[low]作为基准记录存放到基准变量 pivot 中,以此基准将当前无序区划分为左、右两个子区间 r[low⋯pivot−1]和 r[pivot+1⋯high],并使左边子区间中所有记录的关键字均小于等于基准记录的关键字 pivot.key,右边的子区间中所有记录的关键字均大于等于 pivot.key,而基准记录 pivot 则位于正确的位置上,无须参加后续的排序。

（2）求解

通过递归调用快速排序对左、右子区间 r[low…pivot－1]和 r[pivot＋1…high]进行快速排序。

（3）组合

因为当"求解"步骤中的两个递归调用结束时，其左、右两个子区间已有序。对快速排序而言，"组合"步骤无须做什么，可看作是空操作。

3. 快速排序算法

算法 9.5　快速排序法

```
void QuickSort (SqList s, int low, int high)
{//对 s.r[low…high]快速排序
    int pivot;                          //划分后的基准记录的位置
    if(low<high)
    {//仅当区间长度大于 1 时才须排序
        pivot = Partition(s.r,low,high);     //调用划分函数
        QuickSort(s.r,low,pivot-1);          //对左区间递归排序
        QuickSort(s.r,pivot+1,high);         //对右区间递归排序
    }
}
```

4. 划分方法

（1）设置两个指针 i 和 j，它们的初值分别为区间的下界和上界，即 i＝low,j＝high；选取无序区的第一个记录 r[i]（假设 r[]存放待排序的元素）（即 r[low]）作为基准记录，并将它保存在基准变量 pivot 中。

（2）从 j 指针开始自右向左扫描（j－－），直到找到第 1 个关键字小于 pivot. key 的记录 r[j]或 i≥j 为止。如果 i<j，将 r[j]复制到 i 所指的位置 r[i]上，然后 i 加 1，使关键字小于基准关键字 pivot. key 的记录移到了基准的左边。

（3）从 i 指针开始自左向右扫描（i＋＋），直至找到第 1 个关键字大于 pivot. key 的记录 r[i]或 i≥j 为止。如果 i<j，将 r[i]复制到 j 所指的位置 r[j]上，然后 j 减 1，使关键字大于基准关键字 pivot. key 的记录移到了基准的右边。

（4）重复进行第②步和第③步，如此交替改变扫描方向，从两端各自往中间靠拢，直至 i＝j 时，i 便是基准 pivot 最终的位置，将 pivot 复制到 r[i]上就完成了一趟划分。

5. 划分算法

算法 9.6　一趟快速排序

快速排序

```
int Partition (SqList s,int i,int j)
{//调用 Partition(s.r,low,high)时,对 s.r[low..high]做划分,并返回基
准记录的位置
    RecType pivot = s.r[i];           //用区间的第 1 个记录作为基准
    while(i<j){                       //从区间两端交替向中间扫描,直至 i=j 为止
        while(i<j&&s.r[j].key>=pivot.key)  //pivot 相当于在位置 i 上
            j--;                      //从右向左扫描,查找第 1 个关键字小于 pivot.
                                          key 的记录 s.r[j]
        if(i<j)                       //表示找到的 s.r[j]的关键字<pivot.key
```

```
    s.r[i i++] = s.r[j];              //相当于交换 s.r[i]和 s.r[j],交换后 i 指针加 1
  while(i<j&&s.r[i].key<=pivot.key)   //pivot 相当于在位置 j 上
     i++;//从左向右扫描,查找第 1 个关键字大于 pivot.key 的记录 s.r[i]
  if(i<j)                             //表示找到了 s.r[i],使 s.r[i].key>pivot.key
     s.r[j--] = s.r[i];               //相当于交换 s.r[i]和 s.r[j],交换后 j 指针减 1
  } //endwhile
 s.r[i] = pivot;                      //基准记录的位置已被最后确定
 return i;
}
```

6. 算法分析

快速排序的时间主要耗费在划分操作上,对长度为 k 的区间进行划分,共需 $k-1$ 次关键字的比较。

(1)最坏时间复杂度

最坏情况是每次划分选取的基准都是当前无序区中关键字最小(或最大)的记录,划分的结果是基准左边的子区间为空(或右边的子区间为空),而划分所得的另一个非空的子区间中记录数目,仅仅比划分前的无序区中记录个数减少一个。

因此,快速排序必须做 $n-1$ 次划分,第 i 次划分开始时区间长度为 $n-i+1$,所需的比较次数为 $n-i(1\leqslant i\leqslant n-1)$,故总的比较次数达到最大值:$C_{\max}=n(n-1)/2=O(n^2)$。

如果按上面给出的划分算法,每次取当前无序区的第 1 个记录为基准,那么当文件的记录已按递增序(或递减序)排列时,每次划分所取的基准就是当前无序区中关键字最小(或最大)的记录,则快速排序所需的比较次数反而最多。

(2) 最好时间复杂度

在最好情况下,每次划分所取的基准都是当前无序区的"中值"记录,划分的结果是基准的左、右两个无序子区间的长度大致相等。总的关键字比较次数:$O(n\log_2 n)$。

因为快速排序的记录移动次数不大于比较的次数,所以快速排序的最坏时间复杂度应为 $O(n^2)$,最好时间复杂度为 $O(n\log_2 n)$。

(3) 基准关键字的选取

在当前无序区中选取划分的基准关键字是决定算法性能的关键。

1)"三者取中"的规则

"三者取中"规则,即在当前区间里,将该区间首、尾和中间位置上的关键字比较,取三者之中值所对应的记录作为基准,在划分开始前将该基准记录和该区间的第 1 个记录进行交换,此后的划分过程与上面所给的 Partition 算法完全相同。

2) 取位于 low 和 high 之间的随机数 k(low≤k≤high),用 r[k]作为基准

选取基准最好的方法是用一个随机函数产生一个取位于 low 和 high 之间的随机数 k(low≤k≤high),用 r[k]作为基准,这相当于强迫 r[low...high]中的记录是随机分布的。用此方法所得到的快速排序一般称为随机的快速排序。

注意:随机化的快速排序与一般的快速排序算法差别很小。但随机化后,算法的性能大大地提高了,尤其是对初始有序的文件,一般不可能导致最坏情况的发生。算法的随机化不仅仅适用于快速排序,也适用于其他需要数据随机分布的算法。

(4)平均时间复杂度

尽管快速排序的最坏时间为 $O(n^2)$,但就平均性能而言,它是基于关键字比较的内部排序

算法中速度最快者,快速排序亦因此而得名。它的平均时间复杂度为 $O(n \lg n)$。

(5) 空间复杂度

快速排序的空间复杂度为 $O(\lg n)$。在最坏情况下的空间复杂度为 $O(n)$。

(6) 稳定性

快速排序是非稳定的,例如[2,$\underline{2}$,1]。

7. 划分过程

【例 9.4】 对数据序列:70,75,69,32,88,18,16,58 进行快速排序的一趟排序过程,如图 9.4 所示。

	pivot	r[1]	r[2]	r[3]	r[4]	r[5]	r[6]	r[7]	r[8]
初始关键字	70	70	75	69	32	88	18	16	58
		i↑							↑j
第1次复制	70	58	75	69	32	88	18	16	58
		i↑							↑j
第2次复制	70	58	75	69	32	88	18	16	75
		i↑							↑j
第3次复制	70	58	16	69	32	88	18	16	75
						i↑		↑j	
第4次复制	70	58	16	69	32	88	18	88	75
						i↑		↑j	
第5次复制	70	58	16	69	32	18	18	88	75
						i↑	↑j		
完成1趟排序	70	[58	16	69	32	18]	70	[88	75]

图 9.4 一趟快速排序

9.4 选择排序

选择排序的基本思想是每一趟从待排序的记录中选出关键字值最小的记录,顺序放在已排好序的子文件的最后,直到全部记录排序完毕。选择排序方法主要有:直接选择排序(或称简单选择排序)和堆排序。

9.4.1 直接选择排序

1. 基本思想

(1) 当前状态:整个数组 $r[1 \cdots n]$ 划分成两个部分,即有序区 $r[1 \cdots i-1]$(初始为空)和无序区 $r[i \cdots n]$(初始为 $r[1 \cdots n]$)。

(2) 第 i 趟排序:第 i 趟排序开始时,当前有序区和无序区分别为 $r[1 \cdots i-1]$ 和 $r[i \cdots n]$ ($1 \leqslant i \leqslant n-1$)。该趟排序从当前无序区中选出关键字最小的记录 $r[k]$,将它与无序区的第 1 个记录 $r[i]$ 交换,使 $r[1 \cdots i]$ 和 $r[i+1 \cdots n]$ 分别变为新的有序区和新的无序区。

2. 无序区 r[i⋯n]中选择关键字最小记录 r[k]的方法

先认定 $r[i]$ 最小,即先记 $k=i$;然后从 $j=i+1$ 开始到 n 比较 $r[j]$ 与 $r[k]$ 的关键字大小,如果 $r[j].key < r[k].key$,记 $k=j$,即 $r[k]$ 是 $r[i \cdots n]$ 中关键字最小的记录。

3. 直接选择排序的算法

算法 9.7 简单选择排序

直接选择排序

```
void SelectSort (SqList s)
{
    int i,j,k;
    for(i = 1;i<n;i i ++)
    {//做第 i 趟排序(1≤i≤n-1)
        k = i;
        for(j = i + 1;j< = n;j i ++)      //在当前无序区 R[i…n]中选 key 最小的记录 R[k]
            if(s.r[j].key<s.r[k].key)
                k = j;                     //k 记下目前找到的最小关键字所在的位置
        if(k! = i)
        { //交换 s.r[i]和 s.r[k]
            s.r[0] = s.r[i];s.r[i] = s.r[k];s.r[k] = s.r[0];      //s.r[0]作暂存单元
        } //endif
    } //endfor
} //SeleetSort
```

4. 算法分析

(1) 共需 $n-1$ 趟排序,第 i 趟需比较 $n-i$ 次,总比较次数为:$(n-1)+(n-2)+\cdots+(n-i)+\cdots+2+1=n(n-1)/2$;

(2) 时间复杂度:$O(n^2)$;

(3) 辅助空间:$O(1)$;

(4) 直接选择排序是不稳定的排序方法。

5. 直接选择排序的执行过程

【例 9.5】 对数据序列:70,75,69,32,88,18,16,58 进行直接选择排序的排序过程,如图 9.5 所示。

	r[0]	r[1]	r[2]	r[3]	r[4]	r[5]	r[6]	r[7]	r[8]
初始关键字		70	75	69	32	88	18	16	58
第1趟排序	70	[16]	75	69	32	88	18	70	58
第2趟排序	75	[16	18]	69	32	88	75	70	58
第3趟排序	69	[16	18	32]	69	88	75	70	58
第4趟排序	69	[16	18	32	58]	88	75	70	69
第5趟排序	88	[16	18	32	58	69]	75	70	88
第6趟排序	75	[16	18	32	58	69	70]	75	88
第7趟排序	75	[16	18	32	58	69	70	75	88]

图 9.5 直接插入排序

9.4.2 树形选择排序

按照锦标赛的思想进行,将 n 个参赛的选手看成完全二叉树的叶结点,则该完全二叉树有 $2n-2$ 或 $2n-1$ 个结点。首先,两两进行比赛(在树中是兄弟的进行,否则轮空,直接进入下一轮),胜出的再兄弟间再两两进行比较,直到产生第一名;接下来,将作为第一名的结点看成最差的,并从该结点开始,沿该结点到根路径上,依次进行各分枝结点子女间的比较,胜出的就是第二名。因为和他比赛的均是刚刚输给第一名的选手。如此,继续进行下去,直到所有选手的名次排定。

【例 9.6】 16 个选手的比赛($n=2^4$)

图 9.6 中,从叶结点开始的兄弟间两两比较,胜者上升到父结点;胜者兄弟间再两两比赛,直到根结点,产生第一名 91。比较次数为:$2^3+2^2+2^1+2^0=2^4-1=n-1$。

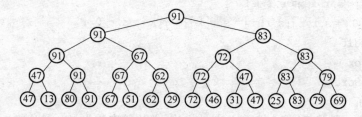

图 9.6 例【9.6】图 1

图 9.7 中,将第一名的结点置为最差的,与其兄弟比赛,胜者上升到父结点,胜者兄弟间再比赛,直到根结点,产生第二名 83。比较次数为 4,即 $\log_2 n$ 次。其后各结点的名次均是这样产生的,所以,对于 n 个参赛选手来说,即对 n 个记录进行树形选择排序,总的关键码比较次数至多为 $(n-1)\log_2 n + n-1$,故时间复杂度为 $O(n\log_2 n)$。该方法占用空间较多,除需输出排序结果的 n 个单元外,尚需 $n-1$ 个辅助单元。

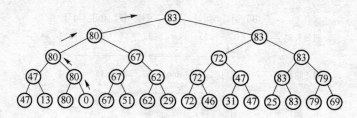

图 9.7 例【9.6】图 2

9.4.3 堆排序

堆排序是对简单选择排序的一种改进,在选择排序中第 1 趟比较需要比较 $n-1$ 次,第 2 趟比较需要比较 $n-2$ 次,而在这其中已有许多在前一趟比较中比较过,即此趟比较没有用到以前的比较结果,如果能用上以前的比较结果可大大提高排序的效率。堆排序就是基于这种考虑提出的排序方法。

1. 堆排序定义

n 个关键字序列 k_1, k_2, $\cdots$, k_n 称为堆,当且仅当该序列满足如下性质(简称为堆性质):

(1) $k_i \leqslant k_{2i}$ 且 $k_i \leqslant k_{2i+1}$ $(1 \leqslant i \leqslant [n/2])$。

(2) $k_i \geqslant k_{2i}$ 且 $k_i \geqslant k_{2i+1}$ $(1 \leqslant i \leqslant [n/2])$。

说明:若将此序列所存储的向量 $r[1 \cdots n]$ 看成是一棵完全二叉树的存储结构,则堆实质上是满足如下性质的完全二叉树:树中任一非叶结点的关键字均不大于(或不小于)其左右孩子结点的关键字。堆的任一子树亦是堆。

例如,关键字序列(12,35,15,47,40,18,68,56)满足堆的性质(1),因此该序列是堆,将其按层次构成一棵如图 9.8(a)所示的完全二叉树,该二叉树具有性质:树中任一非叶结点的关键字均不大于其左右孩子结点的关键字。而关键字序列(56,12,35,15,40,18,47,68)不满足堆的性质,因此不是堆,将其按层次构成一棵如图 9.8(b)所示的完全二叉树,该二叉树不具有上述性质。

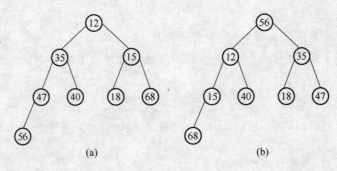

图 9.8 小顶堆和大顶堆

2. 大根堆和小根堆

根结点(亦称为堆顶)的关键字是堆里所有结点关键字中最小者的堆称为小根堆。

根结点(亦称为堆顶)的关键字是堆里所有结点关键字中最大者,称为大根堆。

3. 堆排序

堆排序利用了大根堆(或小根堆)堆顶记录的关键字最大(或最小)这一特征,使得在当前无序区中选取最大(或最小)关键字的记录变得简单。

4. 堆排序与直接选择排序的区别

直接选择排序中,为了从 $r[i \cdots n]$ 中选出关键字最小的记录,必须做 $n-i$ 次比较,而在前 $i-1$ 趟排序中,有许多比较可能已经做过,但未保留结果,所以又重复执行了这些比较操作。

堆排序可通过树形结构保存部分比较结果,可减少比较次数。

5. 用大根堆排序的基本思想

(1) 初始堆:先将初始文件 $r[1 \cdots n]$ 建成一个大根堆,此堆为初始的无序区;

(2) 再将关键字最大的记录 $r[1]$(即堆顶)和无序区的最后一个记录 $r[n]$ 交换,由此得到新的无序区 $r[1 \cdots n-1]$ 和有序区 $r[n]$,且满足 $r[1 \cdots n-1]$.keys $\leqslant r[n]$.key;

(3) 重建堆:由于交换后新的根 $r[1]$ 可能违反堆性质,故应将当前无序区 $r[1 \cdots n-1]$ 调整为堆。然后再次将 $r[1 \cdots n-1]$ 中关键字最大的记录 $r[1]$ 和该区间的最后一个记录 $r[n-1]$ 交换,由此得到新的无序区 $r[1 \cdots n-2]$ 和有序区 $r[n-1 \cdots n]$,且仍满足关系 $r[1 \cdots n-2]$.keys $\leqslant r[n-1 \cdots n]$.keys,再将 $r[1 \cdots n-2]$ 调整为堆,直到无序区只有一个元素;

6. 大根堆排序算法的基本操作

(1) 初始化操作:将 r[1…n]构造为初始堆;

(2) 每一趟排序的基本操作:将当前无序区的堆顶记录 r[1]和该区间的最后一个记录交换,然后将新的无序区调整为堆(亦称重建堆)。

7. 堆排序的算法

堆排序

算法 9.8　堆排序

```
void HeapSort (SqList s)
{ //对 s.r[1…n]进行堆排序,不妨用 s.r[0]做暂存单元
    int i;
    BuildHeap (s.r);                    //将 s.r[1-n]建成初始堆
    for(i = n;i>1;i--)
        { //对当前无序区 s.r[1…i]进行堆排序,共做 n-1 趟
        s.r[0] = s.r[1];                //将堆顶和堆中最后一个记录交换
        s.r[1] = s.r[i];
        s.r[i] = s.r[0];
        Heapify(s.r,1,i-1);             //将 s.r[1…i-1]重新调整为堆
        } //endfor
} //HeapSort
```

8. 重建堆思想方法——筛选法

设当前无序区为 s.r[low…high], s.r[low]的左、右子树均已是堆,只有 s.r[low]可能违反堆性质。

(1) 若 s.r[low].key 不小于 s.r[low]的左右孩子结点的关键字,则 s.r[low]未违反堆性质,以 s.r[low]为根的树已是堆,无须调整;

(2) 否则用 large 指示两个孩子结点中关键字较大者的下标,将 s.r[low]与 s.r[large]交换。交换后又可能使结点 s.r[large]违反堆性质,同样由于该结点的两棵子树(若存在)仍然是堆,故可重复上述的调整过程,对以 s.r[large]为根的树进行调整。此过程直至当前被调整的结点已满足堆性质,或者该结点已是叶子为止。

9. 重建堆的算法

算法 9.9　堆调整算法

```
void Heapify (SqList s,int low,int high)
{ //将 s.r[low…high]调整为大根堆
    int large;                //large 指向调整结点的左右孩子结点中关键字较大者
    RecType temp = s.r[low]; //暂存调整结点
    for(large = 2 * low;large<= high;large * = 2)
    { / * s.r[low]是当前调整结点,若 large>high,则表示 s.r[low]是叶结点,调整结束;
否则令 large 指向 s.r[low]的左孩子 */
        if(large<high&&s.r[large].key<s.r[large+1].key)
            large i++ ;//若 s.r[low]的右孩子存在且关键字大于左兄弟,则令 large 指向它,
```

现在 s.r[large]是调整结点 s.r[low]的左右孩子结点中关键字较大者

```
        if(temp.key> = s.r[large].key)    //temp 始终对应 s.r[low]
            break;//当前调整结点不小于其孩子结点的关键字,结束调整
        s.r[low] = s.r[large]; //相当于交换了 s.r[low]和 s.r[large]
        low = large;              //令 low 指向新的调整结点,相当于 temp 已筛下到
                                    large 的位置
    }
        s.r[low] = temp;          //将调整结点放入最终的位置上
}
```

10. 初始堆的实现

要将初始文件 r[1…n]调整为一个大根堆,就必须将它所对应的完全二叉树中以每一结点为根的子树都调整为堆。

显然只有一个结点的树是堆,而在完全二叉树中,所有序号 $i > [n/2]$ 的结点都是叶子,因此以这些结点为根的子树均已是堆。这样,只需依次将以序号为 $[n/2]$, $[n/2]-1$, …, 1 的结点作为根的子树都调整为堆(调用重建堆)即可。

11. 初始堆的算法

```
void BuildHeap(SqList s)
{//将初始文件 s.r[1…n]构造成大根堆
    int i;
    for(i = n/2;i>0;i--)
        Heapify(s.r,i,n);        //将 s.r[1…n]调整为大根堆
}
```

12. 算法分析

(1) 堆排序的最坏时间复杂度为 $O(n \lg n)$。堆排序的平均性能较接近于最坏性能。

(2) 由于建初始堆所需的比较次数较多,所以堆排序不适宜于记录数较少的文件。

(3) 堆排序是就地排序,辅助空间为 $O(1)$。

(4) 堆排序是不稳定的排序方法。

13. 初始堆的建立过程

对关键字序列(42,13,91,23,24,16,05,88)建立大根堆。由于关键字序列中有 8 个结点,即 $n=8$,所以从第 4($n/2$)个结点开始调整,直到第 1 个结点调整完,初始堆才建立完毕。图 9.9 中虚框结点为当前需要调整的结点。

第 1 步:$i=4$,即 low =4,调整 r[low]。由于 r[low](23)小于其较大孩子结点 r[8](88),所以 large =8,交换 r[low]与 r[large]。

第 2 步:$i=3$,即 low =3,调整 r[low]。由于 r[low](91)不小于其较大孩子结点 r[6](16),所以无须调整。

第 3 步:$i=2$,即 low =2,调整 r[low]。由于 r[low](13)小于其较大孩子结点 r[4](88),所以 large =4,交换 r[low]与 r[large]。交换后 r[4](13)又违反堆性质,此时 low =4,large =4,再交换 r[low]与 r[large]。

第 4 步：$i=1$，即 low $=1$，调整 r[low]。由于 r[low](42)小于其较大孩子结点 r[3](91)，所以 large $=3$，交换 r[low]与 r[large]。交换后 r[3](42)不违反堆性质,初始堆建立完毕。

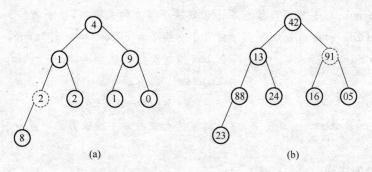

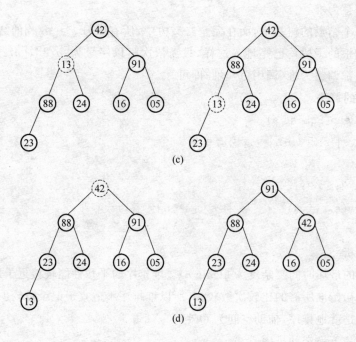

图 9.9　初始堆的建立

14. 大根堆排序过程

在对关键字序列(42,13,91,23,24,16,05,88)所建立的大根堆基础上(如上右侧图),进行堆排序。

当前无序区为 r[1…8],无序区的结点为 91,88,42,23,24,16,05,13,当前有序区为空。图 9.10 中虚线下的结点为当前有序区的结点,其他结点为当前无序区的结点。

第 1 步：交换。将当前无序区的堆顶记录 r[1](91)和该区间的最后一个记录 r[8](13)交换,得新的无序区 r[1…7]为 13,88,42,23,24,16,05,新的有序区 r[8]为[91]。

第 2 步：重建堆。对无序区为 r[1…7]重建堆,得新的无序区 r[1…7]为 88,24,42,23,13,16,05。

第 3 步：交换。将当前无序区的堆顶记录 r[1](88)和该区间的最后一个记录 r[7](05)交换,得新的无序区 r[1…6]为 05,24,42,23,13,16,新的有序区 r[7…8]为[88,91]。

第 4 步:重建堆。对无序区为 r[1…6]重建堆,得新的无序区[1…6]为 42,24,16,23,13,05。

第 5 步:交换。将当前无序区的堆顶记录 r[1](42)和该区间的最后一个记录 r[6](05)交换,得新的无序区 r[1…5]为 05,24,16,23,13,新的有序区 r[6…8]为[42,88,91]。

第 6 步:重建堆。对无序区为 r[1…5]重建堆,得新的无序区[1…5]为 24,23,16,05,13。

第 7 步:交换。将当前无序区的堆顶记录 r[1](24)和该区间的最后一个记录 r[5](13)交换,得新的无序区 r[1…4]为 13,23,16,05,新的有序区 r[5…8]为[24,42,88,91]。

第 8 步:重建堆。对无序区为 r[1…4]重建堆,得新的无序区[1…4]为 23,13,16,05。

第 9 步:交换。将当前无序区的堆顶记录 r[1](23)和该区间的最后一个记录 r[4](05)交换,得新的无序区 r[1…3]为 05,13,16,新的有序区 r[4…8]为[23,24,42,88,91]。

第 10 步:重建堆。对无序区为 r[1…3]重建堆,得新的无序区[1…3]为 16,13,05。

第 11 步:交换。将当前无序区的堆顶记录 r[1](16)和该区间的最后一个记录 r[3](05)交换,得新的无序区 r[1…2]为 05,13,新的有序区 r[3…8]为[16,23,24,42,88,91]。

第 12 步:重建堆。对无序区为 r[1…2]重建堆,得新的无序区[1…2]为 13,05。

第 13 步:交换。将当前无序区的堆顶记录 r[1](13)和该区间的最后一个记录 r[2](05)交换,得新的无序区为空,新的有序区 r[1…8]为[05,13,16,23,24,42,88,91]。

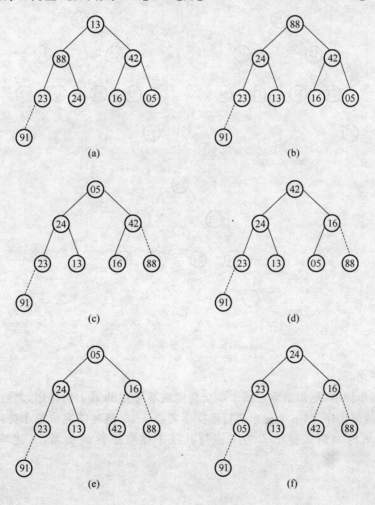

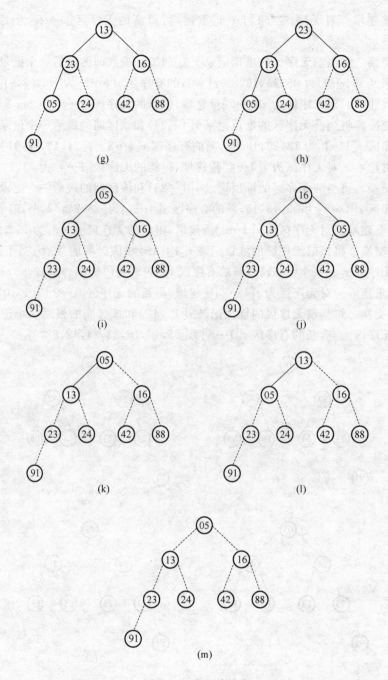

图 9.10　大根堆排序

至此,排序完成。

　　说明:以上步骤中,建初始堆与第 1 步交换完成堆排序的第 1 趟排序,之后的重建堆与交换完成相应趟的堆排序,对 n 个记录进行堆排序需要 $n-1$ 趟才能完成整个排序过程,要注意观察每趟重建堆时当前调整结点的下标与其孩子结点下标的关系,上述堆排序过程,如图 9.11所示。

	r[1]	r[2]	r[3]	r[4]	r[5]	r[6]	r[7]	r[8]
初始关键字	42	13	91	23	24	16	05	88
初始堆	91	88	42	23	24	16	05	13
第1趟排序	13	88	42	23	24	16	05	[91]
第2趟排序	05	24	42	23	13	16	[88	91]
第3趟排序	05	24	16	23	13	[42	88	91]
第4趟排序	13	23	16	05	[24	42	88	91]
第5趟排序	05	13	16	[23	24	42	88	91]
第6趟排序	05	13	[16	23	24	42	88	91]
第7趟排序	[05	13	16	23	24	42	88	91]

图 9.11　大顶堆排序过程

9.5　归并排序

归并排序是将两个或两个以上的有序子表合并成一个新的有序表。

9.5.1　两路归并排序

1. 排序基本思路

设两个有序的子文件放在同一向量中相邻的位置上:r[low...m],r[m+1...high],先将它们合并到一个局部的暂存向量 r1 中,待合并完成后将 r1 复制回 r[low...high]中。

(1) 合并过程:合并过程中,设置 i,j 和 p 三个指针,其初值分别指向这三个记录区的起始位置。合并时依次比较 r[i]和 r[j]的关键字,取关键字较小的记录复制到 r1[p]中,然后将被复制记录的指针 i 或 j 加 1,以及指向复制位置的指针 p 加 1。

重复这一过程直至两个输入的子文件有一个已全部复制完毕(不妨称其为空),此时将另一非空的子文件中剩余记录依次复制到 r1 中即可。

(2) 动态申请 r1:实现时,r1 是动态申请的,因为申请的空间可能很大,故须加入申请空间是否成功的处理。

2. 归并算法

算法 9.10　一趟归并排序

```
void Merge (SqList s, int low,int m,int high)
{//将两个有序的子文件 s.r[low..m)和 s.r[m+1..high]归并成一个
有序的子文件 s.r[low..high]
    int i = low,j = m + 1,p = 0;//置初始值
    RecType * s1;
    s1 = (RecType * )malloc((high - low + 1) * sizeof(RecType));
    if(! s1)                //申请空间失败
      {printf("申请空间失败!");exit(0);}
    while(i< = m&&j< = high)//两子文件非空时取小者输出到 s1[p]
      s1[p i ++ ] = (s.r[i].key< = s.r[j].key)? s.r[i i ++ ];s.r[j i ++ ];
```

归并排序

```
    while(i< = m)                //若第1个子文件非空,则复制剩余记录到s1中
      s1[p i++] = s.r[i i++];
    while(j< = high)             //若第2个子文件非空,则复制剩余记录到s1中
      s1[p i++] = s.r[j i++];
    for(p = 0,i = low;i< = high;p i++,i i++)
      s.r[i] = s1[p];            //归并完成后将结果复制回s.r[low..high]
}
```

9.5.2 归并排序

1. 自底向上的方法

(1) 自底向上的基本思想:第 1 趟归并排序时,将待排序的文件 r[1…n]看作是 n 个长度为 1 的有序子文件,将这些子文件两两归并,若 n 为偶数,则得到 n/2 个长度为 2 的有序子文件;若 n 为奇数,则最后一个子文件轮空(不参与归并)。故本趟归并完成后,前[$\log_2 n$]个有序子文件长度为 2,但最后一个子文件长度仍为 1;第 2 趟归并则是将第 1 趟归并所得到的[$\log_2 n$]个有序的子文件两两归并,如此反复,直到最后得到一个长度为 n 的有序文件为止。

(2) 一趟归并

分析:在某趟归并中,设各子文件长度为 length(最后一个子文件的长度可能小于 length),则归并前 r[1…n]中共有[$\lg n$]个有序的子文件:r[1…length],r[length+1…2length]...

注意:调用归并操作将相邻的一对子文件进行归并时,必须对子文件的个数可能是奇数、以及最后一个子文件的长度小于 length 这两种特殊情况进行特殊处理。

① 若子文件个数为奇数,则最后一个子文件无须和其他子文件归并(即本趟轮空)。

② 若子文件个数为偶数,则要注意最后一对子文件中后一子文件的区间上界是 n。

(3) 一趟归并算法

算法 9.11 一趟归并排序

```
void MergePass (SqList s,int length)
{ //对 s.r[1..n]做一趟归并排序
    int i;
    for(i = 1;i + 2 * length - 1< = n;i = i + 2 * length)
    Merge(s.r,i,i + length - 1,i + 2 * length - 1);   //归并长度为 length 的两个
                                                        相邻子文件
    if(i + length - 1<n) //尚有两个子文件,其中后一个长度小于 length
        Merge(s.r,i,i + length - 1,n);//归并最后两个子文件注意:若 i≤n 且 i +
                                        length - 1≥n 时,则剩余一个子文件轮
                                        空,无须归并
}
```

(4) 二路归并排序算法

```
void MergeSort(SqList s)
{//采用自底向上的方法,对 s.r[1…n]进行二路归并排序
    int length;
```

```
for(length = 1;length<n;length * = 2)          //做[lgn]趟归并
        MergePass(s.r,length);                  //有序段长度≥n时终止
}
```

(5) 自底向上归并排序过程

【**例 9.7**】 对关键字序列(25,57，48,37，12,92,86)进行自底向上的二路归并排序。将 r[1…7]看成 7 个长度为 1 的有序序列,对其进行两两归并,如图 9.12 所示。

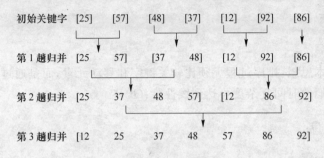

图 9.12 归并排序

2. 自顶向下的方法

采用分治法进行自顶向下的算法设计,形式更为简洁。

(1) 分治法的三个步骤

设归并排序的当前区间是 r[low…high],分治法的三个步骤如下。

① 分解:将当前区间一分为二,即求分裂点 mid = $\lceil$(low + high)/2$\rceil$。

② 求解:递归地对两个子区间 r[low…mid]和 r[mid+1..high]进行归并排序。

③ 组合:将已排序的两个子区间 r[low…mid]和 r[mid+1…high]归并为一个有序的区间 r[low…high]。

递归的终结条件:子区间长度为 1。

(2) 具体算法

算法 9.12 分治法的算法

```
void MergeSortDC(SqList s,int low,int high)
{//用分治法对 s.r[low..high]进行二路归并排序
    int mid;
    if(low<high)
    {//区间长度大于 1
        mid = (low + high)/2;          //分解
        MergeSortDC(s.r,low,mid);      //递归地对 s.r[low...mid]排序
        MergeSortDC(s.r,mid + 1,high); //递归地对 s.r[mid + 1...high]排序
        Merge(s.r,low,mid,high);       //组合,将两个有序区归并为一个有序区
    }
}//MergeSortDC
```

3. 算法分析

(1) 稳定性:归并排序是一种稳定的排序。

(2) 存储结构要求:可用顺序存储结构,也易于在链表上实现。

（3）时间复杂度：对长度为 n 的文件,需进行 $\lfloor \lg n \rfloor$ 趟二路归并,每趟归并的时间为 $O(n)$,故其时间复杂度无论是在最好情况下还是在最坏情况下均是 $O(n\lg n)$。

（4）空间复杂度：需要一个辅助向量来暂存两有序子文件归并的结果,故其辅助空间复杂度为 $O(n)$,显然它不是就地排序。

注意：若用单链表做存储结构,很容易给出就地的归并排序。

9.6　分配排序

分配排序的基本思想：排序过程无须比较关键字和移动元素,而是通过"分配"和"收集"过程来实现排序。它们的时间复杂度可达到线性阶：$O(n)$。

9.6.1　箱排序

1. 箱排序的基本思想

箱排序也称桶排序(Bucket Sort),其基本思想是：设置若干个箱子,依次扫描待排序的记录 $r[0]$, $r[1]$, $\cdots$, $r[n-1]$,把关键字等于 k 的记录全都装入到第 k 个箱子里(分配),然后按序号依次将各非空的箱子首尾连接起来(收集)。

2. 箱排序中,箱子的个数取决于关键字的取值范围

若 $r[0..n-1]$ 中关键字的取值范围是 0 到 $m-1$ 的整数,则必须设置 m 个箱子。因此箱排序要求关键字的类型是有限类型,否则可能要无限个箱子。

3. 箱子的类型应设计成链表为宜

一般情况下每个箱子中存放多少个关键字相同的记录是无法预料的,故箱子的类型应设计成链表为宜。

4. 为保证排序是稳定的,分配过程中装箱及收集过程中的连接必须按先进先出原则进行

（1）实现方法一：每个箱子设为一个链队列。当一记录装入某箱子时,应做入队操作将其插入该箱子尾部；而收集过程则是对箱子做出队操作,依次将出队的记录放到输出序列中。

（2）实现方法二：若输入的待排序记录是以链表形式给出时,出队操作可简化为是将整个箱子链表链接到输出链表的尾部。这只需要修改输出链表的尾结点中的指针域,令其指向箱子链表的头,然后修改输出链表的尾指针,令其指向箱子链表的尾即可。

5. 算法简析

分配过程的时间是 $O(n)$；收集过程的时间为 $O(m)$（采用链表来存储输入的待排序记录）或 $O(m+n)$。因此,箱排序的时间为 $O(m+n)$。若箱子个数 m 的数量级为 $O(n)$,则箱排序的时间是线性的,即 $O(n)$。

注意：箱排序实用价值不大,仅适用于作为基数排序的一个中间步骤。

9.6.2　桶排序

箱排序的变种。为了区别于上述的箱排序,姑且称它为桶排序(实际上箱排序和桶排序是同义词)。

1. 桶排序基本思想

把 $[0,1)$ 划分为 n 个大小相同的子区间,每一子区间是一个桶。然后将 n 个记录分配到各个桶中。因为关键字序列是均匀分布在[0,1)上的,所以一般不会有很多个记录落入同一个桶中。由于同一桶中的记录其关键字不尽相同,所以必须采用关键字比较的排序方法(通常用插入排序)对各个桶进行排序,然后依次将各非空桶中的记录连接(收集)起来即可。

注意:这种排序思想基于以下假设:假设输入的 n 个关键字序列是随机分布在区间[0,1)上。若关键字序列的取值范围不是该区间,只要其取值均非负,总能将所有关键字除以某一合适的数,将关键字映射到该区间上。但要保证映射后的关键字是均匀分布在[0,1)上的。

2. 桶排序伪代码算法

```
void BucketSon( r[] )
{ //对 r[0…n-1]做桶排序,其中 0≤r[i].key<1(0≤i<n)
for(i = 0,i<n;i i++)                              //分配过程
    //将 r[i]插入到桶 B[⌊n(r[i].key)⌋]中;        //可插入表头上
for(i = 0;i<n;i i++)                              //排序过程
    //当 B[i]非空时用插入排序将 B[i]中的记录排序;
for(i = 0,i<n;i i++)                              //收集过程
    //若 B[i]非空,则将 B[i]中的记录依次输出到 r 中;
}
```

注意:实现时需设置一个指针向量 B[0...n-1]来表示 n 个桶。但因为任一记录 r[i]的关键字满足:0≤r[i].key<1 (0≤i≤n-1),所以必须将 r[i].key 映射到 B 的下标区间 [0,n-1]上才能使 r[i]装入某个桶中,这可通过[n*(r[i].key)]来实现。

3. 桶排序示例

桶式排序

【例9.8】 设 r[0…9]中的关键字为(0.78,0.17,0.39,0.26,0.72,0.94,0.21,0.12,0.23,0.68)。由于 $n=10$,所以要用10个桶 B[0…9],B[0…9] 10个桶表示的子区间分别是[0,0.1),[0.1,0.2),[0.2,0.3),[0.3,0.4),[0.4,0.5),[0.5,0.6),[0.6,0.7),[0.7,0.8),[0.8,0.9),[0.9,1)。对其进行桶排序的排序过程如下。

第1步:分配。将各记录按关键字的值分配到相应的桶 B[i]中,如果在同一个桶中有多个记录,使用直接插入排序按由小到大的顺序排好序,如图9.13所示。

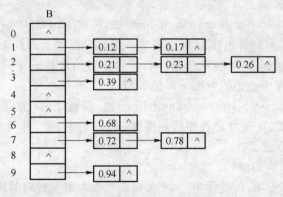

图 9.13 桶分配排序

第2步:收集。将 B[0]到 B[9]中非空桶中的记录依次放入 r[0…9]中,得到(0.12,0.17,0.21,0.23,0.26,0.39,0.72,0.78,0.68,0.94),桶排序结束。

4. 桶排序算法分析

桶排序的平均时间复杂度是线性的,即 $O(n)$。但最坏情况仍有可能是 $O(n^2)$。

桶排序只适用于关键字取值范围较小的情况,否则所需桶的数目 m 太多导致浪费存储空间和计算时间。

9.6.3 基数排序

基数排序是一种借助于多关键码排序的思想,是将单关键码按基数分成"多关键码"进行排序的方法。

1. 多关键码排序

扑克牌中 52 张牌,可按花色和面值分成两个字段,其大小关系为

花色:梅花 < 方块 < 红心 < 黑心

面值:2 < 3 < 4 < 5 < 6 < 7 < 8 < 9 < 10 < J < Q < K < A

若对扑克牌按花色、面值进行升序排序,得到如下序列:

梅花 2,3,…,A,方块 2,3,…,A,红心 2,3,…,A,黑心 2,3,…,A

规定:两张牌,若花色不同,不论面值怎样,花色低的那张牌小于花色高的,只有在同花色情况下,大小关系才由面值的大小确定。这就是多关键码排序。

为得到排序结果,下面讨论两种排序方法。

方法 1:先对花色排序,将其分为 4 个组,即梅花组、方块组、红心组、黑心组。再对每个组分别按面值进行排序,最后,将 4 个组连接起来即可。

方法 2:先按 13 个面值给出 13 个编号组(2 号,3 号,…,A 号),将牌按面值依次放入对应的编号组,分成 13 堆。再按花色给出 4 个编号组(梅花、方块、红心、黑心),将 2 号组中牌取出分别放入对应花色组,再将 3 号组中牌取出分别放入对应花色组,……,这样,4 个花色组中均按面值有序,然后,将 4 个花色组依次连接起来即可。

设 n 个元素的待排序列包含 d 个关键码 $\{k^1, k^2, \cdots, k^d\}$,则称序列对关键码 $\{k^1, k^2, \cdots, k^d\}$ 有序是指:对于序列中任两个记录 $r[i]$ 和 $r[j]$($1 \leqslant i \leqslant j \leqslant n$)都满足下列有序关系。

$$(k_i^1, k_i^2, \cdots, k_i^d) < (k_i^1, k_i^2, \cdots, k_i^d)$$

式中,k^1 称为最主位关键码,k^d 称为最次位关键码。

多关键码排序按照从最主位关键码到最次位关键码或从最次位到最主位关键码的顺序逐次排序,分以下两种方法。

(1) 最高位优先(Most Significant Digit first)法,简称 MSD 法:先按 k^1 排序分组,同一组中记录,关键码 k^1 相等,再对各组按 k^2 排序分成子组,之后,对后面的关键码继续这样的排序分组,直到按最次位关键码 k^d 对各子组排序后。再将各组连接起来,便得到一个有序序列。扑克牌按花色、面值排序中介绍的方法一即是 MSD 法。

(2) 最低位优先(Least Significant Digit first)法,简称 LSD 法:先从 k^d 开始排序,再对 k^{d-1} 进行排序,依次重复,直到对 k^1 排序后便得到一个有序序列。扑克牌按花色、面值排序中介绍的方法二即是 LSD 法。

2. 链式基数排序

将关键码拆分为若干项,每项作为一个"关键码",则对单关键码的排序可按多关键码排序方法进行。比如,关键码为 4 位的整数,可以每位对应一项,拆分成 4 项;又如,关键码由 5 个字符组成的字符串,可以每个字符作为一个关键码。由于这样拆分后,每个关键码都在相同的范围内(对数字是 0~9,字符是 a~z),称这样的关键码可能出现的符号个数为"基",记作 RADIX。上述取数字为关键码的"基"为 10;取字符为关键码的"基"为 26。基于这一特性,用 LSD 法排序较为方便。

基数排序:从最低位关键码起,按关键码的不同值将序列中的记录"分配"到 RADIX 个队列中,然后再"收集"之。如此重复 d 次即可。链式基数排序是用 RADIX 个链队列作为分配队列,关键码相同的记录存入同一个链队列中,收集则是将各链队列按关键码大小顺序链接起来。

【例 9.9】 以静态链表存储待排记录,头结点指向第一个记录。链式基数排序过程,如图 9.14 所示。

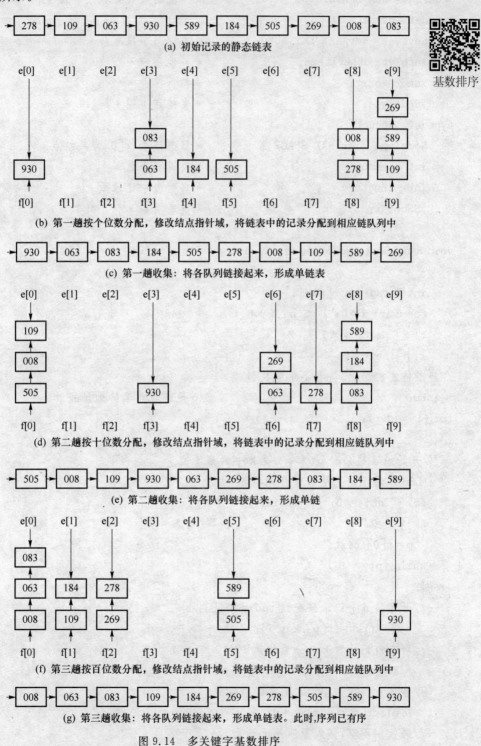

图 9.14 多关键字基数排序

多关键字基数排序算法如下：

算法 9.13　基数排序

```
#define   MAX_KEY_NUM8                /* 关键码项数最大值 */
#define   RADIX  10                   /* 关键码基数,此时为十进制整数的基数 */
#define   MAX_SPACE1000               /* 分配的最大可利用存储空间 */
typedef   struct{
    KeyType   key[MAX_KEY_NUM];       /* 关键码字段 */
    InfoType otherItems;              /* 其他字段 */
    int     next;                     /* 指针字段 */
    }NodeType;                        /* 表结点类型 */
typedef   struct{
    NodeType    r[MAX_SPACE];         /* 静态链表,r[0]为头结点 */
    int   keynum;                     /* 关键码个数 */
    int   length;                     /* 当前表中记录数 */
    }SSqList;                         /* 链表类型 */


void RadixSort (NodeType r[ ],  int d,   int radix )
{
    int f[radix], e[radix];
    for ( int i = 0; i < n; i++ )
    r[i].next = i + 1;
    r[n].next = 0;
//静态链表初始化,将各记录顺次链接。
  intp;                               //p是链表元素的地址指针
for (i = d-1; i >= 0; i-- )
{
    //开始做 d 趟分配/收集,i 是 key 的第 i 位
    //LSD 算法规定先从后面开始排序
    for ( intj = 0; j< radix; j++ )
    f[j] = 0;                         //初态 = 各队列清空
      p = r[0].next
    while (p! = 0 )
    {
    //开始将 n 个记录分配到 radix 个队列
            intk = r[p].key[i];
    //取当前记录之 key 分量的第 i 位
        if (f[k] = =0)   f [k] = p;
    //若第 k 个队列空,此记录成为队首;
        elser[e[k]].next = p;
    //若队列不空,链入原队尾元素之后
```

```
        e[k] = p;
    //修改队尾指针,该记录成为新的队尾
    p = r[p].next;
    }
//while 选下一关键字,直到本趟分配完
    j = 0;
    //开始从 0 号队列(总共 radix 个队)
    //开始收集
    while (f[j] = = 0)  j++;
    //若是空队列则跳过
        r[0].next = f[j];
    //建立本趟收集链表的头指针
        int last = e[j];
    //建立本趟收集链表的尾指针
        for (k = j+1; k < radix; k ++)
    //逐个队列链接(收集)
        if (f[k])
            {                           //若队列非空
            r[last].next = f[k];
            last = e[k];                //队尾指针链接
            }                           // for
        r[last].next = 0;
    //本趟收集链表之尾部应为 0
    } // for
} // RadixSort


void  RadixSort(SSqList  s)
{   /* 对 s 作基数排序,使其成为按关键码升序的静态链表,s.r[0]为头结点 */
    int d,radix;
    scanf("%d %d", &d, &radix);
    RadixSort(s. r,  d,  radix)

}
```

算法性能分析

时间效率:设待排序列为 n 个记录,d 个关键码,关键码的取值范围为 radix,则进行链式基数排序的时间复杂度为 $O(d(n+radix))$,其中,一趟分配时间复杂度为 $O(n)$,一趟收集时间复杂度为 $O(radix)$,共进行 d 趟分配和收集。

空间效率:需要 $2 * radix$ 个指向队列的辅助空间,以及用于静态链表的 n 个指针。

9.7 排序方法的比较

以上介绍的各种排序方法总结为表9.2。

表 9.2 各种排序方法的比较

排序方法	最好时间	平均时间	最坏时间	辅助空间	稳定性
直接插入	$O(n)$	$O(n^2)$	$O(n^2)$	$O(1)$	稳定
直接选择	$O(n^2)$	$O(n^2)$	$O(n^2)$	$O(1)$	不稳定
冒泡	$O(n)$	$O(n^2)$	$O(n^2)$	$O(1)$	稳定
希尔		$O(n^{1.25})$		$O(1)$	不稳定
快速	$O(n\lg n)$	$O(n\lg n)$	$O(n^2)$	$O(\lg n)$	不稳定
堆	$O(n\lg n)$	$O(n\lg n)$	$O(n\lg n)$	$O(1)$	不稳定
归并	$O(n\lg n)$	$O(n\lg n)$	$O(n\lg n)$	$O(n)$	稳定
基数	$O(d \cdot n + d \cdot rd)$	$O(d \cdot n + d \cdot rd)$	$O(d \cdot n + d \cdot rd)$	$O(n+rd)$	稳定

1. 按平均时间将排序分为四类

(1) 平方阶($O(n^2)$)排序

一般称为简单排序,例如直接插入、直接选择和冒泡排序。

(2) 线性对数阶($O(n\lg n)$)排序

如快速、堆和归并排序。

(3) $O(n^{1+\varepsilon})$阶排序

ε 是介于 0 和 1 之间的常数,即 $0<\varepsilon<1$,如希尔排序。

(4) 线性阶($O(n)$)排序

如桶、箱和基数排序。

2. 各种排序方法比较

简单排序中直接插入最好,快速排序最快,当文件为正序时,直接插入和冒泡均最佳。

3. 影响排序效果的因素

因为不同的排序方法适应不同的应用环境和要求,所以选择合适的排序方法应综合考虑下列因素。

(1) 待排序的记录数目 n;

(2) 记录的大小(规模);

(3) 关键字的结构及其初始状态;

(4) 对稳定性的要求;

(5) 语言工具的条件;

(6) 存储结构;

(7) 时间和辅助空间复杂度等。

4. 不同条件下,排序方法的选择

(1) 若 n 较小(如 $n \leqslant 50$),可采用直接插入或直接选择排序。

当记录规模较小时,直接插入排序较好;否则因为直接选择移动的记录数少于直接插入,应选直接选择排序为宜。

(2) 若文件初始状态基本有序(指正序),则应选用直接插入、冒泡或随机的快速排序为宜。

(3) 若 n 较大,则应采用时间复杂度为 $O(n\lg n)$ 的排序方法:快速排序、堆排序或归并排序。

快速排序是目前基于比较的内部排序中被认为是最好的方法,当待排序的关键字是随机分布时,快速排序的平均时间最短。

堆排序所需的辅助空间少于快速排序,并且不会出现快速排序可能出现的最坏情况。这两种排序都是不稳定的。

若要求排序稳定,则可选用归并排序。但本章介绍的从单个记录起进行两两归并的排序算法并不值得提倡,通常可以将它和直接插入排序结合在一起使用。先利用直接插入排序求得较长的有序子文件,然后再两两归之。因为直接插入排序是稳定的,所以改进后的归并排序仍是稳定的。

(4) 在基于比较的排序方法中,每次比较两个关键字的大小之后,仅仅出现两种可能的转移,因此可以用一棵二叉树来描述比较判定过程。

当文件的 n 个关键字随机分布时,任何借助于"比较"的排序算法,至少需要 $O(n\lg n)$ 的时间。

箱排序和基数排序只需一步就会引起 m 种可能的转移,即把一个记录装入 m 个箱子之一,因此在一般情况下,箱排序和基数排序可能在 $O(n)$ 时间内完成对 n 个记录的排序。但是,箱排序和基数排序只适用于像字符串和整数这类有明显结构特征的关键字,而当关键字的取值范围属于某个无穷集合(例如实数型关键字)时,无法使用箱排序和基数排序,这时只有借助于"比较"的方法来排序。

若 n 很大,记录的关键字位数较少且可以分解时,采用基数排序较好。虽然桶排序对关键字的结构无要求,但它也只有在关键字是随机分布时才能使平均时间达到线性阶,否则为平方阶。同时要注意,箱、桶、基数这三种分配排序均假定了关键字若为数字时,则其值均是非负的,否则将其映射到箱(桶)号时,又要增加相应的时间。

(5) 有的语言(如 Fortran,Cobol 或 Basic 等)没有提供指针及递归,导致实现归并、快速(它们用递归实现较简单)和基数(使用了指针)等排序算法变得复杂。此时可考虑用其他排序。

(6) 本章给出的排序算法,输入数据均是存储在一个向量中。当记录的规模较大时,为避免耗费大量的时间去移动记录,可以用链表作为存储结构。譬如插入排序、归并排序、基数排序都易于在链表上实现,使之减少记录的移动次数。但有的排序方法,如快速排序和堆排序,在链表上却难于实现,在这种情况下,可以提取关键字建立索引表,然后对索引表进行排序。然而更为简单的方法是:引入一个整型向量 t 作为辅助表,排序前令 $t[i]=i(0 \leqslant i < n)$,若排序算法中要求交换 $R[i]$ 和 $R[j]$,则只需交换 $t[i]$ 和 $t[j]$ 即可;排序结束后,向量 t 就指示了记录之间的顺序关系:$R[t[0]].\,key \leqslant R[t[1]].\,key \leqslant \cdots \leqslant R[t[n-1]].\,key$;若要求最终结果是:$R[0].\,key \leqslant R[1].\,key \leqslant \cdots \leqslant R[n-1].\,key$,则可以在排序结束后,再按辅助表所规定的次序重排各记录,完成这种重排的时间是 $O(n)$。

9.8　外排序

9.8.1　外部排序的方法

外部排序基本上由两个相互独立的阶段组成。首先,按可用内存大小,将外存上含 n 个记录的文件分成若干长度为 k 的子文件或段(segment),依次读入内存并利用有效的内部排序方法对它们进行排序,并将排序后得到的有序子文件重新写入外存。通常称这些有序子文件为归并段或顺串;然后,对这些归并段进行逐趟归并,使归并段(有序子文件)逐渐由小到大,直至得到整个有序文件为止。

显然,第一阶段的工作已经讨论过。以下主要讨论第二阶段即归并的过程。先从一个例子来看外排序中的归并是如何进行的?

假设有一个含 10 000 个记录的文件,首先通过 10 次内部排序得到 10 个初始归并段 $R_1 \sim R_{10}$,其中每一段都含 1 000 个记录。然后对它们做如图 9.15 所示的两两归并,直至得到一个有序文件为止。

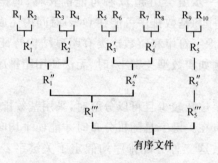

图 9.15

从图 9.15 可见,由 10 个初始归并段到一个有序文件,共进行了四趟归并,每一趟从 m 个归并段得到 $\lceil m/2 \rceil$ 个归并段。这种方法称为 2 - 路平衡归并。

将两个有序段归并成一个有序段的过程,若在内存中进行,则很简单,前面讨论的 2 - 路归并排序中的 Merge 函数便可实现此归并。但是,在外部排序中实现两两归并时,不仅要调用 Merge 函数,而且要进行外存的读/写,这是由于我们不可能将两个有序段及归并结果同时放在内存中的缘故。对外存上信息的读/写是以"物理块"为单位。假设在上例中每个物理块可以容纳 200 个记录,则每一趟归并需进行 50 次"读"和 50 次"写",四趟归并加上内部排序时所需进行的读/写,使得在外排序中总共需进行 500 次的读/写。

一般情况下,外部排序所需总时间=

内部排序(产生初始归并段)所需时间　　　$m * t_{is}$

＋外存信息读写的时间　　　　　　　　　$d * t_{io}$

＋内部归并排序所需时间　　　　　　　　$s * ut_{mg}$

式中,t_{is} 是为得到一个初始归并段进行的内部排序所需时间的均值;t_{io} 是进行一次外存读/写时间的均值;ut_{mg} 是对 u 个记录进行内部归并所需时间;m 为经过内部排序之后得到的初始归并段的个数；s 为归并的趟数；d 为总的读/写次数。由此，上例 10 000 个记录利用 2-路归并进行排序所需总的时间为

$$10 * t_{is} + 500 * t_{io} + 4 * 10\,000 t_{mg}$$

式中，t_{io} 取决于所用的外存设备，显然，t_{io} 较 t_{mg} 要大得多。因此，提高排序效率应主要着眼于减少外存信息读写的次数 d。

下面来分析 d 和"归并过程"的关系。若对上例中所得的 10 个初始归并段进行 5-平衡归并（即每一趟将 5 个或 5 个以下的有序子文件归并成一个有序子文件），则从图 9.16 可见，仅需进行二趟归并，外部排序时总的读/写次数便减少至 $2 \times 100 + 100 = 300$，比 2-路归并减少了 200 次的读/写。

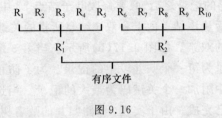

图 9.16

可见，对同一文件而言，进行外部排序时所需读/写外存的次数和归并的趟数 s 成正比。而在一般情况下：

$$s = \lfloor \log_k m \rfloor$$

对 m 个初始归并段进行 k-路平衡归并时，归并的趟数，若增加 k 或减少 m 便能减少 s。下面分别就这两个方面讨论之。

9.8.2 多路平衡归并的实现

从上式可见，增加 k 可以减少 s，从而减少外存读/写的次数。但是，从下面的讨论中又可发现，单纯增加 k 将导致增加内部归并的时间 ut_{mg}。那么，如何解决这个矛盾呢？

先看 2-路归并。令 u 个记录分布在两个归并段上，按 Merge 函数进行归并。每得到归并后的含 u 个记录的归并段需进行 $u-1$ 次比较。

再看 k-路归并。令 u 个记录分布在 k 个归并段上，显然，归并后的第一个记录应是 k 个归并段中关键码最小的记录，即应从每个归并段的第一个记录的相互比较中选出最小者，这需要进行 $k-1$ 次比较。同理，每得到归并后的有序段中的一个记录，都要进行 $k-1$ 次比较。显然，为得到含 u 个记录的归并段需进行 $(u-1)(k-1)$ 次比较。由此，对 n 个记录的文件进行外部排序时，在内部归并过程中进行的总的比较次数为 $s(k-1)(n-1)$。假设所得初始归并段为 m 个，则可得内部归并过程中进行比较的总的次数为

$$\lceil \log_k m \rceil (k-1)(n-1)t_{mg} = \lceil \frac{\log_2 m}{\log_2 k} \rceil (k-1)(n-1)t_{mg}$$

由于 $\frac{(k-1)}{\log_2 k}$ 随 k 的增加而增长，则内部归并时间亦随 k 的增加而增长。这将抵消由于增大 k 而减少外存信息读写时间所得效益，这是我们所不希望的。然而，若在进行 k-路归并时利用"败者树"（Tree of Loser），则可使在 k 个记录中选出关键码最小的记录时仅需进行 $\lfloor \log_2 k \rfloor$ 次比较，从而使总的归并时间变为 $\lfloor \log_2 m \rfloor (n-1)t_{mg}$，显然，这个式子和 k 无关，它不再随 k 的增长而增长。

何谓"败者树"？它是树形选择排序的一种变型。相对地,可称图9.8和图9.9中二叉树为"胜者树",因为每个非终端结点均表示其左、右子女结点中"胜者"。反之,若在双亲结点中记下刚进行完的这场比赛中的败者,而让胜者去参加更高一层的比赛,便可得到一棵"败者树"。

【例 9.10】 图9.17(a)即为一棵实现5-路归并的败者树 ls[0···4],图中方形结点表示叶子结点(也可看成是外结点),分别为5个归并段中当前参加归并的待选择记录的关键码;败者树中根结点 ls[1]的双亲结点 ls[0]为"冠军",在此指示各归并段中的最小关键码记录为第三段中的记录;结点 ls[3]指示 b1 和 b2 两个叶子结点中的败者即是 b2,而胜者 b1 和 b3(b3 是叶子结点 b3、b4 和 b0 经过两场比赛后选出的获胜者)进行比较,结点 ls[1]则指示它们中的败者为 b1。在选得最小关键码的记录之后,只要修改叶子结点 b3 中的值,使其为同一归并段中的下一个记录的关键码,然后从该结点向上和双亲结点所指的关键码进行比较,败者留在该双亲,胜者继续向上直至树根的双亲。如图9.17(b)所示。当第3个归并段中第2个记录参加归并时,选得最小关键码记录为第一个归并段中的记录。为了防止在归并过程中某个归并段变为空,可以在每个归并段中附加一个关键码为最大的记录。当选出的"冠军"记录的关键码为最大值时,表明此次归并已完成。由于实现 k-路归并的败者树的深度为 $\lceil \log_2 k \rceil + 1$,则在 k 个记录中选择最小关键码仅需进行 $\lceil \log_2 k \rceil$ 次比较。败者树的初始化也容易实现,只要先令所有的非终端结点指向一个含最小关键码的叶子结点,然后从各叶子结点出发调整非终端结点为新的败者即可。

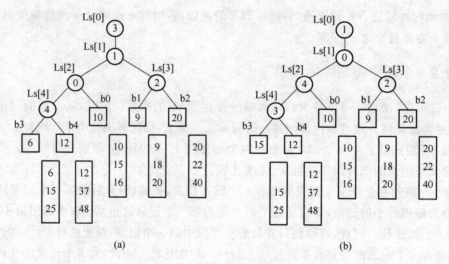

图 9.17 实现 5-路归并的败者树

下面程序中简单描述了利用败者树进行 k-路归并的过程,为了突出如何利用败者树进行归并,避开了外存信息存取的细节,可以认为归并段已存在。

算法 9.14 利用败者树进行 k-路归并

```
typedef   int LoserTree[k];          /*败者树是完全二叉树且不含叶子,可采用顺序
存储结构*/
typedef   struct{
    KeyType  key;
    }ExNode,External[k];             /*外结点,只存放待归并记录的关键码*/
```

```
void  K_Merge(LoserTree * ls,External * b)   /* k-路归并处理程序 */
{  /* 利用败者树 ls 将编号从 0 到 k-1 的 k 个输入归并段中的记录归并到输出归并段 */
   /* b[0]到 b[k-1]为败者树上的 k 个叶子结点,分别存放 k 个输入归并段中当前记
      录的关键码 */
   for(i = 0;i<k;i i++)  input(b[i].key);/* 分别从 k 个输入归并段读入该段当
                                         前第一个记录的 */
                                      /* 关键码到外结点 */
   CreateLoserTree(ls);               /* 建败者树 ls,选得最小关键码为 b[0].key */
   while(b[ls[0]].key! = MAXKEY)
   {  q = ls[0];                      /* q 指示当前最小关键码所在归并段 */
      output(q);                      /* 将编号为 q 的归并段中当前(关键码为 b[q].
                                         key 的记录写至输出归并段)*/
      input(b[q].key);                /* 从编号为 q 的输入归并段中读入下一个记录
                                         的关键码 */
      Adjust(ls,q);                   /* 调整败者树,选择新的最小关键码 */
   }
   output(ls[0]);                     /* 将含最大关键码 MAXKEY 的记录写至输出归并段 */
}
void  Adjust(LoserTree * ls,int s) /* 选得最小关键码记录后,从叶到根调整败者
                                      树,选下一个最小关键码 */
{  /* 沿从叶子结点 b[s]到根结点 ls[0]的路径调整败者树 */
   t = (s + k)/2;                     /* ls[t]是 b[s]的双亲结点 */
   while(t>0)
   {  if(b[s].key>b[ls[t]].key)  s< -->ls[t];  /* s 指示新的胜者 */
      t = t/2;
   }
   ls[0] = s;
}

void  CreateLoserTree(LoserTree * ls)   /* 建立败者树 */
{  /* 已知 b[0]到 b[k-1]为完全二叉树 ls 的叶子结点存有 k 个关键码,沿从叶子到根
      的 k 条路径 */
   /* 将 ls 调整为败者树 */
   b[k].key = MINKEY;                 /* 设 MINKEY 为关键码可能的最小值 */
   for(i = 0;i<k;i i++) ls[i] = k;/* 设置 ls 中"败者"的初值 */
   for(i = k-1;k>0;i--)  Adjust(ls,i);/* 依次从 b[k-1],b[k-2],…,b[0]出
                                       发调整败者 */
}
```

最后要提及一点,k 值的选择并非越大越好,如何选择合适的 k 是一个需要综合考虑的问题。

9.9 习　　题

1. 冒泡排序算法是把大的元素向上移(气泡的上浮),也可以把小的元素向下移(气泡的下沉)请给出上浮和下沉过程交替的冒泡排序算法。

2. 输入 50 个学生的记录(每个学生的记录包括学号和成绩),组成记录数组,然后按成绩由高到低的次序输出(每行 10 个记录)。排序方法采用选择排序。

3. 有一种简单的排序算法,称为计数排序(count sorting)。这种排序算法对一个待排序的表(用数组表示)进行排序,并将排序结果存放到另一个新的表中。必须注意的是,表中所有待排序的关键码互不相同,计数排序算法针对表中的每个记录,扫描待排序的表一趟,统计表中有多少个记录的关键码比该记录的关键码小,假设针对某一个记录,统计出的计数值为 c,那么,这个记录在新的有序表中的合适的存放位置即为 c。

(1) 给出适用于计数排序的数据表定义;

(2) 使用 C 语言编写实现计数排序的算法;

(3) 对于有 n 个记录的表,关键码比较次数是多少?

(4) 与简单选择排序相比较,这种方法是否更好? 为什么?

4. 快速分类算法中,如何选取一个界值(又称为轴元素),影响着快速分类的效率,而且界值也并不一定是被分类序列中的一个元素。例如,可以用被分类序列中所有元素的平均值作为界值。编写算法实现以平均值为界值的快速分类方法。

5. 编程实现非递归快速排序算法。

6. 设有一个数组中存放了一个无序的关键序列 K_1、K_2、$\cdots$、K_n。现要求将 K_n 放在将元素排序后的正确位置上,试编写实现该功能的算法,要求比较关键字的次数不超过 n。(注:用程序实现)

7. 借助于快速排序的算法思想,在一组无序的记录中查找给定关键字值等于 key 的记录。设此组记录存放于数组 r[l..h]中。若查找成功,则输出该记录在 r 数组中的位置及其值,否则显示"not find"信息。请编写出算法并简要说明算法思想。

8. 辅助地址表的排序是不改变结点物理位置的排序。辅助地址表实际上是一组指针,用它来指出结点排序后的逻辑顺序地址。设用 K[1],K[2],$\cdots$,K[N]表示 N 个结点的值,用 T[1],T[2],$\cdots$,T[N]表示辅助地址表,初始时 T[i]=i,在排序中,凡需对结点交换就用它的地址来进行。例如当 N=3 时,对 K(31,11,19)则有 T(2,3,1)。试编写实现辅助地址表排序(按非递减序)算法的语句序列。

参 考 文 献

[1] 严蔚敏,吴伟民. 数据结构(C 语言版). 北京：清华大学出版社,1997.

[2] 殷人昆. 数据结构(C 语言版). 北京：清华大学出版社,2017.

[3] 李春葆,尹为民. 数据结构教程. 北京：清华大学出版社,2017.

[4] 陈琳琳,李建林. 数据结构与算法(C 语言版).3 版. 北京：清华大学出版社,2015.

[5] 程海英,彭焱. 数据结构(C 语言版). 北京：清华大学出版社,2015.

[6] 冯贵良. 数据结构与算法. 北京：清华大学出版社,2016.

[7] 肖宏启. 数据结构(C 语言版).北京：电子工业出版社,2014.

[8] 舒后. 数据结构. 北京：电子工业出版社,2017.

[9] 唐名华. 数据结构与算法. 北京：电子工业出版社,2017.

[10] 田鲁怀,姜吉顺. 数据结构.2 版.北京：电子工业出版社,2015.

[11] 邓文华. 数据结构(C 语言版).4 版.北京：电子工业出版社,2015.